KB079429

페니실린을 찾아서

페니실린을 찾아서

데이비드 윌슨 지음
장영태 옮김
정성기 감수

전파과학사

페니실린을 찾아서

초판 1쇄 1997년 04월 25일
개정 1쇄 2019년 02월 15일

지은이 데이비드 윌슨
옮긴이 장영태
펴낸이 손영일
펴낸곳 전파과학사
주소 서울시 서대문구 증가로 18, 204호
등록 1956. 7. 23. 등록 제10-89호
전화 (02)333-8877(8855)
FAX (02)334-8092
홈페이지 www.s-wave.co.kr
E-mail chonpa2@hanmail.net
공식블로그 http://blog.naver.com/siencia

ISBN 978-89-7044-859-6 (03430)

추천사

2차 세계대전을 연합군의 승리로 이끈 기술적인 요인으로 다음의 네 가지가 자주 거론되고 있다. 원자탄, 레이더, 합성고무 그리고 페니실린의 개발이 그것이다. 2차 세계대전 이후 이 기술들은 평화 시 산업을 일으키는 데 응용 및 발전되어 오늘에 이르고 있다. 즉 핵에너지를 이용한 발전, 전자-통신 기술의 혁명과 우주 항공 산업의 활성화, 자동차 및 중화학 산업 및 각종 항생제와 신의약 개발을 포함하는 바이오테크 산업의 시초를 네 가지 기술에서 찾아 볼 수 있는 것이다.

일반인들에게 널리 알려진 알렉산더 플레밍의 페니실린 발견은 실제 사실과는 다소 거리가 있는 전설 같은 이야기라는 것이 전문가들 사이에서 오랫동안 알려져 있었다. 그러나 페니실린의 발견, 옥스퍼드 팀에 의한 개발 노력, 2차 세계대전 중 '전쟁 프로젝트'의 하나로 수행된 영국과 미국의 공동 연구 작업, 구조 결정에 관계된 로빈슨 경(1947년 노벨 화학상)과 우드워드 교수(1964년 노벨 화학상)의 대립과 경쟁, 그리고 전합성(Total Synthesis) 기술의 개발과 2~3세대 항생제 개발에 얽힌 대형 제약회사 간의 경합 등은 과학 그 자체나 과학사 측면에서뿐만 아니라, 과학 기술의 산업화나 노벨상의 명암을 두고 펼쳐지는 각종 인물과 시대적 배경을 통하여 많은 재미있는 이야깃거리의 주제가 되기에 충분하다.

영국 BBC 과학부 기자 데이비드 윌슨(David Wilson)에 의해 매우 자세하게 고증되고 재미있게 기술된 이 책은 과학과 기술, 그리고 이들이 사회에 미치는 각종 영향에 관심을 가진 국내 독자들에게 매우 교육적이고 흥미진진한 이야기가 될 것으로 믿어 읽기를 권한다.

포항공대 화학과 교수
정성기

옮긴이의 말

페니실린은 우리 시대 최고의 발명품 중 하나이며, 어린 시절 우리 모두가 즐겨 읽던 위인전에서 빠지지 않는 동화이고 전설이었다. 이제 조금은 전문적인 분야에서 만나게 된 페니실린에 대해 보다 실감 나는 현실의 이야기를 들려주려 한다.

과학 분야에서의 성공담으로 유명한 이야기로는 왓슨의 『이중나선』을 꼽을 수 있겠고, 비교적 근래에는 『과학적 발견의 해부』라는 제목으로 국내에 소개된 엔돌핀 발견 이야기를 들 수 있겠다. 어찌 보면 페니실린 이야기는 이들 이야기보다 훨씬 우리에게 친숙함에도 불구하고, 그 사실적인 측면은 오히려 가리어 있었음을 이 책을 읽어 가는 동안에 곳곳에서 발견할 수 있을 것이다. 또 아동용 위인전에서 단순화되어 묘사되는 위대한 과학자의 근엄한 모습만이 아닌, 때로는 조바심 내고 실패로 고뇌하기도 하는 인간적인 모습의 과학자들도 만날 수 있다.

또 한 가지 재미있는 것은 이 책의 지은이인 윌슨이 영국인 작가로서, 책 속에서 객관성을 유지하고자 노력하면서도 어쩔 수 없이 영국의 입장을 대변하고 옹호하는 모습을 엿볼 수 있다는 것이다. 책 속의 과학자들뿐만 아니라 지은이 역시 인간적인 면을 조심스럽게 내비치고 있다. “과학에는 국경이 없지만, 과학 작가에게는 조국이 있다”라고 해야 할까.

옮긴이가 이 책을 처음 대했을 때는 대학원 시절, 과학도로서 의약화학에 처음 발을 들여놓을 무렵이었다. 대학원 생활을 잠시 맛보고는 방위병으로 군에 복무하게 되었을 때 존경하는 선생님 한 분이 이 책의 원서를 권하셨고, 책을 읽어 가는 동안에 그 재미에 빠져들었다. 가슴 설레며 책 속의 젊은 과학자들의 모습을 내 모습과 비교해 가며 즐기다가, 그런 즐거움을 이웃들과 나누고 싶은 생각이 들었다. 바쁜 대학원 생활 속에서라면 엄두도 내기 어려운 일이었겠지만, 낮이면 군부대로 출근하고, 밤이면 비교적 자유스러운 반쪽짜리 군대 생활이라 이 책을 번역해 보자는 욕심까지 내게 되었다.

생각보다 처음 해 보는 번역이 쉽지는 않았다. 1년 반 동안의 군 복무 기간이 다 가도록 남아 있는 책의 분량을 넘겨 보면서 한숨을 쉬었지만, 결국 마무리 짓지는 못하고 다시 한두 해를 더 묵혀 두기도 했다. 결혼한 첫해 여름방학에 당시 의대생이었던 아내의 도움으로 마지막 남은 부분의 번역을 마저 마칠 수 있었고, 다시 1년이 넘는 기간 동안 원고를 고치고 다듬어 드디어 출간을 맞이하게 되었다.

이 책의 출간에는 여러 분들의 도움이 있었다. 우선, 이 책을 권해 주시고 원서와 비교해 가면서 내 번역의 오류를 바로잡으며 도와주신 포항공대 화학과 정성기 교수님께 감사드린다. 그리고 지금은 컴퓨터 자판이 훨씬 친숙해졌지만, 번역 작업이 한창일 때 나는 독수리 타법(두 손가락으로 자판을 보며 치는 타법)에 분당 150타에도 못 미치는 타자 실력에 불과했다. 따라서 당시엔 원서를 보면서 바로 타이핑하는 것이 어려웠고, 손으로 써 놓은 원고만 한쪽에 쌓여 가던 판이었다. 그때 바쁜 시간을 쪼개어 도와주었던 이희경 씨에게도 감사드려야 하겠다. 그리고 책을 마칠 수 있도록 격려해 주고, 의학적 지식으로 조언해 주며 실제로 알레르기 부분의 번역까지 도와주었던 아내에게 가장 큰 공을 돌리고 싶다.

끝으로 이 책의 출간을 도와주신 전파과학사 손영일 사장님과 부족한 글을 다듬고 읽을 만한 책으로 만들어 주신 편집부 여러분께 감사드린다.

차례

1장
페니실린

페니실린에 대한 세상의 통념은 다음과 같다.

페니실린! 최초의 항생제로서 우연히 날아든 곰팡이가 세균을 죽인다는 것을 알아챈 영국 과학자 알렉산더 플레밍 경(Sir. Alexander Fleming)에 의해 처음으로 발견되었다. 그리고 1940년, 옥스퍼드대학의 교수인 플로리 경(Lord. Howard Florey)과 언스트 체인 경(Sir. Ernst Chain)에 의해 약으로 개발되었다. 미국의 제약회사들에 의해서 대량 생산이 이루어져 수많은 연합군의 목숨을 구했고, 2차 세계대전 말부터 전 세계로 퍼져 갔다.

영국 사람들에게 페니실린 이야기라면 쓰라린 실패의 대표적 사례로 거론되기 일쑤이다. 영국의 과학자들이 페니실린을 발견하여 개발했는데도 산업계의 무능함과 국가적 관리의 실패로 인해 마땅히 영국으로 돌아가야 할 이익이 미국의 손으로 고스란히 들어갔다는 것이다. 영국은 페니실린 특허에 대해 미국에 선수를 빼앗기거나 포기했으며, 수백, 수천만 달러의 돈을 페니실린을 구입하기 위해 미국의 제약회사들에게 지불해 왔다고 믿어지기도 했다. 이런 이야기들을 단편적으로 보면 완전히 틀린 것은 아니지만, 이 이야기들은 모여서 신화처럼 되어 버리기에 이르렀다.

그러나 플레밍은 애초에 그의 실험 접시에서 본 것을 제대로 이해하지도 못했고, 또한 잘못 해석했다. 그는 그가 본 기막힌 현상을 일으키는 물질을 결코 발견하지도 못했으며, 그의 '페니실린'이 치료나 의학적인 효과가 있다는 것을 증명하지도 못한 것이다.

실제로 페니실린을 약품으로 개발한 것은 옥스퍼드대학의 플로리와 체인이었지만, 그들도 처음부터 페니실린을 만들기 위해 연구를 시작한 것은 아니었다. 유서 깊은 옥스퍼드대학의 병리학 교수로 임명된 오스트레일리아 태생 생리학자인 하워드 플로리 교수는 당시 피난 생활 중이던 독일계 유태인 생화학자 언스트 체인을 끌어들였을 때 새로운 형태의 '이종 분야 간 협동 연구팀'을 만들고 있었다.

두 사람은 공동으로 박테리아의 길항 작용(Antagonism)에 대한 순수과학 연구 계획을 기획했는데, 연구의 초반에 과학 문헌들을 검색하다가 10년 전에 보고되었으나 1938년 무렵엔 거의 잊히고 있던 플레밍의 발견을 접하게 되었다. 페니실린이 환자의 치료에 사용될 가능성은 그들의 연구 과정의 훨씬 뒤에야 나타난 것이다. 연구가 진행되면서 점차 페니실린이 그들의 일을 지배하게 되었고, 그들은 최초의 항생제를 분리, 분석, 제작, 검사하는 일에 점점 더 많은 사람들을 끌어들였다. 더 많은 도움이 필요해짐에 따라 옥스퍼드 팀은 점점 커졌고, 플로리는 항상 개인보다는 팀 전체의 명예에 신경을 썼다. 가드너(Gardner), 에이브러햄(Abraham), 히틀리(Heatley) 등이 초기에 이 팀에 합류하여 페니실린의 윤곽을 드러나게 한 사람들이다.

만약 오늘날 페니실린이 발견되었더라면 간혹 치명적으로 문제가 되기도 하는 알레르기 부작용 때문에 거의 틀림없이 시장에 나오지 못했을 것이다. 미국 식품의약국(FDA)이나 영국 의학위원회 같은 감시 기관들이 페니실린을 사용하지 못하도록 규제할 것이 뻔하기 때문이다. 또 발견 당시에 동물 검사 대상으로 생쥐 대신 페니실린에 부작용을 심하게 나타내는 기니피그(Guinea Pig)를 사용했더라면 약으로 개발되지 못할 뻔했다.

페니실린의 대량 생산은 미국뿐만 아니라 영국과 캐나다에서도 이루어졌고, 효과적인 생산법을 개발한 것도 미국의 제약회사만은 아니었다. 원래 페니실린에 대해서는 특허가 없었는데 그것은 치료제의 발견에 대하여 과학자가 특허를 신청하는 것이 부도덕한 일로 여겨졌기 때문이다. 그러나 영국이 현재 페니실린 계열의 약을 미국에 팔면서 매년 수백만 달러를 벌어들이는 것은 후에 적절한 특허를 획득하였기 때문이다.

진실에 대한 가장 심한 왜곡은 단순히 사건의 전개를 시간적 순서에 따라 배열한 데서 야기되었다. 그것은 첫 번째 항생제와 그 이후의 의약품 개발 진척이 논리적이면서 뚜렷한 목적을 가지고 이루어진 것처럼 암시되고 있기 때문이다. 과학자들을 포함한 우리들 대부분은 생물학적 활성의 최초 발견에서 최종 생산품이 시장화될 때까지 지식과 실험 결과가 꾸준히 누적되는 것이라고 교육받는다. 그러나 행운과 순전한 우연들로 얼룩진 페니실린 이야기는 전혀 그렇지 않았다. 그리고 오늘날에 이르기까지도 페니실린이 어떤 메커니즘으로 작용하는지 정확히는 알지 못한다.

결국 그 통설적인 신화에 가려 페니실린에 관한 가장 중요한 점이 간과되고 있는데, 그것은 페니실린 자체의 발견이 아니라 치료 목적으로 개발해 가던 과정이 인류의 사고 양식을 한층 높여 주었다는 것이다.

통설적인 신화의 첫 단어인 '페니실린(Penicillin)'으로 돌아가 보자. 이것은 이 책 전체에서 단수로 취급되고 있다. 그러나 이 단어는 정확히 말하자면 복수, 즉 '페니실린들(Penicillins)'로 사용되어야 한다. 자연에는 다양한 페니실린이 존재하며 수천 가지의 다양한 페니실린들이 실험실에서 만들어졌기 때문이다.

페니실린은 여러 종류의 곰팡이에 의해 만들어진다. 습기 찬 잼이나 빵, 구두, 나무, 카펫 등에서 흔히 발견되는 곰팡이는 겉으로 보기에는 모두 비슷해 보인다. 과학적으로 분류해 보면 곰팡이는 진균류라는 범주에 속하는 생물로서 우리가 먹는 버섯과 친척 관계이다. 그들의 기본적인 생활 방식은 가는 균사들이 엉키면서 자라나는 것인데, 때때로 열매를 맺기도 한다. 물론 우리가 먹는 식용 버섯들도 이 진균류에 속하는 것이다. 하나의 열매는 생식을 위해 포자라고 불리는 수백만 개의 씨앗을 대기 중에 뿌려 댄다. 이 포자들은 육안으로 보기에는 너무나 작고 가벼워서 수많은 꽃가루 알갱이들과 함께 바람을 타고 이동할 수 있기 때문에, 우리가 숨을 쉬는 곳이라면 어디서나 발견된다.

포자가 우연히 좋은 환경에 내려앉으면 싹이 트고 새로운 곰팡이의 몸을 이루는 가는 균사를 만들기 시작한다. 곰팡이들은 주위로부터 영양을 섭취하고 대사 작용을 통해 부산물들을 만들어 낸다. 페니실린은 아스페르길루스(Aspergillus, 누룩곰팡이)

계열의 몇 종류와 세팔로스포리움(Cephalosporium)이라는 종류의 곰팡이를 통틀어 일컫는 페니실륨(Penicillium) 곰팡이들이 생명 활동 중에 만들어 내는 부산물이다.

최초로 발견된 페니실린은 페니실륨 계열에서 생성되었는데, 이 곰팡이는 현미경으로만 겨우 볼 수 있는 작은 붓같이 생긴 열매를 가졌기 때문에 '붓'을 의미하는 라틴어로부터 이름을 땄다고 한다. 그 붓털 끝으로부터 포자가 발산되는 것이다.

페니실륨으로 분류되는 곰팡이에는 최소한 650종이 있고, 거의 모든 종이 다양한 변종들을 가지고 있다. 변종까지 포함하면 수천 종의 페니실륨 곰팡이들이 존재하는데, 계속해서 돌연변이를 만들어 내기 때문에 더더욱 복잡해지고 있다.

오늘날에는 하나의 페니실륨 곰팡이가 여러 종류의 페니실린을 만들어 낸다는 것이 알려져 있다. 한 곰팡이로부터 생성되는 페니실린들의 비율은 주위 환경에 따라 변한다. 즉 인위적으로 특정한 먹이를 제공하면 어느 정도까지는 한 가지 페니실린만 만들어 내게 할 수도 있다는 것이다.

그러나 다양한 페니실륨 곰팡이 중에는 자연 상태에서도 한 가지 형태의 페니실린만을 만들어 내는 것도 있기 때문에, 가장 높은 비율로 특정한 페니실린을 생성하는 종을 얻기 위해서는 많은 수의 다양한 곰팡이들을 구해서 검색해 볼 필요가 있다.

좀 더 명확한 이해를 돕기 위해서는 페니실린의 화학적 구조를 이해하는 것이 필요하다. 모든 페니실린들은 두 개의 부분, 즉 핵과 곁사슬로 이루어져 있다. 화학자들은 페니실린을 '곁사슬이 붙어 있는 베타-락탐 고리상(β-Lactam Ring)에 융합된 티아졸리딘(Thiazolidine)을 포함하는 핵'이라고 묘사한다. 페니실

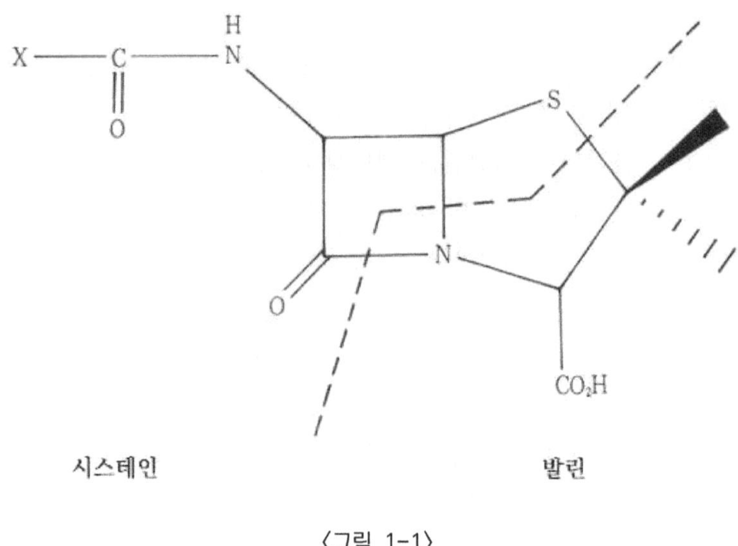

〈그림 1-1〉

린 분자는 〈그림 1-1〉과 같이 생각할 수 있다.

이 그림에서 S는 황 원자를 나타내고, N은 질소, C는 탄소, H는 수소, 그리고 O는 산소를 나타낸다. 어떤 원자들은 따로 떨어져서 하나씩 배치되어 있는 데 비해, 어떤 원자들은 오른쪽 아랫부분의 $CHCO_2H$와 같이(화학자들은 CH.COOH.라고 쓰는 것을 더 좋아하겠지만) 단체를 이루고 있다. 이 원자들의 단체는 자연 상태에서 자주 발견되는 화합물의 기초로서 화학자들에게는 잘 알려진 구조이다. 그들은 규칙적인 내부 구조를 가지면서 페니실린 분자와 같이 더 큰 구조의 일부로서 연결된다.

오른편에 있는 티아졸리딘 고리는 오각형 구조이며, 선들은 원자 간이나 원자 단체 간의 화학결합을 나타낸다. 원자 간에는 반발력도 존재하고, 여러 반발력과 친화력의 합에 의해 분자의 모양이 결정된다. 실제로는 페니실린 분자가 그림에서 보는 것처럼 한 평면 위에 펼쳐져 있는 것이 아니라 구부러지고 비틀린 3차원 구조를 이루고 있다.

〈그림 1-1〉의 왼쪽에 있으면서 티아졸리딘 고리와 한쪽 면을 공유하고 있는 베타-락탐 고리는 사각형이다. 이 두 고리가 모든 페니실린의 핵이 된다. 다른 것이 붙어 있지 않은 이 두 고리는 6-아미노-페니실린산(6-Amino-Penicillanic Acid) 또는 6-APA라고 불린다.

구조의 세 번째 부분은 X.CO.라고 표기된 곁사슬이고, X는 다양한 물질이 될 수 있다. 설명에서 사용된 전형적인 화학 구조 그림에는 다분히 오해의 소지가 있는데, 그림에서는 작아 보이는 곁사슬이 때로는 핵보다 더 클 수도 있기 때문이다. 가장 널리 쓰이는 페니실린 중 하나인 페니실린 G(또는 벤질페니실린)를 예로 들면, $C_6H_5CH_2$-라고 표기되는 곁사슬이 탄소와 수소를 합해 14개의 원자로 이루어져 있다. 이것은 6개의 탄소가 육각형 고리로 연결되어 있음을 의미한다. 이 중 5개의 탄소에는 수소가 붙어 있고, 여섯 번째에는 CH_2가 연결되어 있다. 페니실린 핵에 맞먹는 크기의 이 곁사슬이 페니실린 핵의 베타-락탐 고리 왼쪽 위의 원자에 연결되어 있는 것이 실제의 모습이다.

두 고리가 융합된 형태의 페니실린 구조는 당시 과학계에 알려져 있지 않았던 상당히 독특한 것이었다. 그러나 자세히 들여다보면, 그것은 매우 잘 알려진 두 물질의 접합체라는 것을 알 수 있다. 모든 페니실린의 핵은 그림처럼 동일하므로, 점선으로 표시한 것과 같이 공통적으로 두 개의 구조로 나누어 볼 수 있다.

점선 왼쪽 부분의 원자 구조는 시스테인(Cysteine) 분자에 해당하고, 오른쪽 부분은 발린(Valine) 분자로 볼 수 있다. 발린과 시스테인은 모두 아미노산의 일종이다. 아미노산은 우리 몸을 이루는 단백질의 구성 물질이며, 약간의 부가물만 첨가한다면 사실상 모든 박테리아와 동물의 구성 물질이 된다. 그러므로 원칙적으로는 페니실린의 구성 성분에 아주 특이한 점은 없는 셈이다. 그것은 생물의 기본적 구성 물질 중 두 가지로 이루어져 있으면서 다소 특이한 방법으로 결합되어 있고, 특정한 곰팡이의 정상적인 생명 활동 중에만 얻어진다.

여러 페니실린들이 나타내는 작용의 차이는 순전히 곁사슬의 성질에 기인한다. 다른 종류의 페니실린이 세균에 대해 작용하는 강도가 다른 것은 곁사슬의 구조가 다르기 때문이다. 또한 플로리가 막 일을 시작했을 무렵에는 페니실린이 산에 매우 약해서 환자의 입을 통해 투여하는 것은 불가능해 보였다. 그러나 과학자들은 핵은 그대로 유지한 채 곁사슬만을 치환함으로써 병균에 대해서 효능을 유지하면서도 산의 공격으로부터 핵을 보호할 수 있어, 입으로도 투여할 수 있는 페니실린을 만들어 내게 되었다. 어떤 곁사슬의 경우에는 박테리아를 전혀 공격하지 않아서 약으로서 아주 쓸모없는 페니실린들이 만들어지기도 했다.

이상한 점은 곁사슬이 보통 그 자체의 구조만으로는 어떤 항생력도 갖지 않는다는 것이다. 그것은 오로지 페니실린의 핵에 붙어 있을 경우에만 박테리아를 죽일 수 있다. 핵도 곁사슬이 제거되면 그 자신만으로는 아주 약간의 항생력밖에 갖지 못한다. 더욱이 핵의 두 고리의 필수적인 화학결합이 하나라도 깨지면 핵은 완전히 쓸모가 없어진다. 그림에서 보는 것과 같이 페니실린 분자에는 많은 연결부가 있고, 따라서 구조가 깨질 수 있는 위치도 많이 있다. 깨진 핵은 비록 곁사슬이 붙어 있다 해도 박테리아에 대해 아무런 효능을 갖지 못한다. 페니실린의 분해 산물로는 페니실아민(Penicillamine), 페닐산(Penillic Acid), 페닐아민(Penillamine), 페니실로산(Penicilloic Acid), 페니실렌산(Penicillenic Acid), 페닐론산(Penillonic Acid), 페닐로알데히드(Penillo-Aldehyde) 등이 알려져 있다. 이 분해 산물들의 차이는 주로 페니실린 핵의 어느 연결 혹은 결합이 깨졌는가 하는 것이다.

그러므로 페니실린의 구조만으로는 그 작용의 메커니즘을 거의 설명할 수 없다. 사실 페니실린이 병균을 죽이면서도, 그 자체로는 전혀 살균력이 없는 곁사슬과 아주 약간의 살균력만을 가진 핵으로 이루어져 있다는 사실은 매우 비논리적으로 보인다. 또한 핵에 대한 어떤 손상이든 세균에 대한 효능을 완전히 없애 버리지 않는가. 그리고 사실 지금까지조차 페니실린이 어떻게 작용하는지에 대한 완전하고 최종적인 세부 사항은 모르고 있다.

박테리아에 대한 페니실린의 작용 메커니즘에 대한 실마리는 1940년대에 처음 보이는 듯했다. 그리고 수년간 관심을 받지 못하다가, 플로리 연구팀의 일원이었던 가드너 경(Arther D. Gardner, 후에 교수가 됨)이 매우 적은 양의 페니실린으로 처리된 박테리아가 죽지 않고 오히려 이상하고 커다란 모양으로 자라난다는 것을 알아냈다. 현미경으로 관찰된 어떤 종류의 박테리아들은 약간의 페니실린이 주어졌을 때 정말 거대한 크기로 자라났다.

1946년에야 페니실린이 박테리아의 세포벽을 손상시킴으로써 작용한다는 설명이 처음으로 제기되었는데, 이것은 가드너가 발견한 세포의 이상한 모양을 뒷받침하는 설명이었다. 그러나 단순히 추측으로 받아들여졌고, 페니실린이 박테리아의 세포벽에만 특이하게 작용한다는 것이 널리 받아들여지기까지는 10년이라는 시간이 더 필요했다.

박테리아의 표면은 두 부분으로 구성되어 있다. 먼저 생물이 필요로 하는 효소나 유전물질 같은 화학물질을 담아 두기 위한 주머니가 있다. 이것을 세포막이라고 하는데, 내부에 액체가 들어 있는 고무풍선 같은 것으로 생각할 수 있다. 이 고무 기구의 바깥쪽에는 좀 더 단단한 그물 구조의 세포벽이 있어서 박테리아의 내부를 보호하고 그 모양을 유지한다. 이 바깥쪽 구조를 이루는 두 개의 주요한 성분은 뮤람산(Muramic Acid)과 테이코산(Teichoic Acid)이라는 분자들이다. 이 분자들은 옷감을 짜는 데 필요한 씨실과 날실에 비유할 수 있다.

이 세포벽이 생성 중일 때 페니실린이 작용하면, 어떤 방법으로라도 뮤람산 부분의 형성을 막음으로써 세포벽의 생성을 방해하는 것이다. 이때, 뮤람산의 구성 성분 중 하나인 알라닌이라는 아미노산이 페니실린의 공격을 받은 박테리아의 내부에서 사용되지 못한 채로 다량 발견된다. 세포벽 바깥 구조가 형성되지 못하면, 안쪽 주머니인 세포막은 보호받지 못하고 모양 자체를 유지하지 못하게 된다. 즉 주머니 내부의 삼투압에 의해 세포막은 터져 버리고, 내용물은 밖으로 유출되어 박테리아가 죽는다. 페니실린은 다른 방법으로 안쪽 주머니 역시 약하게 하거나 파괴할 수도 있지만 주요 효과는 바깥쪽 벽의 생성을 방해하는 것이다.

그래서 페니실린은 한편으로는 분자의 모양 때문에, 또 한편으로는 그 구성물의 화학 활성에 의해 효과를 나타내는 듯하다. 박테리아 세포벽 구조에 기하적으로 꼭 맞게 만들어진 페니실린의 모양(아마도 핵의 모양이겠지만)에 뭔가 비밀이 있어 보인다. 또한 페니실린은 뮤람산을 만드는 데 작용하는 물질에 자연상 기질인 알라닌보다 화학적으로 더 강한 친화력을 가지는 것임에 틀림없다. 어쩌면 뮤람산의 구성 물질들이 서로에게 갖는 것보다 페니실린이 이 구성 물질에 대해 더 강한 친화력을 가지고 있는지도 모른다. 이것은 세포벽의 구성 물질 자체는 어떻게든 만들어지지만 정상적인 구조결합이 형성되지 않는다는 사실로 짐작할 수 있다.

페니실린의 작용 메커니즘에 대한 이런 설명은 다른 종류의 박테리아에 대해서 페니실린의 효과가 다르게 나타난다는 관측된 사실을 만족스럽게 설명해 주는 듯하다. 그러나 사실은 반대로, 관측된 효과의 차이를 설명하기 위해 위의 메커니즘에 대한 가설이 끼워 맞추어졌다는 것이 옳을 것이다.

박테리아들은 내용물도 다르지만 벽을 만드는 데 있어서도 서로 다르다. 이 차이점 중의 하나는 세포벽을 만드는 데 사용되는 테이코산과 뮤람산의 상대적인 비율에 기인한다. 그리고 일반적으로 말한다면 세포벽에서 뮤람산의 비율이 가장 높을 때 페니실린의 효과도 가장 크다.

19세기 세균학의 초기 시절부터 세균들을 크게 그람 양성과 그람 음성의 두 가지로 분류하는 것이 일반화되어 있었다. 이 분류는 단지 화학 착색제에 의해 그람 양성 세균이 더 염색이 잘된다는 것을 의미할 뿐이었다. 이 유용한 화학염료는 1884년 덴마크의 과학자 한스 그람(Hans Gram)에 의해 발견되었다. 그러나 페니실린 역사의 초기부터 페니실린이 그람 양성균에 효과가 있다는 것이 알려졌고, 처음에는 그람 음성균에 대해서는 전혀 작용하지 않는 것으로 여겨졌다. 그러나 이후에 엄청난 과량을 투여하면 그람 음성균에도 페니실린이 효과를 나타낸다는 것이 밝혀졌다. 그람 양성균들은 대부분의 부패성 감염, 패혈증, 산욕열, 골수염, 탄저열, 결핵, 디프테리아, 파상풍, 폐렴 등의 원인이 된다. 그람 음성균은 페스트, 콜레라, 장티푸스, 음식 부패를 일으키는 세균들을 포함한다.

페니실린의 작용은 1956년 그람 양성균이 그람 음성균과 세포벽을 만드는 구성 물질의 비율에서 차이를 보인다는 연구 결과에서 비로소 분명해졌다. 모든 그람 양성균은 세포벽 구조의 일부로서 뮤람산을 사용한다는 것도 알려졌다. 그럼에도 불구하고 1971년 런던의 왕립학회의 주최로 페니실린 발견 30주년을 기념하는 국제 과학 심포지엄이 열렸을 때, 주요 발표자 중의 한 사람인 하버드의 스트로밍거(J. L. Strominger) 박사의 논문은 「어떻게 페니실린은 세균을 죽이는가: 발전과 문제점」이라는 제목을 달고 있었다. 이것은 수십 년이 지나고도 의문에 대한 명백한 답이 얻어지지 못했음을 시사한다.

그러나 구조와 작용 메커니즘에 대한 관찰에서 두 가지의 정리가 유도될 수 있다. 그 첫 번째는 비록 실험실에서만 확인된 사실이기는 하지만, 엄밀히 말하면 페니실린이 병균을 죽이지는 않는다는 것이다. 보통 페니실린은 완전히 자란 상태나 휴식 상태의 세균은 공격하지 않고, 새로운 세균이 스스로의 몸을 만드는 것을 방해하여 성장을 멈추게 한다. 즉 번식 중인 세균만을 공격하는 것이다. 박테리아와 같은 간단한 단세포 생물에서는 한 개체가 자라나서 똑같은 두 개의 개체로 나누어지는 분화에 의해서 재생산이 일어난다. 페니실린이 모든 세균을 죽인다는 잘못된 이해는 플레밍이 최초의 발견을 잘못 해석한 것에 직접적으로 기인한다.

두 번째 중요한 정리는 다세포 생물, 특히 포유동물이나 사람의 세포는 이중 구조를 갖지 않는다는 사실이다. 우리의 세포들은 바깥쪽에 내용물을 담는 한 겹의 주머니(세포막)만을 가지고, 단세포 생물들처럼 단단한 바깥 껍질인 세포벽은 필요로 하지 않는다. 우리는 우리 몸을 만드는 데 테이코산이나 뮤람산을 사용하지 않으며 다른 고등 동물들도 마찬가지이다.

이것이 바로 페니실린이 일반적으로 인간이나 동물들에게는 유독하지 않은 이유이다. 즉, 인간과 동물의 세포는 손상시키지 않고 세균만을 공격하는 물질이 존재한다는 사실 자체가 사람들의 인식에 일대 전환을 불러일으켰던 페니실린의 중요한 면이었다. 이러한 물질은 대부분의 과학자들이 존재하지 않을 것이라고 생각했던 마법의 약이었다.

도대체 세균만 선택적으로 공격하는 물질이라니! 페니실린 이전에는 세균을 죽일 만큼 독성이 강한 물질이면 동시에 숙주인 동물이나 사람의 세포도 공격하는 것이 당연하게 여겨졌다. 페니실린이 지적 사고에서 혁명을 일으켜, 현대의 의학자들에게 각종 질병을 일으키는 대부분의 원인균을 선택적으로 다룰 수 있는 화합물, 약 혹은 치유법을 찾아 낼 수 있으리라는 긍정적인 기대를 심어 준 근거가 바로 여기에 있다.

수십 년간의 연구 결과인 페니실린의 회고를 내놓는 바로 이 순간에도 페니실린에 관한 이야기는 왜곡되고 있다. 시간을 거슬러 올라가면서 사건의 진행을 관찰하다 보니, 자연히 중요한 발견들을 시간적인 순서에 따라 배열하게 되고, 발견이 이루어졌던 당시에는 존재하지 않았던 논리가 무리하게 역사에 등장하는 것이다. "19…년에 존이 이것을 발견했고, 2년 뒤에 스미스가 그것을 개량했다"는 식으로 기술함으로써, 두 사건을 연결하는 논리적 고리가 있었던 것처럼 암시된다. 이것이 일반적으로 과학자들이 연구를 진행하고 해석하는 방식이다. 그러나 페니실린의 경우에는 분명히 다르다.

1941년 옥스퍼드에서 최초의 환자는 플로리와 체인이 당시에 순수한 페니실린이라고 믿었던 물질을 투여받았다. 한참 후에야 그 물질의 단지 2%만이 페니실린이고, 나머지 98%가 불순물이었다는 사실이 밝혀졌다. 그리고 환자들이 치료를 받던 당시에는 아무도 페니실린이 정확히 무엇인지에 대해 몰랐다. 사실 페니실린의 성질과 구조에 대한 최종적인 논증은 1945년에야 이루어졌는데, 이때는 이미 수천 명의 연합국과 추축국의 병사들이 페니실린으로 치료를 받은 뒤였으며, 민간 병원에서도 널리 사용되기 시작한 때였다. 네덜란드의 지하 조직과 프랑스의 마키*에서 비밀리에 페니실린 제작이 시도되기도 했다.

물론 플로리 교수의 옥스퍼드대학 연구팀 화학자들은 처음부터 페니실린을 분리, 정제, 분석하려고 시도하였다. 체인은 그

* 역자 주: Maquis: 2차 세계대전 때의 반독 유격대

의 실험실에서 고작 몇백 미터 정도 떨어진 옥스퍼드대학 다이슨 페린스(Dyson Perrins) 유기화학 실험실의 유기화학자인 로버트 로빈슨 경(Sir. Robert Robinson)과 윌슨 베이커(Wilson Baker)의 도움을 받았다. 처음엔 순수한 페니실린을 얻을 수가 없었기에 페니실린을 화학적으로 분해하여 생기는 물질을 분리하고자 시도하였다. 처음으로 그들이 발견한 것은 페니실아민이라는 물질이었다(최근에 이것은 심각한 관절염의 치료에 유효하다는 것이 증명되었다). 불행히도 페니실아민의 화학 분석에서 그들은 페니실아민 분자 내에 존재하는 황 원자를 빠뜨리는 실수를 저질렀다. 그리고 페닐산이라는 다른 페니실린의 분해 산물을 발견했을 때에도 비슷한 실수로 구조에서 황을 빠뜨렸다.

이런 실수가 발견되고 정정될 무렵에는 미국의 연구팀들이 이 연구에 참가했다. 그러나 대서양을 사이에 둔 과학적인 교류는 이 당시 단절되어 있었다. 영국에서는 페니실린에 대해 공식적인 비밀 유지 조치가 적용되고 있었고, 학술지에 발표하는 것도 금지되었다. 미국에서도 초창기의 많은 페니실린에 관한 일들이 전시 과학연구개발국(Office of Scientific Research and Development)에 의해 재정 지원을 받고 있었고, 이러한 계약하에서 어떤 형태로든 과학자들의 연구 결과를 발표하는 것이 금지되어 있었다.

이러한 보안과 특허 문제가 걸려 있기는 했지만, 점차 대서양 양편(미국과 영국)은 정부의 후원 아래 얻어지는 모든 정보는 필요하면 서로 공개해야 한다고 인식하고 이 정보들을 통합, 유통시키는 데 합의하였다. 이 합의는 관료체제의 보수성을 고려해 본다면 놀랄 만큼 잘 지켜졌다. 영국에서 1946년 HMSO

에 의해 출판된 명령서(Command Paper) 제6757호는 「페니실린 합성에 관한 정보 교환에 적용되는 원칙의 합의」였다. 사실 그 합의는 계약상 1943년 12월 1일부터 1945년 10월 31일까지였기 때문에 만기로부터 3달쯤 지난 1946년 무렵엔 유효한 상태가 아니었다. 그렇지만 그 합의는 계속 유지되었고 정보는 유통되었다.

옥스퍼드의 연구원들은 빠뜨렸던 황 원자를 드디어 발견했고 1943년 하반기에는 미국 쪽과 페니실아민의 구조에 대한 의견 일치를 보았다. 그러나 페닐산의 구조에 있어서는 영국과 미국 사이에 현저한 차이가 계속되었다. 미국인들이 $C_{16}H_{18}O_4N_2S$를 발견한 데 비해 옥스퍼드에서는 거듭 $C_{14}H_{20}O_4N_2S$라는 공식을 얻었다. 이 결과의 차이는 대서양 양쪽에서 다른 비율로 다른 페니실린이 만들어지고 있었다는 사실이 확인되면서 해결되었다.

전쟁이 끝나기 전에 최소한 4개의 다른 페니실린이 만들어졌고 규명되었다. 체계적인 것을 좋아하는 영국인들은 페니실린 I, II, III, IV라고 이름을 붙였다. 이에 비해 미국인들은 페니실린 G, F, K, X라고 명명하였는데, 이 미국식 명명법이 더 널리 사용되었다. 다양한 페니실린의 존재 때문에 생긴 과학적 논란을 해결하는 데는 많은 연구가 필요했다. 처음 발견된 4개의 페니실린 중 중요한 하나는 벤질 페니실린인 페니실린 G인데, 이것은 최초의 항생제로서 시장화된 페니실린으로 오늘날까지도 대량 생산되어 약으로 쓰이고 있다.

'곁사슬이 붙어 있는 베타-락탐 고리에 융합된 티아졸리딘을 포함하는 핵'이라는 페니실린의 구조를 처음으로 제안한 것은 옥스퍼드의 체인과 에이브러햄이었다. 이때가 1943년이었다.

그러나 그 당시에는 그들의 주장을 증명할 수가 없었다. 미국인들이 최종적으로 순수한 페니실린의 결정을 만들어 낸 것은 2년이 더 지나서였다. 생체에서 얻어진 복잡한 분자를 정제하고 규명하는 연구가 당시로서는 과학의 최첨단에 속했다. 사실 지금까지도 모든 화학자와 생화학자들의 주요한 노력 중 하나가, 생체를 이루는 매우 큰 분자의 정확한 작용 방식을 규명하고 분석하는 일이다. 페니실린의 화학적 구조에 대한 최종적인 분석은 1946년 미국의 실험실에서 만들어진 순수한 결정을 가져다가 실시한 옥스퍼드대학의 X-ray 분석으로 완료되었다. 이 무렵에는 전쟁이 끝나고 페니실린은 대량으로 생산되어 전 세계적으로 사용되고 있었다.

전쟁이 끝날 무렵 페니실린이 일반적인 의약품으로 사용되었을 때, 영국 조제국(British Pharmaceutical Council)은 그 구성원들의 교육과 의사와 화학자들을 위한 기술 서적을 발간하였다. 페니실린의 신비를 풀려던 이들이 직면했던 문제는 다음에 잘 요약되어 있다.

> 유기물질의 구조를 규명하려는 시도는 일반적으로 그것을 순수한 상태로 얻은 다음에야 가능한데, 페니실린의 화학적 구성은 결정물질을 얻기 훨씬 전부터 연구되었다. 사실 우리들이 현재 알고 있는 지식의 밑바탕에 깔려 있는 초창기 결과들의 일부는 페니실린 자체보다 불순물이 더 많이 포함되어 있는 물질에서 얻어졌는데, 그 페니실린마저도 유사한 구조를 가진 물질들의 혼합물이었다.

화학자들이 구조 분석을 할 수 있을 만큼 순수한 페니실린을 얻은 것은 대량 생산법의 개발 덕분이었다. 그러나 한편으로는 연구용으로 쓸 수 있는 페니실린을 대량으로 얻으면서 페니실린의 작용 메커니즘에 대한 새로운 혼란이 야기되었다.

돌이켜 보면 1946년까지는 그 자취가 꽤 선명하게 보였다. 플레밍은 배양접시에서 세균의 분해를 일으키는 물질에 처음으로 관심을 가졌다. 세균은 세포벽이 터지면서 죽는 것 같았다. 우리는 옥스퍼드의 가드너가 매우 적은 양의 페니실린으로 처리된 세균이 이상하고 거대한 모양이 되는 것을 알아내고, 페니실린이 세균의 벽에 작용함으로써 그 효과를 일으킨다고 제안했던 사실을 앞서 살펴보았다. 이 모든 실험은 페니실린에게 공격받는 그람 양성균에 대해서 이루어졌는데, 이것은 플레밍의 초기 작업에서 페니실린이 그람 음성균을 공격하지 않는다고 알려졌기 때문이다.

그러나 연구용으로 다량의 페니실린이 유용해짐에 따라, 알려진 거의 모든 병원균에 대한 실험에 대량의 페니실린을 투여하는 것도 가능해졌다. 그 결과, 양만 충분하다면 페니실린이 그람 음성균도 공격한다는 것이 밝혀졌다. 페니실린에 대한 저항성도 나타났는데, 겉으로 보기에는 페니실린으로 쉽게 죽일 수 있는 포도상구균과 같은 종류의 세균 중에 다량의 항생제에도 견디는 것이 발견된 것이다. 최근에는 이 돌연변이 세균이 페니실린의 핵을 쪼개 버리는 천연물질인 페니실리나제(Penicillinase)를 만들어 내기 때문이라는 것이 밝혀졌지만, 당시에는 항페니실린 현상을 이해하는 것이 매우 어려웠다.

요컨대, 우리가 가지고 있는 페니실린의 작용 양식에 대한 이해를 얻기 위해서는 세균 세포벽의 구성 물질과 3차원적인 구조를 연구할 수 있는 기술이 개발되기까지 기다려야만 했다. 넓은 영역에 걸친 과학의 진보가 10년이나 더 이루어지고서야 세포에 따라 세포벽 구성 물질의 비율이 다르다는 사실이 알려지고, 뮤람산의 중요성에 대한 실마리가 던져졌다.

한편 과학자들의 관심사에는 재미있는 변화가 있었다. 이제는 페니실린 자체의 작용 메커니즘보다는 세균의 구성과 행동양식을 연구하는 도구로서 페니실린을 이용하는 과학자들도 나타난 것이다.

2장
배경

페니실린 이야기는 루이 파스퇴르(Louis Pasteur)와 함께 시작된다. 그러나 항생제뿐만 아니라 방부학, 방부외과학, 세균학, 면역학, 전염병학, 공중 보건, 면역 계획 등 다양한 현대 의학들도 역시 파스퇴르와 함께 시작되었다. 이것은 단지 100여 년 전의 일로, 현대 의학이라고 불릴 만한 것들이 미국의 남북전쟁 무렵에 와서야 비로소 등장한 것이다.

병에 걸리게 되면 자연히 의문이 생긴다. 왜 병이 생겼을까? 원인이 되는 병원균이 있을까? 세균이나 바이러스 등이 원인인가? 사실 명백한 병원균이 없는 암이나 류머티즘 같은 질병이 가장 당혹스럽다. 공기와 물속, 토양 속에 보이지는 않지만 미생물들이 존재하며 서로 경쟁하며 살고 있다는 것이 이제는 상식이 되었다. 이런 사실을 몰랐거나 심지어 짐작도 못 했던 시절이 상상이나 되는가?

감염과 전염병의 원인이 세균임을 증명한 것이 바로 파스퇴르였다. 전염병이라는 것은 보이지는 않지만 분명히 살아 있는 생물이 우리 몸속에 침입하여 번식함으로써 생긴다는 것을 최초로 밝힌 것이다. 이것은 분명 파스퇴르가 이룬 위대한 의학적 업적이다. 그러나 더욱 중요한 것은 그가 이룬 사고방식의 혁명이었다. 그것은 우리들이 살고 있는 거시적 세계와 나란히 미시 세계에 수많은 생명이 존재한다고 믿게 만든 혁명이었다. 또한, 병에 대한 치료법의 합리적인 개발과 미생물의 침입을 막는 데 필요한 이론적 근거를 제공했던 혁명이었다.

파스퇴르는 원래 화학자이자 수의사였다. 그는 의학 자격증을 가지고 있지 않았기 때문에, 그의 연구는 거의 모두 동물에 관한 것으로 제한되었다. 그가 발효 현상이 본질적으로는 살아 있는 생물인 효모에 의한 것임을 증명한 것은 1864년이었다. 화학자로서 그는 친구가 경영하는 식초 공장에 생긴 문제를 해결하기 위해 초청받아 갔다.

그는 발효 통 속의 작은 구형체들이 생물이라는 사실을 증명했다. 즉 발효는 그들의 생명 활동의 결과로 일어난 것이다. 그리고 그는 각 형태의 발효들이 특정한 다른 효모에 의한 것이라는 사실을 밝혔다. 이것으로부터 출발하여, 효모가 쉰 우유에서 발견되는 것과 같은 종류의 산을 만들어 낸다는 것을 알아내고, 음식의 부패가 우리들 바로 주위의 공기와 먼지 속의 살아있는 세균들 때문이라고 결론지었다. 이것은 일련의 실험으로 연결되어 고기와 수프가 공기와 차단되어 있기만 하면 썩거나 부패하지 않는다는 사실도 밝혔다. 또한 이러한 사실을 바탕으로 그는 가열을 비롯한 다양한 살균 방법을 발명하였다.

한편으로는 이러한 발견이 광견병 예방접종의 기초가 되었으며, 가열로써 음식의 보존을 가능하게 하여 현대의 통조림과 포장 산업에까지 영향을 미쳤다. 또 다른 한편으로는 공기 중의 세균들을 죽임으로써 수술 시 상처의 감염을 피할 수 있다고 주장하던 스코틀랜드 외과 의사인 리스터(Lister)에게도 영향을 주었다. 리스터의 멸균 외과술은 수술 상처로 인한 사망률을 매우 경이롭게 감소시켰고, 1865년부터는 의학, 특히 외과술에 혁명적인 변화를 일으켰다. 파스퇴르의 영향을 받은 멸균 기술의 응용은 산부인과 병원에서 흔히 발생하는 산욕열을 크게 감소시켰다.

파스퇴르에 의한 철학적인 혁명은 많은 과학자들과 보수적인 의사들이 믿어 왔던 자연발생설에 결정타를 가했다는 점에서 더욱 중요하다. 그는 생명이 오직 생명에 의해서만 생겨나는 것이며, 적당한 분위기와 환경에 의해 무생물의 조합 결과로 만들어지는 것이 아니라는 점을 증명했다. 소똥에서 벌이나 딱정벌레가 저절로 생긴다는 관찰을 바탕으로 하는 자연발생설이 당시엔 상당한 영향력을 발휘하고 있었다. 이 자연발생설을 파스퇴르가 비로소 없애 버린 것이다.

이것은 파스퇴르가 모든 과학적 실험과 관찰을 직접 수행했음을 의미하는 것은 아니다. 개인적으로 그가 많은 과학적 발견에 기여했지만, 그뿐만 아니라 미생물을 관찰하고 성공적으로 질병과 발효를 연구한 사람들이 많았는데, 가장 주목할 만한 이는 탄저열의 병균을 발견한 독일의 로베르트 코흐(Robert Koch)였다. 탄저열은 소와 양에게는 치명적인 질병이며 종종 사람에게도 전염되는 무서운 전염병이었다. 그러나 파스퇴르는 타의 추종을 불허하는 권위를 가지고 있었는데, 그것은 뛰어난 개인적 연구 업적뿐만 아니라 반대자까지 확신시킬 수 있는 공개 실험을 연출해 내는 능력 때문이었다.

페니실린을 구현시킨 세 사람에게 파스퇴르가 커다란 영향을 준 사실은 매우 중요하다. 플레밍과 플로리는 모두 그를 인용하였으며, 체인은 공개적으로 그를 가장 위대한 과학자로 추앙하고 자신의 연구를 파스퇴르의 글귀로 장식하였다.

발효나 양조의 연구에서 성공을 거둔 후에, 파스퇴르는 누에의 병과 닭 콜레라에 관해서도 연구하였다. 그는 병의 원인이 되는 세균을 분리, 규명하였고, 닭 연골 수프에서 세균을 배양하여 건강한 닭에게 접종하여 발병시킴으로써 자신의 주장을 증명하였다.

파스퇴르가 짧은 휴가를 떠나 그의 닭 콜레라 세균 배양접시를 방치해 둔 탓으로 멋진 행운이 일어났다. 휴가가 끝나고 돌아와 다시 일을 시작했을 때 그는 닭에게 이 신선하지 않은 접시의 세균을 주사하였는데, 놀랍게도 이 닭들은 병에 걸리지 않았다. 그래서 신선한 세균을 길러 다시 닭들에게 주사하였다. 그러자 일단 맛이 간 세균을 한번 주사했던 닭들은 여전히 병에 걸리지 않았지만, 처음으로 신선한 세균을 주사한 닭들은 병에 걸려 곧 죽어 버렸다. "기회는 오직 준비된 자에게만 주어진다"고 말했던 파스퇴르는 그것이 무엇을 의미하는지 금세 알아차렸다. 우연히 그는 세균을 쇠약하게 만들었고, 그 독성을 제거했던 것이다. 약화된 세균은 닭에게 약한 콜레라만을 일으키고는, 독성이 강한 정상 세균의 공격에 대한 면역을 닭에게 남긴 것이다.

그의 발견은 사람들이 수천 년 동안 알고 있던 사실과 일치하였다. 일단 홍역, 천연두, 페스트에 걸렸다가 회복된 사람은 같은 병에 거의 걸리지 않는다는 사실이다. 더욱이 파스퇴르의 발견은 그의 시대 이전에 이루어진 몇 안 되는 진짜 의학적 발전 중 하나인 제너(Jenner)의 종두법에 과학적인 이론적 근거를 제공한 것이다.

고대부터 중국인과 아랍인들은 심하지 않은 천연두의 부스럼을 취하여 건강한 사람에게 감염시켜 면역을 얻는 기술을 개발시켰다. 볼테르(Voltaire)는 이 기술이 고산 지대에 사는 서카시안 사람들 사이에서는 완벽한 수준에까지 이르렀다고 주장했다. 그들의 중요한 재산인 아름다운 딸들에게 천연두 자국이 있으면 부자들의 하녀로 보낼 수 없었기 때문이었다. 이 기술은 18세기에 콘스탄티노플의 영국 대사 부인이었던 메리 워틀리 몬태규(Mary Wortley Montagu) 부인에 의해 서유럽에 소개되었다. 그 기술은 죄수들과 고아들을 대상으로 시험을 거친 후 영국 하노버가의 왕들에 의해 채택되었고, 어떤 역사가들은 천연두에 의한 사망률의 감소가 산업 혁명을 유발한 인구 증가의 한 원인이라고 주장하기도 하였다.

글로스터주의 의사였던 에드워드 제너(Edward Jenner)는 천연두를 막기 위한 방법으로, 우두에 걸린 소젖 짜는 소녀들의 상처에서 얻은 물질을 접종함으로써 기술을 한층 더 발전시켰다. 그는 예방접종이 훌륭한 방어 수단이 된다는 것을 보이기 위한 투철한 소명의식으로, 우두의 고름을 접종시킨 소년에게 맹독의 천연두 균을 주사해 보임으로써 그의 주장을 증명하였다. 제너는 소를 의미하는 라틴어 'racca'를 따서 이 방법을 백신(Vaccination)이라고 명명하였다.

그의 여생은 논쟁으로 점철되었지만 그는 합리적인 기초하에 감염성 질병을 어떻게 격파할 것인가를 보여 준 최초의 사람이 되었다. 왕립 내과 의학대학은 제너가 라틴어 시험에 합격하지 못했다는 이유로 의사 자격증을 주지 않았다. 그러나 파스퇴르는 제너를 기리며, 훨씬 더 정교해진 그의 예방접종 기술을 묘사하는 데 백신이라는 단어를 고집했다.

닭 콜레라균은 공기 중의 산소에 노출됨으로써 독성이 약해진다는 사실이 밝혀졌다. 그래서 그 과정은 대량 생산에 적용될 수 있었고, 실제로 병을 완전히 쓸어버릴 만큼 대량의 백신을 만들어 낼 수 있었다. 탄저열을 정복한 것은 파스퇴르에 의한 또 하나의 위대한 승리였다. 그 세균은 로베르트 코흐에 의해 발견되고 규명되었으나, 실험실에서 그 세균을 배양하여 건강한 동물에게 주입하였을 때 병을 일으킨다는 것을 증명한 사람은 파스퇴르였다. 결국 그는 열을 이용해서 균을 약화시켜 백신을 만드는 방법도 발견하였다.

백신의 효과는 파리의 바로 외곽에 있는 포윌리 르 포트에서의 공개 실험으로 증명되었다. 25마리나 되는 양과 6마리의 수소, 한 마리의 염소가 대중 앞에서 백신을 맞았다. 며칠 후 이 동물들은 백신을 맞지 않은 다른 25마리의 양과 4마리의 암소, 그리고 염소와 함께 탄저열 균을 접종받았다. 예방접종을 받은 동물들 중 한두 마리가 며칠 동안 나쁜 증상을 보이긴 했지만 의사, 수의사, 다양한 과학자들, 지주, 행정가, 심지어는 시골뜨기 농부들까지 몰려든 군중은 예방접종을 받지 않은 모든 동물들이 죽거나 병의 마지막 고비에 이른 데 비해, 예방접종을 받은 동물들은 모두 건강한 상태인 것을 확인할 수 있었다. 이것은 1881년 6월의 일이다.

파스퇴르는 의사 자격증이 없었기 때문에 그의 연구는 동물의 질병에 관한 것으로 제한될 수밖에 없었다. 프랑스 학회와

의학학회 회원에 선출된 것은 아마도 그가 동물뿐만 아니라 인간에게도 치명적인 병을 다룰 수 있게 한 계기가 된 듯하다.

그의 마지막 쾌거는 보통 미친개에게 물려 사람에게 전염되는, 일명 광견병이라고도 불리던 공수병(Hydrophobia)에 관한 것이었다. 파스퇴르는 그 원인이 되는 유기체가 무엇인지를 규명하지는 못했다. 오늘날 그것은 너무나 작아서 전자현미경으로밖에 볼 수 없는 바이러스라는 것이 알려져 있다. 그러나 그는 감염된 생물의 뇌까지 침입하는 전염성의 유기체가 존재함을 증명하였고, 감염된 토끼의 척수를 말려서 백신도 만들었다.

광견병은 미친개에게 물려서 감염된 뒤라도 상당히 늦게 발병하기 때문에, 파스퇴르는 감염은 되었지만 아직 발병은 되지 않은 상태인 사람들에게 백신을 주사하여 치료할 수 있기를 바랐다. 그는 이 보호법이 미친개에 물린 개에게 적용 가능하다는 것을 보였고, 마침내는 멀리 알자스로부터 찾아온 아홉 살의 조셉 마이스터(Joseph Meister)를 치료했던 이야기는 너무나 유명하다. 이 조셉 마이스터에 대해서 별로 알려지지 않은 이야기가 있다면, 그가 후에 파리의 파스퇴르 연구소에서 관리인으로 일하다가 1940년 독일의 침략군들이 파스퇴르의 유해가 안치되어 있던 납골실로 들어가려 할 때 자살했다는 이야기이다.

그것은 파스퇴르의 마지막 승리였다. 미친 동물에게 물린 사람들이 늦지만 않게 그에게 갈 수 있으면 살아날 수 있다니 말이다. 전 세계에서 사람들이 파스퇴르를 만나기 위해 파리로 몰려들었다. 대서양을 건너온 미국 아이도 있었고, 미친 늑대에게 물린 러시아 농부들이 오직 파스퇴르라는 단어만 외치며 도착하기도 했다. 결국 많은 러시아인들이 돌아가서 차르를 설득하여 파스퇴르 연구소 설립의 가장 큰 기부자 중 하나가 되게 하였는데, 그 연구소는 광견병에 대한 접종 수행과 연구를 위해 세워진 것이었다.

1895년에 파스퇴르가 죽기 전, 그는 페스트와 디프테리아를 일으키는 미생물을 규명하였고, 황열병과 결핵, 콜레라의 원인 유기체를 찾는 연구 중에 있었다. 이 모든 질병에 대한 접근 방법은 기본적으로 같은 것이었다. 먼저 원인이 되는 유기체의 정체를 규명하고, 죽은 희생자의 몸에서 발견된 다양한 미소 유기체를 취하여 혐의가 있는 후보들 가운데 범인을 가려낸다. 그 유기체는 몸 밖의 적당한 배양기에서 길러진 후 건강한 동물에게 다시 주사되었을 때 병을 일으켜야만 했다.

어떤 의미에서는 피나 공기, 흙 속에 들어 있는 규명되지 않은 요소가 병의 진짜 원인이라고 수시로 주장하는 반대자들 때문에 이러한 명쾌한 증명이 불가피했는지도 모른다. 이 과정은 예방접종을 위하여 약화된 미생물을 얻는 과정과 유사하다. 실험실에서 길러 낸 미생물이나 세균들은 열이나 빛, 산소에 대한 노출 등의 방법으로 약화 과정을 연구하는 데 쓰였다.

이 방법의 결과가 우리가 지금 '산 채로 약화된' 백신이라고 부르는 물질의 생산이다. 이 백신법은 그것이 세균이든 바이러스이든 관계없이, 독성이 없거나 약화된 유기체를 건강한 사람에게 주사하여 그 방어 체계를 자극함으로써 후에 침입할 수도 있는 같은 종류의 독성 유기체에 대한 면역을 만들어 준다. 또 다른 형태의 백신은 죽은 백신으로, 질병을 일으키는 균을 죽인 상태로 사람에게 주사하는 것이다. 지금까지 알려진 바에 의하면 죽은 백신은 대략 3개월 정도의 짧은 기간 동안만 면역을 줄 수 있는 데 비하여, 산 채로 약화된 백신은 보통 평생 동안 면역이 유지되는 장점이 있다. 그러나 약화된 유기체가 제조 중에 독성 유기체로 오염되거나, 그 자체가 독성을 가진 형태로 돌연변이를 일으킬 위험을 다분히 내포하고 있다.

그러나 파스퇴르와 그의 제자들이 의학계에 안겨 준 이 백신들은 단지 면역 치료법의 일부분에 불과하였다. 그들은 사람들에게 능동 면역을 제공한 것인데, 이것은 가능한 침입자에 대한 생체의 자연 방어 체계를 활성화시켰다는 뜻이다. 이에 비해 한 생체에서 만들어진 자연 방어 조직을 주사로 다른 개체로 옮겨 주는 수동 면역도 있다. 1880년대에 파스퇴르의 공동 연구자인 에밀 루(Emile Roux)에 의해 개발된 이 방법은 디프테리아 세균을 주사하여 말에게 자연 방어 물질을 만들게 하고, 말의 혈청에서 뽑아낸 이 물질을 디프테리아를 앓고 있는 사람에게 주사하는 방식이었다. 루는 디프테리아의 경우에 세균이 자라면서 만들어 내는 독성의 물질에 의해 인체가 손상된다는 것을 알아냈다. 그리고 말에서 뽑아낸 그 미지의 물질은 디프테리아 균의 생성물을 중화시키는 항독소라는 것도 알았다. 그렇지만 다른 동물의 몸을 빌려, 침입한 세균의 생성물에 대한 항독소뿐만 아니라 균 자체를 공격하는 물질을 얻는 것도 가능해 보였다. 가장 잘 알려진 천연두의 예와 같이 어떤 질병에 대해서는 살아 있는 동물의 몸에서 만들어진 백신을 직접 사용하기도 하는데, 거기에는 상당한 위험이 내포되어 있기도 하다. 여하튼 파스퇴르의 후반기 시절에는 혈청 치료가 면역과 맞먹을 만큼 대단한 것이었음에 틀림없다.

감염성 질병의 세균설에 대한 파스퇴르의 성공적인 연구 결과는 멸균 외과학뿐만 아니라 공중 보건과 위생학 분야를 자극하였다. 물속에 존재하는 세균의 존재를 보여 줌으로써 좋은 물의 공급이 공중 보건의 기초가 된다는 믿음을 불러일으킨 것이다. 이로 인해 19세기 후반기에는 물의 공급에 관한 대중적인 논쟁과 과학적 발견이 줄을 이었다.

파스퇴르는 사실상 그의 첫 번째 위대한 발견으로부터 1940년까지 70년 동안 의학의 흐름을 결정지었다. 이 흐름에 의해 감염성 질병을 격파하는 주요한 무기로 면역학이 이용되었으며, 성공적으로 체내에 침투한 세균을 물리칠 수 있는 사실상 유일한 방법인 혈청 치료를 사용하였다.

이 계보의 진보는 오늘날까지 계속되고 있다. 면역학 초기의 주목할 만한 성과는 황열병과 콜레라, 발진티푸스 등의 백신 발견이었다. 이 방면의 개발은 1930년대에 디프테리아에 대한 백신을 개발한 데서 그 절정을 이루었다. 페니실린과 항생제들은 질병을 치료하는 또 다른 접근의 가능성을 열었지만, 2차 세계대전 이후에도 면역학은 여전히 고전적 방법으로 대부분 바이러스성 질병 치료에 사용되었다. 이것은 특히 바이러스성 질병이 항생제로 치료되지 않았기 때문이었다. 소아마비 백신의 개발은 우리 세대의 가장 대표적인 성공으로 손꼽힌다.

면역학의 초창기에는 페스트, 탄저열, 황열병 등의 유행병을 치료하면서도 그것이 어떻게 작용하는지는 새로운 백신을 만들어 낸 의학자들조차 몰랐다. 처음에 파스퇴르는 체내에서 후에 자랄 독성의 침입자들에게 필수적인 요소를 써 버리거나 흡수한다는 이론을 피력했다. 노년에는 보호 백신이 침략자들과 싸우는 요소를 만들어 낸다는 다소 애매한 믿음으로 바뀌었다.

신체의 면역 방어 체계에 관한 지식을 한마디로 요약하면 '자아의 과학'이다. 우리의 몸은 림프구라고 불리는 혈액 속의 백혈구에 의해 자신의 세포들은 자아로 인식하고 묵인하지만, 그 밖의 세포들은 비(非)자아라는 것을 알아내어 공격하는 메커니즘을 가졌다고 보는 것이다. 모든 세포는 그 표면에 핵 속 유전물질의 발현인 항원이라는 화학물질을 가지고 다닌다. 림프구에 의해 식별되는 것이 바로 이 항원이다. 림프구가 일단 어떤 항원이 비자아라고 인식하면 두 가지 일을 하게 된다. 먼저 림프구 자신을 증식시키고, 항원에 들러붙음으로써 비자아 세포를 공격하는 항체라는 물질을 만들어 낸다.

현대의 면역 이론에서 또 한 가지 중요한 점은 하나의 림프구가 단 한 가지 형태의 항원만을 인지하고, 한 종류의 항체만을 만들어 낸다는 사실이다. 림프구와 항체는 오직 하나의 항원에 대해서만 선택적으로 작용한다. 건강한 신체는 자연에 존재하는 다른 생물체가 만들어 내는 모든 항원을 인지하는 림프구를 가지고 있다. 비록 화학자들이 자연에서는 결코 발견되지 않았던 완전히 새로운 항원을 만들어 낸다 하더라도, 생체는 그 합성된 항원을 처리할 수 있는 림프구와 항체까지도 가지고 있다는 것이다.

이 이론에 따르면 쇠약해진 탄저열 세균을 이용한 예방접종이 항(抗)탄저열 항체를 만들어 낼 수 있는 림프구를 자극하는데, 이것은 약해진 탄저열 균 표면의 항원이 독성균의 것과 전혀 차이가 없기 때문이다. 죽기는 했지만 손상되지는 않은 콜레라균을 주사했을 때도 같은 반응이 일어난다. 예방접종에 대한 반응은 균에 대한 항체의 양을 증가시키고, 더 중요한 점은 균을 인지하고 반응하는 림프구를 증식시킨다는 것이다. 그리고 정작 독성의 균이 침입해 왔을 때 면역을 일으키는 것은 혈액 속의 수많은 특정 림프구가 지속적으로 존재하기 때문이다.

파스퇴르의 시대에는 앞서 언급한 어떤 사실도 알려져 있지 않았다. 사실 그 대부분은 최근 수십 년 동안에 발견된 사실들이다. 이러한 기본적인 원리조차 몰랐음에도 불구하고 19세기 말의 의학자들은 인간에게 치명적인 유행병을 일으키는 미생물들을 규명하는 일을 성공적으로 해낼 수 있었다. 그리고 감염에 대비해서 예방접종을 통해 이 병들을 다스릴 백신을 차례로 만들어 냈다. 이 방면의 성공으로 의학계가 면역과 혈청 치료에 점점 더 중요성을 두게 되었다는 것이 놀라운 일은 아니다. 이러한 사고의 경향은 자연이 채택한 전략을 이용하는 면역이 최선의 치료라는 생각으로 발전하여, 프랑스를 시작으로 다른 나라들로 퍼져 갔다.

파스퇴르가 의학에 남긴 유산과 페니실린 사이의 역사적인 연결 고리는 장티푸스 백신의 개발이었다. 이 백신의 성공적인 개발은 1892년 이후로 네틀리(Netley) 병원의 대영 군의학교에서 병리학 교수로 있던 암로스 라이트 경(Sir. Almroth Wright)에 의해 1898년에 이루어졌다. 그의 백신은 죽은 백신으로서 전장에서 특히 중요할 것으로 기대되었는데, 힘든 군 생활에서 장티푸스가 종종 치명적인 유행병이었기 때문이었다.

그러나 인도에서 백신을 만들어 증명해 보인 연구 결과들이 국방성을 확신시키기에는 충분하지 못했다. 보어 전쟁 초기에 라이트는 외국 파병에 앞서 모든 군인들에게 강제적으로 예방접종을 하기를 원했다. 의학적인 기술로는 충분히 가능한 일이었으나, 보수적인 의학계는 이를 지지하지 않았다. 라이트는 자원자에 대해서만 백신을 접종할 수 있도록 허가받았고, 실제로 32만 명의 군인 중에 1만 6천 명만을 접종할 수 있었다. 게다가 항해 중이라는 나쁜 여건으로 그나마 1만 6천 명의 접종에 대한 결과를 추적하는 것조차 불가능하게 되었다. 병원 사무원들이 환자의 진술만을 바탕으로 장티푸스에 걸린 모든 희생자들의 카드에 백신 접종을 받았던 것으로 기록했다는 소문마저 있다. 본질적인 면에서 라이트의 업적이 언급되어야 할 점은 그가 사용한 백신이 오늘날 사용되고 있는 것과 사실상 같다는 점이다.

소송까지도 마다않은 그의 격렬한 논쟁이 확산되어 많은 적이 생기면서 라이트는 군을 사직했다. 사직 후에도 법적 투쟁은 계속되었다. 그와 개인적으로 절친했던 국방장관 홀데인 경(Lord. Haldane)이 그에게 기사 작위를 수여하였다. 이 수여 소식은 홀데인 경이 보낸 편지의 다음 구절에서 엿보인다. “친애하는 라이트, 우리에겐 자네의 장티푸스 예방법이 꼭 필요하네만 군 의료 기관의 책임자들을 설득하는 데는 실패했네. 그래서 나는 자네를 먼저 대중에게 알려진 인물로 만들어야겠다고 생각했고, 그 첫 단계 일이 자네를 기사로 만드는 일이었네. 자네는 그것을 좋아하지 않겠지만 그럴 수밖에 없네. -홀데인.”

과학자가 공식적인 경로를 거치지 않고 장관과의 개인적 친분에 의해 작은 지위 하나를 갖게 되었다는 것이 얼마나 말썽을 불러일으킬 만한 일인지는 명백했다. 요란스럽게 군을 떠난 뒤 라이트는 런던 패딩턴에 있는 세인트 메리 병원(St. Mary's Hospital)의 병리학 교수가 되었다. 1908년에 그는 예방접종과의 창립과 운영을 위하여 병리학 교수직을 사임했지만 1945년까지는 계속 거기에 머물렀다.

국방성과의 불화가 어떤 영향을 미쳤든 간에, 세인트 메리 병원에서 라이트가 이룩한 초창기 성과들은 그의 과학적인 명성을 크게 높여 주었다. 당시에 면역의 성공을 설명하는 데는 두 가지 경쟁적 이론이 있었다. 한 이론은 백신의 작용에 의해 생겨나는 어떤 혈액 중의 요소가 후에 독성균의 침입 때까지 지속된다는 것이었다. 물론 이 요소는 실재하는 것으로 후에 발견되어 규명된 항체이다. 그러나 당시의 과학 기술로는 이 물질들을 분리해서 규명하는 데는 미치지 못했고 단지 그 효과를 관측할 수 있을 뿐이었다. 그러나 식세포라 불리는 백혈구의 활동은 관찰이 가능했다. 현미경 아래에서는 이 세포들이 세균을 삼키고 침입한 균들을 배출해 버리는 것을 볼 수 있다. 그래서 보호 백신이 어떤 방식으로라도 식세포를 강화하고, 무장하여 침입해 온 유기체를 더 효과적으로 퇴치하는 작용을 돕는다고 생각하는 것은 자연스러운 일이었다. 우리는 식세포가 죽거나 손상된 세포에서 생긴 자연 발생적인 파편뿐만이 아니라, 혈관 속으로 뛰어든 외부 입자들까지 제거해 버리는 우리 몸의 청소부라는 것을 알고 있다. 그것들은 실제로 침입해 온 균들을 삼키고 배출시키지만 그것은 이 유기체들이 항체의 공격을 받은 다음에야 일어난다. 라이트의 초기 업적은 직접적으로 이 현대적인 관점까지 엮어 냈다. 그는 면역 메커니즘에 관한 경쟁적인 두 이론을 조화시켰다. 즉 백혈구가 침입해 온 미생물을 신속하고 탐욕스럽게 소화해서 배출할 수 있도록, 식균작용을 도와주는 요소들이 혈액을 따라 순환하고 있다는 것을 밝힌 것이다.

항체와 식세포의 협동 작업을 밝힌 시점까지 라이트는 훌륭한 업적을 남겼다. 그러나 여기서부터 그는 광적이고 독단적인 방법으로 여러 잘못된 길을 달려가게 된다. 혈액에 의해 식세포의 파괴적인 활동을 강화시켜 주는 습득된 성질을 그는 옵소닉(Opsonic)이라고 불렀고, 그 물질 자체를 옵소닌(Opsonin)이라고 명명했다. 두 단어 모두 '음식을 좋아하는' 이라는 뜻의 그리스어 '옵소노(Opsono)'에서 유래한 것이다. 이것은 전형적인 라이트식 표현이었는데, 그는 그리스어와 라틴어 어간을 새로 만들어진 의학 용어에 적용해야 한다고 고집하는 사람 중의 하나였다.

극작가 조지 버나드 쇼(George Bernard Shaw)는 암로스 라이트와 절친한 친구로서 세인트 메리 병원의 실험실에 자주 들르곤 했다. 결과적으로 라이트의 이론은 영문학에서도 불멸의 자취를 남기게 되었는데, 쇼의 희곡 『박사의 고민(The Doctor's Dilemma)』의 주인공인 콜렌소 리전 경(Sir. Colenso Ridgeon)이 사실상 라이트를 묘사한 것이었다. 콜렌소 리전 경은 회의적인 의사 패트릭 경에게 그의 이론을 설명해 보이는데, 조지 버나드 쇼는 라이트 이론을 멋지게 요약해서 다음과 같이 썼다.

리전: 옵소닌은 당신의 백혈구가 먹을 수 있도록 병균에 버터를 바르는 것이오. 그것은 아주 적절한 비유요. 식세포는 미생물에 버터 칠이 잘 되어 있지 않으면 안 먹어요. 버터를 스스로 잘 만들 수 있는 환자는 좋습니다. 그러나 나는 내가 옵소닌이라고 부르는 버터를 만드는 일이 올라갔다 내려갔다 하는 것을 발견했죠. 자연은 항상 리듬을 타고 존

재하니까요. 그리고 예방접종이 하는 일은 상승이나 하강을 자극시키는 일인데, 아마도 환자가 음의 상태에 있을 때 접종하면 죽을 테고, 양의 상태인 경우에 접종하면 병이 낫겠지요.

그리고 그것이 정확히 라이트가 세인트 메리 병원의 예방접종과에서 행했던 일이었다. 그러한 주장에 의해 환자 혈액의 옵소닌 상태를 양적으로 측정하는 이른바 옵소닌 계수가 만들어졌고, 이 계수를 발견하고 계산하기 위한 새롭고 발전된 기술들이 개발되었다. 이 계수를 바탕으로 자가 백신법을 이용한 치료가 시행되었는데, 이것은 종기나 감염, 패혈증을 일으키는 병균을 발견한 후 실험실에서 배양하여 항독제나 죽은 백신을 만들고, 나아가 이 자가 백신을 환자에게 다시 주사하는 방법까지 포함하는 것이었다.

암로스 라이트 경은 그의 주위에 모여든 총명한 젊은이들로 이루어진 연구팀을 지휘했다. 그는 발을 질질 끄는 걸음에, 쉽게 흥분하고, 독선적이며, 권위적이고, 수다스러운 사람이었다. 그의 밑에서 몇 년간 일했던 로널드 헤어(Ronald Hare) 교수에 의하면 그는 '의학계에 뛰어든 가장 뛰어난 사람 중의 한 사람'이었다. 그의 아버지는 아일랜드 장로교인이었고, 어머니는 스웨덴 유기화학 교수의 딸이었다. 그는 당시의 영국 의사들에 비해 훨씬 더 도시적인 사람이었다. 그는 유럽을 두루 여행했고, 대륙에서 주로 교육받았다. 교수에 대한 그의 개념은 19세기 독일의 영주와 같은 것이었다. 그는 자신의 학과가 '공화국'이라고 주장했으나, 가장 그럴듯한 표현으로는 '계몽된 전제주의' 정도일 것이다. 그가 가장 사랑한 것은 시였고, 성경과 단테, 괴테 그리고 키플링을 포함한 위대한 영문 시를 25만 행이나 암송할 수 있다고 주장했다. 그는 문학적인 대화를 좋아했고, 깊이 들어갈수록 진가를 더했다.

어쨌든 그는 의심할 나위 없이 매력적인 사람이었다. 그는 시뿐만이 아니라 과학과 언어에 대해서도 정열을 가지고 있었다. 그는 62세에 러시아어를 배웠고, 여생이 얼마 남지 않았을 때 에스키모어를 공부하기 시작했다. 그는 파울 에를리히(Paul Ehrlich)를 비롯한 두터운 친구들을 가지고 있었다. 그는 특히 밸푸어(Balfour)나 홀데인 같은 유력한 정치가 친구도 있었고, 더욱이 문학과 예술 분야에도 뛰어난 친구들이 있었다. 쇼가 극장이나 화랑계에서 예방접종과를 방문하는 유일한 방문객은 결코 아니었다.

그리고 무엇보다도 라이트는 세인트 메리 병원에서 그의 주위에 모여든 총명한 젊은이들 사이에 헌신과 열광을 불러일으켰다. 그가 군을 떠나 패딩턴으로 옮겼을 때 어떤 제자들은 네틀리를 떠나 그에게로 와서 세균학에 주목할 만한 공헌을 하였다. 윌리엄 레이쉬맨 경(Sir. William Leishman)이 아마도 가장 유명한 경우일 것이다. 그가 세인트 메리에 와서 끌어들인 젊은이들은 그 자신보다 더 뛰어난 사람들일지도 모른다. 최소한 네 명이 왕립학회의 회원이 되었고, 다른 사람들은 캐나다 왕립학회 회원이 되었으며, 또 다른 많은 이들이 여러 기관에 서 교수와 책임자가 되었다.

전성 시절의 라이트는 지칠 줄 모르고 일했으며 다른 이들에게도 그렇게 하도록 고무하였다. 그러나 그가 함께 일하기에는 지독히 피곤한 사람임에는 의심할 여지가 없다. 로널드 헤어 교수는 다음과 같이 회상했다.

> 그는 의학계에서 첫 번째로 손꼽히는 말썽꾼이었지요. 그는 의료 활동이 구닥다리 방식이라는 이유로 할리 거리(Harley Street)를 웃음 거리로 만들었고, 자신의 업적을 자찬하며 스스로를 '프래드 거리(Praed Street)에서 온 선지자'라고 떠벌리곤 했습니다. 1차 세계대전이 끝나 갈 무렵에는 왕립의과대학의 총장을 독설적으로 공격하는 글을 발표함으로써 의학계로부터 미움을 받았고요. 아마도 그런 사람이 책임을 맡고 있는 실험실이 쇠막대기로 다스려진다는 것이 놀랄 만한 얘기는 아닐 겁니다. 팀의 모든 사람은 그의 다소 혁명적인 착안을 지지해야만 했어요. 견디지 못한 사람들은 떠났지만, 이런 조건을 받아들이고 남아 있던 사람 중에는 최고의 두뇌들이 포함되어 있었지요.

당시 암로스 경의 권위를 나타내 주는 중요한 예는 그가 1922년판 『대영백과사전(Encyclopedia Britannica)』의 면역 부문 서장을 썼다는 점에서 찾아볼 수 있고, 그는 이 기회를 그의 옵소닌 이론을 상세하게 설명할 수 있는 기회로 이용했다. 그러나 1930년이 지나기도 전에 그 자신의 부서 연구자들〔특히 콜브룩(Colebrook)과 헤어〕은 옵소닌 이론의 기초를 반박하였고, 아무리 옵소닌 계수를 측정하려 해도 얻어진 것은 기대했던 계수가 아니라는 것을 증명했다.

토론과 이론이 넘치고, 뛰어난 과학자와 유명한 방문객들로 가득한 그곳이 철학적으로 지도적 역할을 맡아 이론 교육의 중심이 되는 것은 자연스러운 일이었다. 세인트 메리 병원의 예방접종과의 경우도 역시 자연스럽게 면역 이론 학교가 되었다. 그러나 라이트의 영향으로 다소 배타적으로 자신들의 것이 아니면 일방적으로 무시하는 경향도 있었다. 뛰어난 영어를 구사하는 조지 버나드 쇼를 통해 라이트의 생각을 엿볼 수 있다. 『박사의 고민』에서 쇼는 라이트의 철학을 거드름을 피우긴 하지만 성공적인 의사인 랠프 블룸필드 보닝턴(Ralph Bloomfield Bonington)의 입을 통해 표현했다.

약은 단지 증상을 누그러지게 할 뿐이오. 약으로 질병을 근절할 수는 없소. 모든 병에 대한 진짜 치료는 자연의 치료지요. 자연과 과학은 하나요. 패트릭 경, 나를 믿어요. 비록 당신이 다르게 교육받았을지라도 말이오. 자연은 당신에게 모든 병균을 먹어 치우고 파괴할 수 있는 수단인 백혈구를 제공했단 말이오. 그래서 진실로 유일한 치료법은 식세포를 자극하는 수밖에 없어요. 식세포를 자극하시오. 약은 기만이오. 병을 일으키는 균을 찾아요. 그리고 균으로부터 적당한 항독소를 만드는 거요. 그리고 하루 세 번 식사 15분 전에 주사하시오. 그럼 어떤 결과가 나올까요? 식세포가 자극되고 병균을 먹어 치워서 환자는 낫게 되는 거요. 그렇지 않다면 물론 그 환자는 너무 늦었던 거요. 내가 받아들인 그것이 리전 씨 발견의 핵심이오.

암로스 라이트 경은 그의 주장을 더 간결하게 표현했다. "면역 특공대를 동원하라." 이것이 그의 한마디였고, 당시 영국에서 가장 앞선 의학연구센터를 지배하는 표어였다.

알렉산더 플레밍이 그의 의학 수련을 시작한 것이 바로 이 연구실, 이 분위기였다. 그가 그의 전성기 내내 머물렀던 곳도 이곳이었다. 그리하여 후에 다시 지어진 이 연구소의 이름은 '라이트-플레밍 연구소'가 되었다.

3장
플레밍

스코틀랜드 남동쪽 에어셔라는 농촌 마을 입구에는 마을 주민들에 의해 만들어진 위엄 있는 기념탑이 서 있다. 겉으로 보기에 그건 단지 다음과 같이 씌어 있는 붉은 화강암 조각에 불과했다.

알렉산더 플레밍 경

페니실린의 발견자

1881년 8월 6일

이곳 로흐필드에서 태어나다.

어떻게 보면 그건 로흐필드에는 별로 어울리지 않는 것인지도 몰랐다. 그곳은 별로 낭만적인 곳은 아니었고 흔히 볼 수 있는 남부 스코틀랜드 고지의 눅눅한 황무지 중 하나였다. 꿈과 요정 이야기가 담겨 있을 것만 같은 스코틀랜드 산골 마을이 아닌, 억척스런 시골 사람들의 소박한 생활이 담겨 있는 농촌 마을이었다. 가까이에는 하천과 황무지를 끼고 있는 대자연이 펼쳐져 있었다. 이빨과 발톱에 의해 붉게 물든 자연이 아니라 토끼와 작은 숭어의 평화스런 자연이었다. 거기엔 작은 시골 학교도 있었다. 시골 꼬마였던 플레밍은 런던으로 떠나기 전 다벨에 있는 중학교와 킬마녹의 학원에서 기초 과정 교육을 받았다. 훗날 보통 사람이라면 십중팔구 놓쳐 버렸을 중요한 사건을 놓치지 않았던 건 어린 시절 시골에서 놀며 기른 날카로운 관찰력 덕분인지도 모른다.

플레밍의 어린 시절과 청춘 시절은 평범했고 별반 특별할 게 없었다. 그러나 그는 평생 사생활과 학문적인 활동을 철저히 분리하고자 했고, 가능하다면 가까운 동료들에게조차 사생활에 대해선 입을 다물었다. 어떻게 보면 개인 생활에 대해서는 비밀스러웠다고 말할 만도 했다. 그러나 정반대 측면이 그의 오랜 학문적 동료인 하워드 휴스(Howard Hughes) 박사에 의해 폭로되었다.

알렉산더 플레밍 경이 자신의 업적을 둘러싼 사람들의 오해를 수정할 기회는 많았습니다. 대중에게 이야기가 잘못 전달된 데는 그의 책임도 크지요. 그의 성격이 몹시 수줍고 과묵하다는 건 잘 알려진 사실이지만, 그는 자신의 발견을 잘못 기술한 논문들을 오히려 즐기는 것 같았어요. 전쟁이 끝나 갈 무렵 그의 비서 폴린 헌터(Pauline Hunter) 양은 플레밍의 업적과 관련된 논문과 출판물들을 모아서 정리하는 일까지 해야 할 정도였습니다.

우리가 '플레밍의 신화'라고 부르는 이야기 속에는 온통 채색되고 종종 상상까지 동원된 페니실린의 발견과 플레밍에 관한 얘기들이 들어 있지요. 명백히 잘못된 얘기들조차 플레밍은 나서서 고치기는커녕, 동료들에게 농담처럼 던지며 오히려 상기시키곤 하더군요. 이러한 그의 태도로 인해, 페니실린 신화는 입에서 입으로 또는 이 논문, 저 논문에 전해져서 커지기만 했고, 그가 묵인하는 가운데 점차 윤곽이 잡혀 갔죠. 즉 어린 시절 죽으로 끼니를 때울 만큼 가난

해서 제대로 학교 교육도 못 받았던 맨발의 시골 소년이, 과학자가 되어 대단한 사실을 그것도 우연히 발견했다는 얘기로요. 그와 함께 일했던 사람들이 살아 있을 동안에 잘못된 기록들은 바로잡는 게 바람직합니다.

알렉산더 플레밍은 농장에서 태어나 자라났으며, 전형적인 빅토리아 시대의 스코틀랜드식 교육을 받았습니다. 처음에는 시골 초등학교에 다니다가 큰 마을로 나가 중등학교도 마쳤지요. 많은 사업가와 전문인들이 이런 배경에서 훌륭히 성장하였을 뿐만 아니라, 이 교육들은 대학 교육을 위한 준비 과정으로도 훌륭한 것이었습니다. 단지 가족 모두가 함께 모여 살 만큼 농장이 크지는 않아서, 농사를 직접 짓는 형제들 외에는 타향을 전전해야만 하기는 했죠. 형들 중 하나는 런던에 있는 선박회사 사무소에서 일했는데, 뒤에 어린 알렉산더가 그 형을 따라서 런던으로 나간 겁니다. 어린 시절 가족들은 그를 샌디(Sandy)라고 불렀다는데, 후에 그를 알렉스 혹은 플램이라고만 부르던 동료들은 그 어릴 적 이름을 전혀 몰랐습니다.

어린 시절 플레밍은 이렇게 스코틀랜드가 자랑하는 교육을 받으며 자랐다. 세기가 바뀔 무렵에 많은 스코틀랜드 젊은이들이 이런 교육을 받으며 훌륭하게 성장하였다.

런던에 와서는 삼촌으로부터 물려받은 약간의 유산으로 대학에서 공부할 수 있었고, 런던대학 의학부의 장학금을 받을 만큼 성적도 뛰어났다. 의사의 길을 걷기 위해 그는 세인트 메리 병원을 선택했는데, 훗날 그의 고백에 의하면 세인트 메리 팀 학생들과 수영과 사격 시합을 벌인 것이 그 병원으로 가게 된 계기가 되었다고 한다.

플레밍은 1901년에 의학 공부를 시작했다. 그는 명석하게 일을 해냈고, 그의 25번째 생일인 1906년 8월 6일에 의사 면허를 받았다. 그는 곧 세인트 메리 병원의 암로스 라이트 경의 예방접종과에 합류했고, 그의 학문 생활 전부를 그 병원에서 보냈다. 처음에 플레밍은 외과를 전공할까 했으나, 외과를 지원한 졸업 동기생 중 하나가 자신보다 더 우수하다는 사실을 알았다. 그래서 그는 라이트의 과에서 일하는 연구직을 선택하게 되었는데 거기도 들어가기가 쉬운 곳은 아니었다. 그의 시험 성적이 우수하기도 했지만, 라이트의 조수 중 하나인 프리먼(Freeman)이 병원 사격팀 운영에 관심이 있었고 플레밍의 사격 솜씨가 좋다는 것을 알고 있었기 때문이기도 했다. 플레밍은 수영과 사격에서 계속 명성을 얻었고, 그로 인해서도 그는 계속 세인트 메리에 남아 있게 되었다.

비록 당시의 예방접종과가 바다 건너 유학생들에게는 과학의 메카였고 사회학자나 문학가에게는 새롭고 가슴 설레는 곳으로 생각될지도 모르지만, 연구소에 대한 오늘날 우리들의 상상과는 거리가 멀었다. 세인트 메리 병원은 결코 일류 병원이 아니었고 모든 조건이 열악했다. 19세기에 와서야 건립된 역사가 짧은 병원이었기에 오래되고 유명한 병원들처럼 풍부한 기금도 없었다. 병원의 의학도들은 사범학교의 학생들보다 부유하지도 못했고 사회적 명성도 떨어지는 편이었다. 병원 건물은 대영 서부 철도의 런던 쪽 끝인 패딩턴역과 대영 운하의 선창들 사이에 자리 잡고 있었다. 병원 소유의 땅 중에는 큰 집들로 이루어진 상류층의 주택가도 있었지만 대부분이 빈민가였다.

의대 교실은 섬뜩하도록 춥고 더러웠으며, 병원의 의사나 강사들은 일주일에 고작 반나절씩 두 번만 병원에서 연구를 할 수 있었는데, 나머지 시간은 개인적으로 환자를 치료하며 생활

비를 벌어야 했기 때문이었다. 1920년이 되어서도 소수의 사람들만이 연구를 할 수 있었고, 그나마 사용 가능한 실험실이라고는 소변 검사를 하던 지하의 작은 방이 고작이었다. 이러한 악조건에도 불구하고 예방접종과만은 참으로 활발하고, 과학적 열기와 흥분이 가득한 곳으로 외부 세계에 비쳤다. 그러나 실제로는 예방접종과도 7~8인용으로 설계된 병동 4개와 각 병동의 보조 사무실이 전부였다. 그곳은 패딩턴역으로 가는 간선 도로인 프래드 거리와 접하고 있는 남동쪽 모퉁이 4층에 자리 잡고 있었다. 건축 양식은 전체적인 높이가 돌면서 올라가는 원형 성탑 모양이며, 계단의 뚫린 공간에는 엘리베이터 통로가 열려 있었다.

연구라는 관점으로 보면 비교적 조건이 나았던 예방접종과도 연구실들은 이미 심각하게 부족한 상황이었다. 교수인 암로스 라이트 경조차도 개인 연구실은 갖지 못했다. 한방에 예닐곱 명의 과학자들이 일하면 다행이었고, 개인에게는 실험과 논문 작성까지 해야 할 공간으로 2m 정도 길이의 실험대가 주어졌을 뿐이었다.

개인적인 것이라고는 전혀 찾아 볼 수 없었다. 모든 유리 기구와 배양기가 만들어지는 방은 1.4㎡도 되지 않았다. 암실은 수세식 화장실을 개조한 것이었고, 고온실도 비슷한 크기였는데 가스로 작동되는 위험한 장소였다. 비록 예방접종과가 잘 짜인 연구진을 갖고 있긴 했지만, 오늘날의 기준으로 보면 너무나도 가난에 찌든 상태였다. 우리는 각자 호주머니를 털어서 자기 현미경을 사야만 했다. 통풍선반이나 멸균실도 없었다. 냉장고도 없어서 얼음덩이를 채운 나무 상자를 썼다. 단 한 가지 풍족한 것이 있다면 그건 바로 실험실

냄새였다. 엔진실을 연상케 하는 기름 냄새였는데, 그것은 주삿바늘을 멸균할 때 쓰던 뜨거운 기름 그릇에서 풍기는 냄새였다. 그래도 실험에 쓰는 기구들은 잘 닦아서 반짝거렸으며, 흰색으로 칠해진 실험대는 매일 아침 깨끗이 청소되었다. 겨울이 되면 언제나 조그만 화재 소동이 일어나곤 했다.

이것은 플레밍이 페니실린 일을 하기 직전에 연구팀에 합류한 로널드 헤어 교수의 기억이다. 플레밍이 처음 이곳에 온 건 그로부터 다시 20년 전이니까, 아마 그 시절엔 조건이 훨씬 더 열악했을 것이다.

초기에는 실험실 운영이 오로지 라이트 개인의 힘으로 이루어졌다. 그의 대기실에는 언제나 복작거리도록 많은 환자들이 줄지어 있었고, 이 환자들로부터 생기는 수익이 연구 비용의 많은 부분을 충당했다.

그래서 그의 젊은 연구원들은 각기 개인적으로 환자를 치료해서 돈을 벌어야만 했다. 라이트는 이것을 미덕으로 삼았고, '스스로의 발로 땅을 딛고 일어서는 것'을 도와주는 것이라고 강조하곤 했다. 그러나 그가 제자들에게 한 해에 100파운드 이상을 지불할 능력이 없었기에 어쩔 수 없는 일이기도 했다. 1920년대에 와서도 연구원들의 초임은 1년에 300파운드에 불과했다. 이 체제에서 한 가지 불합리한 점이 있다면, 개개인에 대한 임금 수준과 승진이 라이트의 일시적 마음에 의해 결정된다는 것이었다.

자체 개발한 백신이 상품화되면서 예방접종과를 지탱해야 하는 경제적 부담이 조금은 덜어졌다. 어떤 백신들은 제약회사나 다른 기관에 팔기 위해 과 전체 이름으로 개발되었다. 그러나 의사들은 환자들에게 팔기 위한 개인 백신을 만들기도 했다. 누군가가 당시의 플레밍에 대해 다음과 같이 회상했다.

"그는 과가 그에게 지불한 임금에 해당하는 시간을 과에 돌려주는 것에 있어 항상 고지식할 만큼 철저한 사람이었습니다. 나는 그가 6시 종이 치기 전에 그의 개인 백신을 만들기 위해 배양기를 열고 일을 시작하는 것을 본 적이 없어요."

당시 사용된 백신의 대부분은 공립학교의 예방접종용이었다. 영국의 공립학교들은 사실상 사립 기숙학교로서 수업료를 부담하는 부유한 중산층의 독점물이었다. 기숙학교는 수백 명의 소년들이 스파르타식 교육을 받는 환경이었기 때문에 일단 전염병이 발생하면 무섭게 빠른 속도로 전파될 수밖에 없었다. 만약 병균이 맹독성이라면 사망자가 생길 수도 있었다. 필자의 어린 시절 기억에도 디프테리아가 퍼진 학교에서 몰살당한 소년들의 끔찍한 이야기가 뚜렷이 남아 있다. 그나마 병균이 그다지 위험스럽지 않은 경우에도 많은 학생들이 수업에 빠지는 건 예사로 있는 일이었다.

공립학교의 백신 접종 계획은 학기 초에 학생들이 모였을 때 나눠 준 마스크를 수거하여 수립한다. 학생들 사이에서 가장 많이 발견되는 균을 찾아낸 후 적절한 백신을 준비하고, 그 학기에 가장 말썽을 일으킬 것 같은 미생물에 대해 전교생을 대상으로 예방접종을 하는 방식이었다. 예방접종과 같은 연구소로서는 그러한 작업이 임금과 연구비를 버는 길이기는 했지만, 동시에 엄청나게 많은 일거리가 생긴다는 것도 의미했다. 짧은 시간에 많은 일을 효율적으로 처리하는 것은 단지 권장 사항이 아니라 과의 엄격한 규칙이었다.

플레밍의 초기 일들은 라이트의 직접적인 지도하에 이루어졌다. 주로 옵소닌 계수의 측정 방법을 확립하고 그것을 이용하는 것이었다. 이것들은 대개 미세 규모의 기술이었고, 당시로서는 최첨단의 정밀 기술이었다. 그것들은 대개 실험실의 유리 기구와 현미경을 이용하는 것이었는데, 플레밍은 곧 이 분야에서 탁월하게 두각을 나타냈다. 그를 기억하는 사람이라면 누구나 그가 단순한 유리 기구로 기적을 이루어 낸다는 데 동의할 것이다. 라이트는 한 논문에서 플레밍의 일을 인정하며 다음과 같이 썼다.

"내 동료 알렉산더 플레밍 박사는 내가 제안했던 이 학설을 실험으로 훌륭하게 증명하였다." 『랜싯(Lancet)』지 세 권에 걸쳐 한 논문을 발표한 적도 있고, 그의 조수들이 한 일을 기술한 논문에 거의 빼놓지 않고 자기 이름을 끼워 넣었던 위인에게서 나온 얘기인 만큼, 이것은 대부분의 결과가 플레밍에 의해 이루어졌다는 것을 인정하고 받아들인다는 증거였다.

이렇게 인정받은 그의 손재주는 플레밍에게 중요한 기회를 안겨 주었다. 라이트의 친구인 파울 에를리히는 독일 과학계의 거물이었다. 면역학의 위대한 개척자 중의 하나인 에를리히는 원래 화학자였고, 세계 최초로 성공적인 화학요법제를 만들었다. 학생 시절 에를리히는 독일 염색 산업을 일으킨 유기화학에 매혹되었다. 새로운 화학염료로 미생물과 큰 동물의 조직을 염색하는 것이 가능했는데, 그 염색은 상당히 선택적인 방식으로 이루어지는 것이었다. 어떤 세균들은 그람 염료에 의해 염색된다고 이미 언급했는데, 지금도 이것은 그람 양성이라고 불리며 그람 음성이라고 불리는 다른 균들은 이 염료에 염색되지 않는다. 보다 선택적인 예로서 메틸렌 블루(Methylene Blue)는 신경 조직만을 특이하게 선택적으로 염색할 수가 있어서, 학자들은 현미경으로 다른 조직들 속에 묻힌 신경도 손쉽게 추적할 수 있게 되었다. 디프테리아와 파상풍의 독소가 심장 근육이나 신경세포 등 몸의 특정한 부위만을 공격한다는 사실도 염료에 의한 선택적 염색으로 증명되었다.

이때부터 에를리히는 그가 '마법의 총알'이라고 이름 붙인 물질을 찾기 시작했다. 이것은 특별한 형태의 미생물만을 선택적으로 공격하는 화학물질이었다. 연구를 진행하는 중에 그는 아톡실(Atoxyl)이라 불리는 비소 화합물을 만들었는데, 이 물질이 트리파노좀과 나선균을 죽인다는 것을 알아냈다. 이 미생물들은 박테리아보다는 복잡하며, 사람과 동물에게 병을 일으키기도 하는데 특히 나선균의 한 종은 매독을 일으키는 균이었다.

1905년경에 만들어진 아톡실은 불행히도 세균뿐만 아니라 동물에도 맹독성임이 밝혀졌지만, 에를리히는 미생물에 대해서만 독성을 가지고 동물에게는 무해한 아톡실 변형 분자를 찾기 위한 지루하고도 철저한 검색 작업을 다시 시작했다. 마침내 1909년에 합성된 606번째 화합물이 시험용 쥐나 기니피그는 죽이지 않으면서 나선균을 파괴한다는 것이 증명되었다. 그리고 1909년 여름에는 매독에 걸린 토끼에게 이 화합물을 투여하였을 때 현저한 치료 효과가 나타남을 확인했다. 이것이 과학에 의해 발견된 최초의 화학요법제인 살바르산(Salvarean)인데, 살아 있는 생체 속의 미생물을 죽일 수 있는 최초의 화합물이었다. 남아메리카 원주민들의 경험에 의해 발견되어 수세기 동안 말라리아 치료에 쓰여 온 키니네(Quinine)라는 고대의 약초 치료법을 제외한다면 어떤 의미에서는 최초의 화학요법제였다.

1910년 런던을 방문했을 때 에를리히는 약간의 살바르산을 친구인 라이트에게 가져다주었다. 그것은 다루기가 매우 까다로웠기 때문에 손재주가 좋은 플레밍이 환자에게 투여하는 일을 맡게 되었다. 살바르산은 가루 형태였는데 환자에게 투여하기 직전에 물에 녹여야 했다. 살바르산은 직접 혈관으로 밀어넣는 정맥주사로 투여해야 했는데, 과량이 혈관 주위의 조직으로 새어 나갈 경우 팔 전체를 잃을 수도 있었다. 그런 위험성 때문에 투약은 일주일에 한 번밖에 할 수 없었고, 매독이 완치될 때까지 1년이나 치료를 계속해야 했다.

여하튼 이렇게 해서 영국에선 플레밍이 살바르산을 사용한 최초의 의사가 된 셈이었다. 그건 어떻게 보면 재미있는 모순이기도 했다. '약이라는 것은 환상'이라고 주장하던 연구소가 효과적인 화학요법제를 누구보다 먼저 사용하는가 하면, 병원 강의실에선 여전히 화학요법제를 부정하는 학설이 강의되고 있었으니 말이다.

어쨌든 플레밍은 본의 아니게 성병학의 선두 주자가 되어 버렸다. 당시 영국의 상황으로는 연구실에서 자신의 연구만을 수행하는 원구원이라는 것은 상상도 할 수 없었다. 오늘날에는 연구직 종사자란 전 시간을 연구에 투여하고 높은 급료를 받는 직업으로 인식되고, 연구 자체는 사회나 산업계를 위한 가치 있는 투자로 간주된다. 그러나 당시에는 플레밍처럼 뛰어난 과학자조차도 생계를 위해 다른 부업을 해야만 했던 것이다.

어쩌면 경제적 어려움으로 인한 플레밍의 왕성한 활동이 페니실린 이야기를 낳는 원동력이 되었는지도 모른다. 페니실린을 발견한 이후 플레밍은 부자는 아니었어도 경제적으로 어려움을 겪지는 않았다. 런던의 아파트 외에 주말마다 쉬러 가는 별장도 가지고 있었다. 다시 말하면 중년에 그는 돈 때문에 쪼들리지는 않았다. 오히려 이것이 페니실린을 추적하려는 적극성과 개인적 야심의 칼날을 무디게 했을지도 모른다.

그의 인생에 있어 가장 중요한 사건은 1차 세계대전이었다. 그때 그는 상처가 썩어 들어가는 전쟁 부상자들의 치료를 위해 라이트와 함께 볼로냐의 카지노에 설치된 특별 연구실에서 일하고 있었다. 패혈증, 괴저(괴사의 일종), 파상풍 등은 상처가 오염되기 쉬운 부상자들에게 가장 무서운 합병증이었다.

플레밍이 생애 최고의 과학적 업적을 이룬 시기는 바로 이 무렵이었다. 파스퇴르로부터 시작된 세균 연구와 함께 꾸준히 성장해 오던 역학 덕분에 방부외과 기술도 눈부시게 발전되었다. 리스터는 방부외과술의 선구자였으며, 모든 수술 기구를 소독액으로 소독해야 한다는 그의 주장은 매우 빠른 속도로 보편화되어 갔다. 압력 가마에 넣고 열을 가해서 멸균하는 경우도 있었지만 리스터가 사용한 석탄산(Phenol)을 비롯한 강력한 소독약들도 개발되었다. 외과 의사들은 절개 부위로 균이 침범하는 것을 방지하는 법을 배우게 되었고, 그 결과 외과학은 혁신적인 진보를 이루었다. 그러나 외과 기구들을 소독함으로써 감염을 막는 것과 이미 감염된 환자를 제독하는 것은 전혀 별개의 일이었다. 붕소산이나 과산화수소 혹은 오래된 방식인 석탄산으로 상처 주위를 싸 두는 것이 당시의 보편적인 소독법이었는데, 많은 의사들이 리스터의 영향을 받아 이런 방법은 당분

간 유지될 것으로 전망되었다.

플레밍은 전쟁 기간 동안 깨끗한 상처보다 감염된 상처에서 생체의 정상 방어 수단인 식세포가 수적으로도 증가할 뿐만 아니라 활성도 증가한다는 것을 증명하였다. 더욱이 그는 소독약이 미생물을 죽이는 것보다 백혈구를 더 빨리 죽인다는 사실도 증명하였다. 그는 상처에 쓰인 소독약이 괴저를 막지 못할 뿐만 아니라 실제로 그 진행을 더 촉진시킨다는 것을 근거로 제시했다. 다시 말해서 이미 감염된 상처에 소독약을 사용하면 미생물보다 자연 방어 체계에 더 심한 손상을 가해서 상황을 더 악화시킨다는 것이다. 마침내 플레밍은 유리 기구를 이용하는 그의 특기를 이용하여 너덜너덜하게 찢긴 상처의 간단한 모형(오늘날 의학적 용어로 'Anfractuosities'라고 부르는)을 시험관 바닥에 만들어 넣고 유리의 거친 표면을 이용해 세균이 퍼지도록 하였다. 그러고는 온갖 종류의 소독약으로 강도를 바꾸어 가며 씻고 또 씻었지만 미생물들을 완전히 제거할 수는 없었고, 감염되지 않은 사람의 신선한 혈장을 다시 가할 때마다 재감염이 일어나는 것을 증명하였다.

구식 이론을 타파한 이 신선한 발견도 실용적인 면에서는 그다지 큰 도움이 되지 못했다. 플레밍과 라이트는 치료의 기회를 놓치지 않기 위해서는 상처로 죽어 가는 조직들을 가능한 한 많이 잘라 내는 것이 최선이라고 보았다. 그들은 상처를 진한 식염수에 담금으로써 식세포의 공급을 향상시키려고 시도해 보기도 하고, 전쟁 말기에는 수혈 방법을 쓰기도 했다. 하지만 실제 부상자들에게는 그다지 도움이 되지 못했고, 라이트로서는 군의료 당국과 불편한 논쟁이 더 잦아질 수밖에 없었다. 그는 내각에 있던 친구 하나를 이 논쟁에 끌어넣었고, 왕립외과대학의 윌리엄 케인 경(Sir. William Watson Cheyne)과 치열한 공개 논쟁을 벌이기도 했다. 볼로냐 실험실에 자주 찾아오던 극작가 조지 버나드 쇼는 후에 이 논쟁의 증인이 되기도 했다. 플레밍은 이런 경험으로 인해 약으로 상처를 치료한다는 화학요법에 대해 부정적인 관점을 갖게 되었고, 훗날 페니실린과 마주치게 되었을 때도 약으로서의 가능성을 처음부터 무시하게 된 것이 아닐까?

사실 금세기 초에 많은 소독약들이 개발되었다. 소독약들은 각기 장점을 내세우며 등장했지만, 시험관에서는 효과적일지 몰라도 생체 내의 세균을 죽이는 데는 무용지물이라는 것이 번번이 판명되곤 했다. 그중에는 미국 의사들이 즐겨 사용했던 머큐로크롬(Mercurochrome)도 포함되어 있었다. 밸푸어 경이 기관지 통증으로 앓고 있을 때 미국에 들렀다가 이 약을 받은 적이 있었는데, 그는 머큐로크롬으로 양치질을 하면 통증이 사라진다는 것을 알았다. 그는 추밀원 의장(이런 옛 영국의 작위들은 하는 일은 별로 없고 그저 이름뿐인 내각 장관들에게 주어지는 것이었다)이었으며 의학연구심의회(Medical Research Council)의 책임을 맡고 있었기에 돌아오자마자 의회 비서인 월터 몰리 경(Sir. Walter Morley)을 불러서 이 경이로운 약에 대해 연구를 시작하도록 지시했다. 이 일은 라이트의 과에 있던 레너드 콜브룩 박사가 맡았다가 로널드 헤어에게 넘겨졌다. 그러나 머큐로크롬은 곧 생체 조직에서는 말할 것도 없고 시험관에서도 단독으로는 그다지 효과적이지 못하다는 것이 밝혀졌다.

콜브룩과 헤어는 세인트 메리를 떠난 뒤에 다시 의학연구심의회의 지원을 받아, 유용한 살바르산 유도체가 있으리라는 희망을 가지고 비소계의 화합물 쪽을 연구했으나 진전이 없었다. 그리고 덴마크에서 발명되어 1920년대에 결핵 치료에 널리 쓰였던 약으로 금화합물인 사노크리신(Sanocrysin)이 있었다. 그러나 아무리 많은 약을 결핵균에 투여해도 그 성장을 전혀 억제하지 못한다는 사실을 시험관 검사로 증명해 보인 것은 바로 암로스 라이트였다.

당연히 임상의들은 새로 만들어지는 소독약들에 대해 깊은 불신을 가지게 되었고, 심지어는 모든 화학 치료에 대해서도 거부감을 보이게 되었다. 플레밍은 일단 미생물이 체내에 들어오기만 하면 결코 공격받지 않는다는 신비에 가까운 개인적 생각을 피력하곤 했다. 라이소자임(Lysozyme)의 발견으로 플레밍은 실패만 계속되던 소독약에 전환점을 가져왔다. 이 발견은 어떤 기준으로 보더라도 학문적으로 중요한 업적이었다. 플레밍에 의해 콧물 속에서 처음 발견된 이 효소는 사람과 동물의 몸에서 분비되는 점액 대부분에 포함된 구성 성분이며, 특히 계란 흰자위에 많이 존재한다는 것이 밝혀졌다. 이 업적의 대부분은 플레밍에 의해 이루어졌으며 이후에도 그는 라이소자임이 페니실린보다 더 중요할 것이라고 믿었다.

앙드레 모루아(Andre Maurois, 프랑스의 소설가, 전기 작가)가 쓴 플레밍의 전기에서는 라이소자임의 발견에 대하여 당시 1922년에 새로 임명된 조수 앨리슨(V. D. Allison) 박사의 말을 다음과 같이 인용하고 있다.

> 플레밍은 그때 몇 개의 배양접시를 씻고 있었지요. 그는 접시 하나를 손에 들고서 한참을 들여다보더니 내게 보여 주며 말했습니다.

"이것 참 재미있는데." 나는 그것을 자세히 살펴보았습니다. 그것은 노란색 군체였는데, 뭔가로 오염된 것처럼 보였어요. 주목할 만한 것은 노란 군체 한쪽에 미생물이 없는 영역이 있다는 것이었고, 그 안의 미생물은 반투명하게 빛나는 형태로 변해 있더군요. 그 주위로는 분해 중인 미생물들이 보였는데, 그것은 빛나는 부분과 완전히 다 자란 정상 부분의 경계를 이루고 있었습니다.

플레밍은 그가 감기에 걸렸을 때 나온 콧물을 약간 첨가한 것이라고 설명했어요. 그 점액은 군체가 녹은 영역의 중간에 있었습니다. 점액 속에는 뭔가 바로 가까이에 있는 미생물들을 녹이거나 죽일 수 있는 어떤 물질이 들어 있고, 이미 형성되어 있던 군체로 점점 확산되어 나갔으리라는 생각이 들었던 모양입니다. 그는 "이건 정말 재미있어. 그걸 좀 더 철저히 조사해 봐야겠어"라고 말하더군요. 그는 우선 그 미생물이 그람으로 염색이 되는지 확인했고, 그것이 덩치 큰 그람 양성균이라는 것을 밝혔습니다. 그러나 실험실에서 흔히 다루는 독성균이 아니고 프래드 거리의 먼지와 함께 창문을 통해 날아든 오염 미생물인 것으로 판명되었지요.

여기서 본 라이소자임의 발견 이야기는 주고받은 대화, 취한 행동, 프래드 거리로부터의 오염에 이르기까지 외형적인 면에서 페니실린 이야기와 너무도 비슷하다. 이 사건과 페니실린 신화가 만들어지기 시작하던 1940년경 및 1950년경의 일을 같이 들은 사람이라면, 누구라도 이 이야기들을 같은 사건으로 착각할 수 있는 여지가 다분했다. 그러나 본질적으로 페니실린의 경우와 라이소자임의 경우는 거의 완전히 반대 상황이었다. 페니실린의 경우와는 반대로 항세균 능력을 가진 물질인 라이소자임은 실험실에서 공급된 것이고, 파괴된 미생물 쪽이 외부에서 들어온 오염물질인 것이다. 그러나 한 가지 실망스러웠던 것은 오염을 일으킨 미생물이 라이소자임에 의해 너무나 쉽게 파괴되는 세계적으로도 드문 세균이라는 점이었다. 이전에 과학계에 알려진 바가 없어 플레밍이 미크로코쿠스 리소데이크티쿠스(Micrococcus Lysodeikticus)라고 명명한 이 세균은 쉽게 분해되는 성질 때문에 공개 실험용으로 일부러 쓰일 정도였다.

라이소자임이 맹독균에 대해서는 별로 효과가 없어 다소 실망하긴 했지만 플레밍은 그 존재를 추적하는 일을 그만두지 않았다. 그는 라이소자임이 효소의 한 종류임을 밝혔는데, 효소란 생체 내에서 복잡한 화학반응을 일으키거나 촉매 작용으로 촉진시키는 물질을 말한다. 그는 라이소자임이 동물과 식물 모두에 널리 분포되어 있음도 밝혀냈다. 그것이 병을 일으키는 균들에게 별로 효과가 없다는 바로 그 사실은, 라이소자임이 거대한 자연 방어 물질 중 하나라는 플레밍의 최종 이론과 일치했다. 라이소자임은 사람과 동물의 몸에서 면역 체계 작용보다 훨씬 전방에 배치된 1차 방어선으로서, 눈이나 코의 점막같이 노출되어 있으면서 혈액의 공급이 없어 면역 체계가 작용할 수 없는 곳에서 특히 많이 발견된다.

라이소자임 발견의 경험으로 6년 후에 발견된 페니실린이 얼마나 플레밍의 마음을 끌었는지는 알 수 없지만, 이 경험은 페니실린을 발견한 것 자체에는 매우 중요한 역할을 하였다. 그러나 라이소자임의 낮은 항생 능력은 효과적인 화학요법의 가능성에 대한 플레밍의 마음을 단단히 좁혀 놓았음에 틀림없다. 그리고 라이소자임의 발견을 발표했을 때 의학계와 과학계가 보인 냉담한 반응 역시 여러 가지 점에서 그를 더욱 좌절시켰을 것이다.

그러나 플레밍 쪽 사람들이 발표한 논문을 보면 반드시 의학계만 나무랄 수는 없는 것이었다. 플레밍이 지독히도 말주변이 없고 강의를 못하기로 유명하기도 했지만, 그가 처음 라이소자임의 발견을 발표한 중요한 논문 자체가 문자 그대로 상식에 어긋나는 것이었다. 『왕립학회보(Proceedings of the Royal Society)』라는 권위 있는 잡지에 암로스 라이트 경의 이름으로 보고된 「조직과 분비물에서 발견된 현저한 세균 분해 효소에 관하여」라는 논문의 서론은 다음과 같다.

이 논문에서 나는 조직과 분비물에 존재하며, 어떤 종류의 세균을 빠르게 녹일 수 있는 물질에 대해 독자들이 주목해 주기를 바란다. 이 물질은 효소(당시에는 Ferment라고 불렀지만 지금은 Enzyme이라고 부름)의 성질을 가지고 있으므로, 이 글 전체에서 라이소자임이라고 부르기로 한다.

라이소자임은 급성 코감기에 걸린 환자(여기서 환자는 물론 플레밍 자신이었다)를 연구하는 중에 처음 발견되었다. 이 환자의 콧속 분비물을 혈액-우뭇가사리 배지에서 배양했는데, 처음 사흘간에는 간혹 예외적인 포도상구균 군체가 생기는 것 외에는 별다른 균의 성장이 보이지 않았다. 4일째 되는 날 24시간 내에 많은 수의 작은 군체들이 생겼는데, 이것은 커다란 그람 양성균으로 판명되었으며 불규칙적이기는 하지만 둘이나 네 개씩 뭉쳐지는 경향으로 배열되어 있었다. 여기서 이 미생물에 대해 간단히 언급할 필요가 있는데, 아래에 기술된 대부분의 실험에 사용되었을 뿐만 아니라, 이 미생물로 실험했을 때 가장 좋은 실험 결과를 얻을 수 있었기 때문이다. 그 미생물은 아직 정확하게 규명되지는 않았지만, 이 글의 목적상 미크로코쿠스 리소데이크티쿠스라고 명명한다.

그러고는 그 미생물에 대한 관찰을 정리하고, 곧 '라이소자임의 활동을 보여 주는 예비 실험'이라는 항목으로 넘어가게 되어 있다.

얼핏 보기엔 첫 두 문단의 문장들이 문법적이고, 사리에도 맞는 것처럼 보인다. 그러나 자세히 읽어 보면 "라이소자임을 처음 발견했다"고 했는데 어떤 방법이나 근거로 라이소자임이라는 것을 알아냈는지, 또 미생물을 파괴하는 능력이 있다는 어떤 근거가 있는지에 대한 언급은 없다. 마치 한두 문장이 통째로 빠진 것처럼 보이는 문단이다.

회상록의 형태로 왕립학회 회원들에 의해 만들어진 플레밍의 공식적인 전기에서, 그의 충실한 동료였던 레너드 콜브룩은 정식으로 라이소자임 자체와 특별히 거기에 민감한 미생물 발견의 이중성에 대해 언급하였다. 그는 위에서 말한 논문의 두 문장을 인용하면서, 도무지 이해할 수 없는 그 사실에 대해 다음과 같이 썼다. "플레밍과 함께 공동으로 라이소자임에 관련된 일을 했던 앨리슨 박사에 따르면 플레밍은 이 미생물이 그의 코에서 나온 것이 아니라 공기로부터 오염된 것으로 생각했다고 한다. 또 미생물을 죽일 만한 강력한 분해 능력을 가진 물질이 콧물 속에 들어 있다고 생각한 근거가 어디에 있었는지도 그다지 명확하지 않다. 아마도 이전에 우연히 콧물에 의해 미생물의 성장이 억제되는 것을 본 적이 있었던 모양이다."

이 말의 요점은 플레밍을 나쁘게 보자는 것이 아니라, 그가 큰 약점을 가지고 있다는 것이다. 그것은 그의 지독히도 나쁜 의사소통 능력을 말한다. 후에 그가 왜 페니실린에 대한 적극적인 추적을 그만두었는지 모르지만, 그는 분명히 처음에 발견한 흥미와 경이로운 사실에 대한 다른 사람들과의 의견 교환에 실패했을 거라는 점이다.

여러 해 뒤에 플레밍이 옥스퍼드에 체인의 페니실린을 보러 방문했을 때, 체인 교수의 기억으로는 그가 페니실린에 대해서는 단 한 마디도 하지 않았다고 한다. 심지어는 콜브룩의 공식적인 회고록에도 이를 뒷받침하는 언급이 들어 있다. "플레밍은 대단히 말이 없는 사람이었다. 그를 처음 만나는 여자들은 무감각하고 뱀처럼 차가운 그의 시선에 당혹했으며, 이는 어떤 이들에게는 무례한 것으로 오인된 반면에, 또 어떤 이들에게는 매력으로 받아들여지기도 했다. 그러나 많은 사람들이 증명하듯이 그 차가운 인상 뒤에는 깊은 다정함과 친절함이 숨어 있었다."

아마 그와 개인적으로 가까웠던 헤어 교수의 말을 몇 마디 인용하는 것이 더 이해에 도움이 될 것이다. 다음은 예방접종과 사람들이 즐기던 잡담에 관한 얘기이다.

> 다른 사람들처럼 플레밍 역시 그의 작은 방을 나와 계단을 내려가서 누군가와 잡담하는 것을 즐겼습니다. 그는 아예 내가 일하고 있던 큰 실험실에 일부러 들러서라도 아침나절의 잡담에 빠져들기를 즐기곤 했지요.
>
> 플레밍에게 잡담이란 것은 대부분의 다른 사람들이 생각하는 것과는 좀 달랐습니다. 플레밍에게 잡담이란, 손은 호주머니에 넣고 담배는 입술에 문 채, 멍하니 허공을 응시하며 벽난로 앞에 서서 다른 사람들의 이야기를 듣는 것을 의미했어요. 그러다가 아주 드물게, 그것도 대개는 가능한 한 짧은 문장으로 한 마디씩 하곤 했지요. 그렇게 어쩌다가 한 번씩 던져지는 말도 다른 사람을 걱정하는

것이기 일쑤였구요. 누군가가 죽었다든지, 누군가가 자신의 이름 때문에 놀림을 받았다든지, 혹은 당신의 주식 배당이 어떻게 되어 가는가 하는 등이었습니다.

플레밍은 그를 잘 아는 사람들에게는 매우 사랑받았던 인물이었다. 그는 내향적이었지만 정직하고 관대한 사람이었다. 그렇지만 과학자라면 최소한 그의 동료 과학자들과 적절한 의견교환을 나누는 것은 필수적인 일이다. 이러한 의사소통의 문제는 그의 가장 큰 약점이었다.

그런데 이상하게도 플레밍은 방송이나 언론가, 작가들을 만나는 일에는 전혀 수줍어하지 않았다. 데이비드 마스터(David Master)는 플레밍이 페니실린으로 명성을 얻었던 1945년에 그의 실험실에 초대되었을 때를 회고하며, 그때 플레밍은 라이소자임의 작용에 대한 시범과 그 발견 이야기에 열을 올렸다고 기술했다. 그가 페니실린으로 유명해졌을 때조차 그가 보여 주려고 애쓴 것이 페니실린보다도 라이소자임에 관한 일이었다는 것은 재미있지 않은가.

4장
플레밍과 페니실린

1928년 무렵 세인트 메리 병원 예방접종과는 많은 변화를 겪었다. 플레밍이 세균학 교수로 임명되었고, 동시에 과의 부책임자가 되었다. 과를 수용할 새 건물이 세워졌고, 이제는 그 새 건물이 세인트 메리 의과대학 라이트-플레밍 연구소의 핵심이 되었다. 실질적으로 플레밍에게 지워진 행정 업무의 부담은 늘어나기만 했다.

암로스 라이트 경은 나이가 60이 넘었고, 약간은 더 원숙해지면서 아랫사람들이 그가 동의하지 않는 일을 하더라도 조금 관대해졌다. 그러나 아직도 그는 실험실 사람들 모두를 지배하려 했고, 고압적인 말투로 일관했다. 가장 큰 문제는 라이트와 스스로가 '그의 학문적 아들'이라고 자부하던 프리먼 박사 사이에 있었다. 프리먼은 플레밍과는 전혀 다른 부류의 사람이었다. 옥스퍼드 출신이며, 금발의 멋진 외모와 함께 교양도 있었고, 차를 나누며 라이트와 모든 화제에 대해서 자유자재로 멋진 대화를 나눌 수 있는 세련된 사람이었다. 그는 라이트가 과의 책임자 자리를 자기에게 물려주겠다고 약속한 것으로 믿고 있었는데, 플레밍을 교수로 임명함으로써 약속을 저버렸다고 생각했다. 그러나 프리먼은 개인적으로 플레밍과 다투지는 않았다. 프리먼이 라이트와 논쟁을 벌인 진짜 이유는 그의 중요한 과학 발표 대부분에 자기 이름을 넣어야 한다고 라이트가 고집했기 때문이었다.

프리먼은 알레르기 연구 쪽으로 방향을 바꾸었는데, 오랫동안 그 분야는 면역학의 중요한 미결 과제로 알려져 있었다. 그는 건초열(화분증)이 바람에 날려 다니는 꽃가루에 의한 것이라는 가설을 확립했고, 이 가설은 지금까지도 받아들여지고 있는 것이다. 그러나 라이트는 이 일을 지도하거나, 충고를 해 준 적이 전혀 없으면서도 프리먼의 첫 번째 중요한 논문에 자신의 이름을 넣어야 한다고 고집했다. 선임 교수의 이름이 논문에 첫 번째로 들어갈 경우 후배 동료의 업적은 후세에 제대로 알려지지도 않는 경우가 많다. 그럼에도 불구하고 많은 교수들이 학과를 마치 개인의 왕국이나 되는 것처럼 지배하려는 고전적인 독일식 사고에 젖어 있었던 것이다. 그러한 행위에 대한 변명은 젊은 사람들이 수행한 연구에 세상 사람들의 주목을 끌기 위해 지도 교수의 비중이나 명성을 빌려준다는 것이었다.

이 마찰의 결과로 학과는 둘로 분열되었다. 젊은 신참자들은 단지 양쪽 세력을 균등하게 유지해야 한다는 정치적인 이유로, 희망이나 능력에 관계없이 플레밍이나 프리먼 둘 중 한쪽에 일방적으로 배속되었다. 하워드 휴스 박사는 페니실린에 대한 플레밍의 흥미가 부족했던 이유 중의 하나가 이러한 내부 경쟁에 의한 기력 저하 때문이었다고 말한다. 당연히 세인트 메리 밖의 의학계에서는 툭하면 다투고 논쟁을 일삼는 암로스 라이트 경을 싫어했고, 내부 갈등까지 겹친 세인트 메리에서 내놓는 어떤 연구 결과도 깔보는 경향이 커져 갔다.

라이트가 어떤 형태로든 화학요법제의 개발 가능성이 강하게 엿보이는 플레밍의 페니실린 연구를 억압하거나 말린 흔적은 전혀 보이지 않는다. 그러나 라이트는 화학요법이 의학 문제에 어떤 해결책이든 제시해 주리라고는 믿지 않았는데, 그것은 플레밍도 마찬가지였다. 사실 볼로냐에서 수행했던 부상자에 관한 그의 주된 연구를 살펴보면 충분히 짐작할 만한 일이다. 플레밍의 이상한 관찰 하나(페니실린)만을 근거로 이미 정립되어 있던 과학적 관점을 포기하고 내던지기는 어려웠을 것이다.

그래서 페니실린이 처음 과학계에 모습을 드러냈을 때에는 그에 대한 학문적인 기대가 아주 보잘것없었다. 여기에 대한 많은 해석들이 후에 발표되었는데, 그 대부분은 1940년대 말과 1950년대 초에 봇물처럼 쏟아져 나온 책들을 기초로 한 것이었다. 플레밍은 결코 거만하지 않았고 차라리 소박하고 수줍은 편이었다. 언론가와 작가들은 쉽게 그를 대할 수 있었고, 실험실로 찾아가면 언제나 환대와 함께 여러 가지 '시범 실험'도 볼 수 있었다. 그는 라디오 방송에도 기꺼이 응했고, 심지어는 텔레비전 출연 기회도 여러 차례 가졌다. 대략 이 모든 일들은 페니실린이 처음 발견된 지 20년쯤 지나서 생긴 것인데, 이러한 시차에도 불구하고 비교적 사소한 몇 가지 불일치를 제외한 주요 골격에 있어서는 페니실린 발견의 역사적 순간에 대한 다양한 해석들이 모두 기가 막히게 일치한다.

그러나 한 가지, 플레밍이 최초의 발견을 했던 정확한 날짜에 대해서는 전혀 알려진 것이 없다. 우선 플레밍 자신이 기억하지 못했고, 기록으로 남겨진 것도 없었다. 초기에 쓰인 대부분의 해석들은 그것이 1928년 8월이나 9월쯤의 어느 월요일이었다고 설명하는데, 주말 휴가를 별장에서 보내고 돌아온 플레밍이 실험실 배양접시를 둘러보다가 발견했다는 것이다.

발견의 순간에 관한 공식적인 기록은 모루아가 쓴 플레밍의 전기인데, 이것은 플레밍의 둘째 부인이 이 유명한 프랑스 작가에게 부탁하여 쓰인 것이었다. 이 기록에는 '휴가로부터의 복귀' 운운하는 이야기는 전혀 없고, 단지 1928년에 의학연구심의회에 발표할 세균학 논문을 준비하기 위해 플레밍이 어떻게 연구하고 있었는가를 담담하게 기록하고 있다. 그는 유리 배양접시 위의 아가(Agar) 배지에 많은 미생물들을 배양하고 있었다. 중요한 일이 생긴 바로 그날 자신의 조수였던 멀린 프라이스(Merlin Pryce)가 그를 방문했다. 프라이스도 포도상구균에 관한 연구를 했던 사람이었다.

프라이스가 플레밍의 실험실에 찾아갔을 때, 언제나처럼 그는 셀 수 없이 많은 접시들에 묻혀 있었다. 조심성 많은 플레밍은 더 이상 얻어 낼 게 없다고 확신이 설 때까지는 그의 배양접시 곁에서 떠나려고 하질 않았다. 그는 종종 자신의 너저분한 버릇 때문에 애를 먹었는데, 이제는 그 무질서함이 때로는 쓸모가 있을 수도 있다는 것이 증명될 참이었다. 방해를 받아서 긴 작업을 또 하게 됐다고 무뚝뚝하게 프라이스를 책망하면서, 그는 오래된 배양접시를 몇 개 집어 들고 뚜껑을 벗겼다. 그중 몇 개는 곰팡이로 오염되어 있었는데, 그건 그다지 드문 일이 아니었다. "배양접시 뚜껑을 열기만 하면 뭔가 귀찮은 일이 생긴단 말이야. 공기 중에서 날아드는 놈들이 영 말썽이야" 하면서 관찰을 하다가 갑자기 말을 멈추곤, 평소의 무감각한 어조로 "그것 참 재미있는데" 하고 플레밍이 중얼거렸다. 그가 들여다보고 있는 접시에는 다른 접시들처럼 곰팡이가 자라고 있었는데, 이 특별한 접시에서는 곰팡이 주위에 있는 포도상구균들이 불투명한 노란색 덩어리를 이루지 않고, 녹아서 마치 이슬방울처럼 보였다.

프라이스는 여러 가지 이유로 오래된 미생물 군체들이 녹는 것을 종종 보았다. 그래서 그는 아마도 그것이 별다른 일이 아니라 곰팡이가 포도상구균에 해로운 산을 만들어 냈을 거라고 생각했다. 그러나 플레밍이 그 현상을 아주 강한 호기심으로 조사하는 걸 알아채고는 "꼭 당신이 라이소자임을 발견하던 상황 같군요" 하고 한마디 거들었다. 플레밍은 아무 대답도 하지 않고, 곰팡이의 조그만 조각을 칼로 떼서 즙이 담긴 시험관에 넣느라 바빴다. 그리곤 즙 표면에 떠다니도록 약 1㎣ 정도 되는 작은 조각으로 문질러 부스러뜨렸다. 그는 이 이상한 곰팡이를 보존하고 싶었음에 틀림없다.

어떻게 보면 잘 쓰인 듯한 이 이야기에도 불행히 정확하지 못한 부분이 있다. 오염된 접시에서 무엇이 그렇게 플레밍의 주목을 끌었는지, 다른 오염 접시와는 무엇이 다른지, 또 다른 사람들은 보지 못했는지 등에 대한 자세한 내용이 빠져 있다. 나중에 작성된 더 과학적인 묘사와 원래 접시의 사진을 조사해 보면, 접시 한쪽에 잘 발달된 곰팡이가 자리 잡았고, 우선 그 주위로 포도상구균이 전혀 없는 영역이 둘러싸고 있었다. 그다음으로는 파괴된 포도상구균 군체로 보이는 층이 있고, 곰팡이로부터 멀어질수록 포도상구균 군체가 점차 선명하게 구별되었다. 접시의 나머지 부분은 완전히 건강하고 잘 자란 보통 포도상구균 군체로 덮여 있었다. 플레밍에게는 곰팡이로부터 생성된 물질이 아가 젤리 기질을 통해 분산되어 퍼져 나가면서 점차로 포도상구균 군체를 파괴한 것으로 보였던 모양이다.

그러나 이제 우리 자신이 예리한 역사학자가 되어 플레밍의 관찰을 보고한 최초의 공식 과학 논문으로 돌아가 보자. 이것은 「B-인플루엔자 분리에 이용된 페니실륨 곰팡이의 항세균 작용에 대하여」라는 역사적인 논문으로, 『영국 실험병리학회지(British Journal of Experimental Pathology)』에 발표되었다. 1929년 5월 10일 출판 허가를 받았다고 기록되어 있고, 그 첫 문단은 다음과 같다. "포도상구균 변종들을 가지고 연구하는 동안, 많은 배양접시들을 실험탁자 옆에 놓고 가끔 한 번씩 검사하고 있었다. 조사 중에 불가피하게 이 접시들은 공기와 접촉하게 되었고, 종종 미생물들에 의해 오염되곤 했다. 그런데 한 접시에서 오염으로 생긴 큰 곰팡이 군체 주위의 포도상구균들이 투명하게 분해되어 있는 것이 관찰되었다." 그리고 그는 그 유명한 접시의 사진을 첨부했다.

이 문단은 거의 내용이 없고, 그 부적절함으로 인해 많은 권위 있는 과학자들로부터 비판받아 왔다. 포도상구균의 어떤 변종이 사용되었으며 배양액은 무엇이었는지, 또 온도는 어떻게 조절되었는지에 대해 전혀 언급이 없다. 접시가 얼마나 오염되었으며 곰팡이 군체는 얼마나 컸고, 얼마나 많은 포도상구균이 살아남았는지, 곰팡이로부터 어느 정도 범위 내에서 변화가 일어났는지에 대해서도 언급이 없다. 후에 이러한 기록의 누락은 매우 중요한 문제로 드러났다.

그 논문은 플레밍이 곰팡이를 어떻게 2차 배양했는지에 대한 묘사로 진행되었다. 이 배양 작업이 아마도 페니실린의 개발에 기여한 그의 가장 큰 공로였을 것이다. 그는 곰팡이를 다양한 배양 용액과 온도에서 길렀고, 생성물들의 산성도와 염기도를 측정했다. 그는 당시 과학 출판에서도 관습적으로 사용되던 다소 친근한 문체로 실험 결과를 적었다.

> 그 군체는 솜털처럼 하얗고, 빠르게 성장하였으며 2, 3일이 지나면 홀씨를 형성하였다. 중심부는 어두운 녹색이 되었다가 나중에는 거의 검은색에 가깝게 진해졌다. 4, 5일 안에 밝은 노란색의 물질이 만들어져 배양액으로 퍼져 나가는데, 어떤 조건에서는 붉은색도 관찰되었다.
>
> 묽은 즙에서는 곰팡이가 표면에서 하얀 솜털처럼 자라다가 2, 3일 안에 진한 녹색으로 변했다. 즙은 밝은 노란색으로 변하고, 이 노란색 색소는 클로로포름($CHCl_3$)으로 추출되지 않았다. 즙은 현저하게 염기성을 나타냈는데, pH가 8.5에서 9 정도였다. 3, 4일이 지나면 포도당과 설탕 즙에서는 산이 만들어지지만 젖당, 만니톨(Mannitol), 둘시톨(Dulcitol) 즙에서는 일주일이 지나도 산이 만들어지지 않았다. 성장은 37℃에서 느려지고 20℃에서 가장 빠르다. 산소가 없는 조건에서는 전혀 자라지 않는다.

때늦은 감이 있지만, 이 짧은 글 속에서는 많은 중요 문구들을 골라낼 수 있다. "곰팡이가 배양액의 표면에서 자랐다"는 것이 그런 문구 중의 하나이다. 다른 배양액과 온도에서의 성장 속도 차이들도 역시 후에는 중요한 문제가 된다. 산성도와 염기성도에 관한 얘기도 들어 있는데, 이것은 후에 페니실린을 추출하는 데 중요한 단서를 남긴다.

플레밍이 했던 다음 일은 항균물질의 생산이 여러 종류의 곰팡이에서 일반적인 것인가를 알아내는 것이었다. 그는 다섯 가지 다른 종의 곰팡이와 여덟 가지 페니실륨 곰팡이 아종을 조사했다. 그러나 어디서 그 곰팡이들을 구했는지, 또 어떤 기준으로 곰팡이들을 선택했는지에 대해서는 쓰지 않았다. 다만 그는 감사의 글에서 '우리의 진균학자 라투슈(C. J. La Touche)'가 페니실륨의 규명에 도움을 준 것에 대해 감사한다고 썼다. 과의 진균학자인 라투슈는 비록 그것이 의도적인 것은 아니었을지 모르지만, 주어진 대가에 비하면 페니실린 발견에 대해 매우 큰 역할을 했음에 틀림없다. 그는 플레밍의 최초의 접시에 있던 곰팡이가 페니실륨 루브룸(Penicillium Rubrum)에 가장 가까운 페니실륨의 한 종류라고 규명했다. 그러나 후에 이 규명이 틀렸다는 것이 밝혀졌고, 실제로 그것은 페니실륨 노타튬(Penicillium Notatum)이었다. 결과적으로 그는 이 잘못된 규명에 대해 플레밍에게 사과해야 했으며 그의 실수에 대한 모든 책임을 받아들였다. 몇 년 후, 플레밍의 곰팡이에 대한 올바른 규명이 미국의 진균학자 찰스 톰(Charles Thom)에 의해 이루어지긴 했지만 사실 크게 보면 그건 전혀 중요한 일이 아니었다. 불행한 라투슈는 억울하게 역사 속에 묻힌 인물 중 하나였다.

플레밍이 실험을 시도한 곰팡이들은 에이다미아 비리데센스(Eidamia Viridescens), 보트리티스 시네레아(Botrytis Cinerea), 아스페르길루스 푸미가투스(Aspergillus Fumigatus), 스포로트리쿰(Sporotrichum), 클라도스포륨(Cladosporium)과 8개의 페니실륨 아종이었다. 여기에 대한 그의 기록은 매우 중요하다. "이들 중 페니실륨 아종 하나만이 항균물질을 만들어 냈으며, 이것은 원래 접시를 오염시켰던 것과 정확히 동일한 배양 특성을 가졌다." 과학적인 관점으로 보면 이것은 플레밍의 발견이 매우 중요하다는 것을 의미한다. 그는 정말로 특별한 종의 곰팡이에 의해 생기는 특이한 상호 작용 현상을 관찰한 것이었다. 그래서 그는 "이 항균물질의 생성이 모든 종의 곰팡이와 모든 종류의 페니실륨에 일반적이지 않다는 것은 명백하다"고 썼다.

그러나 항균 작용을 나타낸 원래의 페니실륨 종이란 무엇이며, 어느 것이 원래의 페니실륨과 동일한 것인가? 플레밍이 여기에 대해 언급하지 않은 것이 사실은 가장 이상한 일이다. 곰팡이와 그 활동에 대한 묘사에서 플레밍의 한 단면을 볼 수 있는데, 이 예리한 관찰자는 과학적 기술로는 다소 부적절한 색깔과 일반적인 겉모양만을 기술한 것이다. 논문의 다음 부분에서 그는 숙련된 세균학자답게 이 분야 전문가로서의 면모를 유감없이 보이며, 그로서는 드물게도 그가 했던 일을 명확히 기술했다.

항균력을 검사하는 가장 간단한 방법은 다음과 같다. 우선 아가나 다른 적당한 배지에서 곰팡이 한 줄을 잘라 내어 원래 자라던 것과 같은 아가나 배양액으로 채워 준다. 이것이 고체화되면 다양한 미생물 배양체들은 곰팡이 줄에서부터 직각이 되도록 접시 끝까지 줄지어 놓는다. 항균물질은 아가에서 매우 빨리 분산되어 미생물들이 눈에 띌 만한 성장을 보이기 전인 몇 시간 만에, 반지름 1㎝ 정도 영역 안에서 민감한 미생물의 성장을 억제시키기에 충분한 농도를 이룬다. 좀 더 배양을 시켜 보면 대략 1㎝ 정도의 영역 안에 있는 부분들은 투명하게 변하고, 이 부분을 조사해 보면 모든 미생물들이 녹아 버렸음을 알 수 있다. 이것은 항균물질이 계속 분산되어 용균 작용을 일으키기에 충분한 농도에 이르렀음을 뜻한다. 이 간단한 방법은 곰팡이의 항균 및 용균 작용을 확인하는 데 충분하고, 작용이 일어나는 영역을 측정해 보면 검사하는 미생물의 이 물질에 대한 민감도까지 알 수 있다.

이 방법으로 그는 정확하고도 성공적으로 곰팡이에 의해서 만들어지는 물질이 포도상구균, 연쇄상구균, 임질균, 뇌막염의 원인균, 디프테리아, 폐렴균과 그 밖에 보통은 인간에게 해롭지 않은 세균들을 억제하고 파괴하는 능력이 있음을 보였다. 같은 방법으로 그는 곰팡이 즙 여과액이 장티푸스와 콜레라, 그리고 소장균들에는 효과가 없음을 증명하였다. 상처 감염의 주원인이 되는 피오시아네우스(B. Pyocyaneus)와 프로테우스(B. Proteus)도 마찬가지로 이 물질의 영향을 받지 않았고, 불행히도 당시에는 유행성 독감을 일으키는 것으로 알려진 인플루엔자(B. Influenzae)와 파이퍼(Pfeiffer) 균도 여과액에 의해 파괴되지 않았다. 폭넓은 조사 결과 그람 양성균은 여과액에 민감하지만, 그람 음성균은 견뎌 내는 것으로 보였다.

여기에 덧붙여 플레밍은 항균물질의 영향을 받지 않는 연쇄상구균 몇 종을 찾아냈다. 페니실린 저항을 가진 세균을 발견하고 분리한 것은 플레밍이 처음임에 틀림없었다.

플레밍에 의한 두 가지 다른 업적도 그의 첫 논문에 기록되어 있다. 사용된 포도상구균(플레밍 자신이 그렇게 얘기한 적은 없지만, 최소한 그가 같은 종을 사용했으리라고 가정할 수는 있다)을 곰팡이 즙 여과액의 살균력에 대한 기준으로 이용하여, 곰팡이가 새 접시에서 동일한 정도의 항균물질을 만들어 내는 데 5일이 걸린다는 사실을 밝혔다. 5일째 되는 날 한 방울의 즙을 취해서, 20방울의 증류수로 묽게 한 용액으로 세균을 죽일 수 있었다. 8일 정도 배양된 즙이 최대의 효용을 나타냈으며 이때 500배로 묽게 한 용액도 살균력이 충분한 것으로 나타났다. 다시 말해서 그의 물질은 정량이 가능했고, 매우 강력한 물질이었다. 마침내 그는 적절한 환경하에서라면 600배로 묽게 한 용액조차 포도상구균을 죽일 수 있음을 발견할 수 있었다.

당시에는 몰랐지만 플레밍은 그의 발견에서 어쩌면 가장 중요할 수도 있는 성질을 기술했다. 그것은 그 물질에 독성이 없다는 사실이다. 어떤 화학물질이 세균을 죽인다는 걸 확인하는 것은 아주 쉬운 일이다. 그러나 숙주인 동물이나 사람에게는 해가 없으면서 세균에 치명적인 물질을 찾아내는 것은 정말 힘든 일이다. 그러나 플레밍은 이 무독성에 대해 그저 담담하게 기록했다.

> 강력한 항균 작용을 가진 곰팡이 즙 여과액의 동물에 대한 독성은 매우 낮은 것으로 보인다. 20㎖ 정도의 여과액을 토끼에게 정맥주사로 투여했을 때, 같은 양의 즙만을 투여했을 때보다 특별히 더 유독하지는 않았다. 0.5㎖ 정도를 체중 20g의 쥐에게 주사했을 때에도 아무런 유독 증상이 나타나지 않았다. 사람의 커다란 감염 부위에 계속 투여했을 때에도 별다른 부작용이 보이지 않았고, 사람의 결막에 한 시간마다 하루 동안 투여했으나 아무런 자극성이 없었다.
>
> 체외에서 600배로 묽게 한 상태에서 포도상구균의 성장을 완전히 억제할 수 있는 페니실린이, 배양액만으로 된 용액보다 백혈구의 활동을 그다지 저해하지도 않았다.

여기서 플레밍의 오랜 과학관을 엿볼 수 있다. 마지막 문장에서 백혈구의 활동이란 생체 내의 정상 방어 메커니즘 기능을 말한다. 여전히 플레밍은 모든 방부제가 침입한 세균보다 백혈구를 더 빨리 죽인다는 생각을 가지고 있었던 것이다. 이것이 그의 전시 연구의 핵심이며, 화학요법에 대한 반대의 이론적 기초가 되는 것이었다.

그리고 이때 쥐와 토끼에게 주사한 양은 엄청난 것이었다. 20g의 쥐에게 0.5㎖를 주사하는 것이 아무것도 아닌 것처럼 들릴지 모르지만, 그건 거의 체중의 1/40을 의미하는 것으로서 80㎏인 사람에게 2㎏의 용액을 주사하는 것과 같다. 그 정도 양의 곰팡이 즙 여과액이 해롭지 않다면 그건 정말 안전한 물질인 것이다.

그 물질이 이렇게 이미 인간의 병에 사용되기도 했지만, 플레밍은 그것이 어떤 치료 효과를 가져왔느냐에 대해서는 언급조차 하지 않았다는 사실도 주목하자. 페니실린이라는 이름을 처음 사용한 것도 바로 이 첫 번째 논문에서였다. 논문의 앞부분에서 그는 세계적으로 널리 알려지게 된 그 단어를 소개했던 것이다.

그러나 그의 관찰에는 부정적인 면도 있었는데, 플레밍은 언제나 과학적인 사실에 대해서 솔직하고 객관적이어서 다음과 같이 충실하게 기록하고 있다. "페니실린은 상온에서 10일~14일 정도가 지나면 그 효능을 잃게 되는데, 중화시키면 좀 더 오랫동안 보존이 가능하다." 이것은 플레밍이 이끌어 낸 10가지 결론 중에서 네 번째이며, 실용적인 면으로 볼 때 가장 실망스러운 사실이었다. 그리고 다섯 번째 결론에서 그는 열이 가해지면 페니실린의 효능이 쉽게 없어진다는 것을 지적했다. 그것은 에테르와 클로로포름에도 녹지 않는 것 같았다. 이것은 매우 중요한 의미를 가지는데, 그 항생물질의 분리를 시도하는 모든 이들이 겪을 끔찍한 어려움을 예상할 수 있기 때문이다.

여기서 플레밍은 간략히 실제적인 면에서 그의 관찰을 어렵게 하는 문제점들과, 대부분 틀린 것이긴 했지만 그것을 타개하기 위한 초창기 연구들을 제시했다. 그것이 뭐라고 불렸든 간에 그의 곰팡이 즙 여과액 속에 들어 있는 물질은 다루기가 아주 어려웠다. 그것은 흔히 사용되는 보통의 화학적 방법으로는 아무리 해도 분리되지 않았다. 그것은 매우 불안정해서 어떤 조작을 가하거나 어떤 방법으로든 농축을 시도할 때뿐만 아니라 그저 가만히 내버려 두어도 쉽게 사라져 버리는 것이었다. 그래서 임상적인 측면에서 본다면 사실상 쓸모가 없는 것이었다. 용액의 효능이 가장 크게 증대될 때까지는 8일이 걸렸고, 10일에서 14일쯤 지나면 아무것도 남지 않았다. 이것은 환자가 필요로 하는 시기와 실험실의 준비 시기가 일치하지 않으면 적용해 볼 기회조차 없음을 의미했다.

이 논문의 마지막 두 문단은 그다지 잘 쓰이지 못한 글이었다.

페니실린은 감염균들에 대한 민감도로 볼 때, 지금껏 알려졌던 어떤 소독약보다도 나은 장점을 가지고 있는 것 같다. 잘 만들어진 시료는 800배 희석액에서도 포도상구균과 고름을 일으키는 연쇄상구균, 그리고 폐렴균을 완전히 억제시켰다. 그러므로 이것은 석탄산보다 강력한 시약이며, 자극적이거나 독성이 없어서 묽게 하지 않은 상태에서도 사용이 가능하다. 바르는 약으로 사용된다면 현재 사용 중인 화학소 독제에 비해 800배로 묽게 한 용액조차 훨씬 효과적이라고 말할 수 있다. 고름을 일으키는 감염에 관련된 치료 실험이 현재 진행 중이다.

세균 감염에 대한 치료제로 사용이 가능할 뿐만 아니라, 세균학자들이 세균 배지에서 원하지 않는 미생물들은 제거하고 페니실린에 반응하지 않는 세균들만 쉽게 분리하는 데도 유용할 것임에 틀림없다. 여기에 관한 주목할 만한 예는 페니실린을 사용하여 유행성 독감을 일으키는 파이퍼 균을 쉽게 분리한 것을 들 수 있다.

첫 번째 문장은 애매하고 전혀 논리적이지도 않다. 그 후에는 감염 치료 실험에 관한 문장이 이어진다. 상세한 실험 내용이 주어져 있지 않을 뿐만 아니라 후에 그가 발표한 어떤 논문에도 이 실험에 관해 언급한 것은 전혀 없었다. 그의 전기나 초창기의 플레밍 신화 속에서도 여기에 관한 아무런 흔적을 찾을 수가 없고, 그와 함께 일했던 이들 중에도 적절한 해명을 할 사람이 없었다. 그 문장은 영영 수수께끼로 남게 된 것이다.

그리고 마지막 문단에 와서 제목에 포함된 '인플루엔자 분리에 이용된 특별 참고'에 관한 내용을 자세하게 기록하였다. 사실 이것이 플레밍의 주 관심사로, 그 후 12년 동안 페니실린이 실용적으로 사용된 것은 이 목적으로 쓴 것이 전부였다.

논문에 사용된 논리는 분명히 플레밍의 생각을 반영하고 있을 것이다. 그 최초의 오염물(페니실린 곰팡이)은 배양접시에서 어떤 종류의 세균들을 제거해 주었고, 이 운 좋은 관찰은 다른 배양접시에서 귀찮게 나타나는 오염을 막아 주는 용도로 활용된 것이다.

페니실린은 선택적으로 특정 세균만 죽이기 때문에, 임상에서 환자의 코나 목에서 채취한 표본 속의 잡다한 세균 중 페니실린에 영향을 받지 않는 세균만을 분리하는 데 이용될 수 있었던 것이다. 플레밍은 유행성 독감균에 관심이 있었고, 후에는 백일해 기침의 원인균에 관심을 갖게 되었다. 그는 또한 세균 길항이라고 알려진 분야 전 영역에도 관심이 있었는데, 그것은 한 세균이 다른 종류 세균의 성장을 방해하는 작용이었다. 실험 세균학자로서 그는 페니실린을 그의 실험에 쓸 수 있는 아주 유용한 실험 도구로 간주했다. 그래서 최소한 이후 10년간 그의 조수나 기술원들은 이 용도만을 위해 매주 페니실린을 만드는 귀찮은 일을 감수해야 했다.

그러나 플레밍이 화학요법제로 쓰일 수 있는 페니실린의 가능성을 간파하는 데 실패했다고 말하려는 것은 아니다. 그의 10가지 결론 중 여덟 번째는 매우 명쾌하다. "페니실린에 민감한 미생물에 감염된 환자에게 페니실린은 효과적인 방부제로 투여될 수 있을 것이라고 제안한다."

플레밍이 페니실린에 대해 이렇게 이중적 태도를 나타낸 것은 상당히 이상하게 보인다. 논문 전반부에 1시간씩 하루 동안 페니실린을 사람에게 투여한 결과를 기술할 수 있었던 것은 플레밍의 젊은 조수 스튜어트 크래독(Stuart Craddock)의 결막염 덕분이었다. 크래독은 페니실린 이야기 후반부로 가면서 점점 더 중요한 역할을 한 사람이지만, 페니실린 이야기의 첫 주에 그가 한 일은 단지 페니실린 용액으로 감염된 상처를 씻었던 것뿐이었다. 당시 플레밍의 실험 노트가 모루아의 글에 인용되어 있다. "1929년 1월 9일, 크래독의 상처에 대한 곰팡이 여과액의 소독력. 상처에서 채취한 표본에서 100개 정도의 포도상구균과 그 주위에 수많은 파이퍼 균이 발견됨. 1㎖의 곰팡이 여과액을 상처에 가함. 3시간이 지나서 다시 표본 채취. 포도상 균체 하나와 몇 개의 파이퍼 균이 관찰됨. 전처럼 세균의 숫자가 많긴 했지만 대부분이 용균된 상태임."

페니실린은 최초 임상 적용(플레밍 자신은 그렇게 말한 적이 없지만)에서 아무런 부작용을 나타내지 않았고 감염균들이 제거되었으므로, 좋은 결과를 얻었다고 할 수 있다. 그러나 플레밍이 가장 관심을 가졌던 것이 포도상구균의 치료였는지, 파이퍼 균의 생존이었는지는 분명치 않다.

모루아의 전기에는 '큰 감염 상처의 처리'에 관한 또 하나의 명확한 기록이 들어 있다. 패딩턴역 주위의 버스에서 미끄러져 떨어진 여자 환자가 있었다. 그녀의 다리에는 무시무시하게 벌어진 상처가 생겨서 절단할 수밖에 없는 상황이었는데, 설사 절단한다 하더라도 패혈증 때문에 목숨을 구하기가 어려울 것 같았다. 세균학자로서 플레밍에게 자문이 구해졌고, 그는 사태가 절망적이라고 판단했다. 기록으로 남겨진 바는 없지만, 플레밍은 틀림없이 "내 실험실에서 뭔가 신기한 일이 일어나고 있다. 바로 지금 나는 포도상구균을 파괴하는 곰팡이 배양액을 가지고 있다"고 말했을 것이다. 그는 그의 곰팡이 여과액을 환자의 상처에 투여할 것을 허가받았다. 그러나 환자는 회복되지 못했다.

플레밍의 또 다른 조수인 로저스(K. B. Rogers) 박사도 증거를 제공했다. 폐렴균의 한 변종에 의해 생긴 눈의 감염을 '곰팡이 즙'(여과액을 좀 이상하지만 이렇게 불렀다)으로 치료받았다. 이번에는 제대로 효과를 발휘하여 감염은 사라졌고, 로저스가 병원의 사격팀에 합류할 수 있었기 때문에 플레밍은 더욱 기뻤을 것이다.

그럼에도 불구하고, 플레밍이 첫 번째 논문 이후에 페니실린에 대해 시간을 점점 적게 들인 것은 명백하다. 그가 1929년과 1930년에 쓴 다음 논문들은 라이소자임에 관한 것이었다. 1931년에 다른 연구 결과를 기술한 논문에서 방부제에 대해 잠깐 언급하면서 "페니실린이나 비슷한 성질을 가진 화합물은 부패성 상처에 쓸 수 있을 것 같다"라고 쓴 게 치료에 관한 내용으로는 전부였다. 1932년 그는 왕립의학회에서 했던 주요 연설 주제로 '라이소자임'을 골랐는데, 그것은 그가 가장 중요하게 생각한 것이 무엇인지를 분명하게 보여 준다.

1932년 해럴드 레이스트릭(Harold Raistrick)이 페니실린 분리 실패를 기록한 절망적인 결과 발표 후에, 박테리아의 선택적 분리에 페니실린을 사용한 다른 논문 하나가 이 시기의 페니실린 역사에 기여한 플레밍의 유일한 공헌이었다. 이 마지막 논문에서 '무통의 부패 상처'에 곰팡이 즙으로 치료한 내용이 기술되어 있다. 오늘날 봤을 때 가치 있는 유일한 문장은 "그것은 많은 부패성 상처에 이용되었고, 어떤 강력한 화학물질이 발라진 붕대보다도 우수한 것으로 보인다"라는 짧은 문장 하나뿐이었다.

플레밍이 유명해진 후 왜 페니실린 일을 그만두었는지에 대한 해명을 그의 연설에서 찾을 수 있다. 1946년 왕립 공공 건강위생 학회의 하벤(Harben) 강좌에서 그는 불만스럽게 말했다. "우리는 시험 삼아 병원의 몇몇 오래된 환자들에게 페니실린을 사용했고, 비록 결과가 괜찮긴 했지만 기적적인 일 같은 것은 없었다. 우리가 외과 의사들에게 부패성 환자가 있는지 물어볼 때는 그런 환자가 없었고, 그들이 우리에게 환자가 생겼다고 요청할 때에는 우리에게 남은 페니실린은 모두 효력을 잃고 난 뒤였다." 그는 그러한 사실을 1943년 12월 13일 미국제약회사협회가 주최하는 연례 발표회에서 그와 플로리의 업적에 대해 질의응답을 할 때 좀 더 상세하게 언급했다.

확실한 사실은 1928년 9월, 잘 자라고 있던 세균 군체가 곰팡이 옆에서는 녹아 버리는 것을 보았다는 것뿐이었지만, 그것이 강력한 화학요법제가 되리라는 것을 의심하지는 않았습니다. 그 곰팡이를 보존하기 위하여 순수한 곰팡이만을 분리 배양했고, 대부분의 페니실린이 이 한 종류 군체의 자손들로부터 만들어졌던 것입니다.

페니실린으로 연구를 계속하는 중에 유익한 점들이 발견되었습니다. 성공적인 화학요법제라도 대부분 그렇듯이 페니실린도 모든 미생물에 다 영향을 미치지는 않더군요. 또한 그것은 인간의 혈구에는 아무런 해를 주지 않았고, 동물에게 주사되었을 때 아무런 유독 증상을 나타내지도 않았습니다. 나에게는 인간의 백혈구에 무독하다는 사실이 매우 중요했는데, 이전 여러 해 동안 시험해 본 어떤 방부제들 중에도 세균보다 백혈구에 덜 유독한 것을 본 적이 없었기 때문입니다.

그러나 막상 페니실린을 환자에게 적용하려고 시도했을 때 장애물을 만났습니다. 우리가 가진 농축되지 않은 용액이 너무도 민감해서 쉽게 약효가 사라졌고, 보관을 잘해야 2~3주를 겨우 유지할 수 있었던 겁니다.

우리가 시도한 몇 가지 농축법이 성공하지는 못했지만, 우리는 화학 지식이 부족한 생물학자였기 때문에 별로 이상할 것은 없다고 봅니다(여기서 그는 페니실린의 불안정성으로 인해 역시 실패한 레이스트릭 그룹의 연구 결과도 얘기했다). 우리는 1930년 초를 지배하던 상황들을 상기해야만 합니다. 에를리히의 살바르산 이후 20년 동안 소개되었던 모든 약들이 실패작이었으므로 화학요법에 대한 관심은 거의 미미했습니다. 임상의들은 잇단 실패로 점차 싫증을 내게 되었지요.

1930년에서 1939년까지 세인트 메리 병원의 실험실이 페니실린을 꾸준히 사용하고 있는 유일한 곳이었는데, 환자에게 사용된 것은 아니어서 중요성이 떨어지기는 하지만 특정 세균의 분리에는 유용하게 사용되고 있었습니다. 나는 여전히 누군가가 그 활성물질을 분리해 주기를 희망했기에 최초의 배양접시에 있던 곰팡이 포자를 버리지 않고 있었습니다. 말린 상태이긴 하지만 다시 배양이 가능한 형태로 보관하고 있었던 겁니다.

이것이 그에게 행운을 가져다준 그 예리한 관찰의 결과를 왜 계속 추적하지 않았는지에 대한 플레밍 자신의 해명이었다.

5장
플레밍—정말로 일어난 일은 무엇인가?

정확한 날짜는 알 수 없지만, 1928년 9월의 어느 날 아침에 프래드 거리를 굽어보는 플레밍의 실험실에서 일어났던 그 사건의 진실은 적어도 플레밍의 전기나 발표된 그의 논문에서는 찾을 수 없을 것이다. 이제 여기에 다른 관점의 이야기들이 있다.

우선 지난 수십 년 동안 두고두고 반복된 신화를 살펴보자. 가까운 예 중에는 1970년 3월 25일에 런던 신문의 머리기사에 「수백만의 생명을 구한 어떤 곰팡이 젤리」라는 제목으로 실린 다음 글이 있다.

지저분한 런던의 먼지가 한 병원의 창을 통해 날아들었다. 그리고 이 세기의 가장 위대한 의학적 혁명을 일으켰다. 그 혁명은 최초의 항생제인 페니실린이었다. 알렉산더 플레밍 경은 1928년에 패딩턴에 있는 세인트 메리 병원에서 연구를 하다가 오래된 세균 배양접시 몇 개가 먼지로 오염되어 곰팡이가 생긴 것을 발견하였다. 그는 또한 그 곰팡이가 번성하는 곳에서는 세균들의 성장이 중지된다는 사실도 알았다. 그 곰팡이가 세균들을 죽인 것이다. 간단하긴 하지만 거의 우연에 의한 이 발견이 수많은 생명을 구하는 강력한 항생제의 시대를 열었다.

그러나 플레밍이 처음 과학계에 공식적으로 그의 발견을 알렸을 때에는 의학계 사람들의 무관심으로 햇빛을 보지 못하고 묻혀 버리고 말았다. 플레밍 자신의 논문을 제외하면 옥스퍼드의 플로리와 체인이 페니실린을 치료제로 만들 때까지 그의 발견에 대한 어떤 기록도 보이지 않는다. 그러나 2차 세계대전이 끝날 무렵에는 신문 기사와 책들이 홍수처럼 쏟아졌다. 아마도 초기에 나온 페니실린 관련 책 중에 가장 내용이 충실한 것은 데이비드 마스터의 『기적의 약(Miracle Drug)』일 것이다. 페니실린 발견의 순간으로부터 거의 20년이 지난 시점에 출판된 그 책은 새로운 목격자인 토드(E. W. Todd) 박사의 증언으로 당시의 상황을 기술하고 있다.

플레밍은 여러 날 자리를 비웠다가 실험실로 돌아왔다. 그리고 실험 접시에 어떤 배양이 생겼는지 보려고, 세균으로 오염된 접시들을 하나씩 골라내며 조사를 시작했다. 골라낸 접시들을 창가 선반으로 옮기다가 곰팡이가 피어 있는 접시 하나를 집어 들었다. 한번 들여다본 뒤 버리려다가 뭔가가 그의 눈길을 끌었는지, 더 자세히 관찰하기 시작했다. 그의 날카로운 눈은 포도상구균들이 대체로 잘 자라고 있었지만 유독 곰팡이 주위에서는 녹아 있다는 것을 놓치지 않았다. 그는 혹시 잘못 본 것이 아닌가 해서 다시 한 번 살펴보았다. 그리고 접시를 토드에게 건네면서 말했다. "이것 좀 봐, 아주 재미있는데. 난 이런 걸 좋아하지. 중요한 것 같아."

토드 박사는 그 접시를 보고는, "예, 정말 재미있군요" 하고 동의하면서 접시를 플레밍에게 돌려주었다. 하지만 사실 토드 박사에게는 그것이 그다지 신기해 보이는 일이 아니었다고 한다. "난 그게 라이소자임 같은 거라고 생각했지요."

다음으로는 창문으로부터 들어온 곰팡이 포자 얘기가 추가된다. 이것은 리치 콜더(Ritchie Calder)의 『생명의 구원자들(The Life Savers)』에 잘 나타나 있는데, 이전에 대영 측량국장을 지낸 저자 리치 콜더는 과학 언론의 실질적인 창시자였다. 그는 그 포자에 대해 매우 조심스럽게, 그러나 많은 직접적인 관찰을 첨가하였다.

> 패딩턴역 가까이의 창문으로 날아든 플레밍의 곰팡이는 아르키메데스의 목욕과 뉴턴의 사과, 제임스 와트의 끓는 주전자 뚜껑과 함께 과학계의 위대한 전설에 속한다. 이 전설들은 대개 그럴듯한 근거(플레밍의 경우에는 곰팡이 포자)를 가지고 있는데, 반복해서 구전되는 동안 지나치게 미화되거나 단순화된다. 곰팡이가 팅커벨(피터팬에 등장하는 요정)처럼 창문으로 날아 들어와 페니실린을 만들어 냈다는 것은 플레밍의 예리한 관찰과 과학적 통찰력으로만 정당화되기에는 아무래도 부족하다. 실제 상황은 틀림없이 그렇게 낭만적이지는 않았을 것이다. 나는 세균학에 관한 책을 쓸 때 그의 도움을 받기 위해 플레밍의 실험실을 종종 찾아갔기 때문에 그런 사실을 잘 알고 있다. 기차가 기적을 울리며 패딩턴역으로 들어오고 시커먼 연기를 뿜어서 실험실 창문을 검게 물들이며, 복잡한 시간에 사람들이 시끄럽게 웅성대는 소리가 저 아래로 들리는 가운데에서, 그는 내게 이런저런 지식들을 가르쳐 주곤 했다. 그 실험실은 마치 관장이 죽고, 아직 새 관장이 임명되기 전의 박물관과도 같았다. 그곳에는 명찰을 붙인 많은 잡다한 것들이 사방에 널려 있었다. 물론 그곳에 '박물관의 소장품' 같은 것은 없었고, 명찰 달린 접시의 균들은 단지 자신의 생을 유지하기 위해 나름대로 열심히 일하고 있을 뿐이었다. 실험실이 통풍이 안돼 답답해지면 창문을 열어야만 했는데, 이때 비커나 배양접시의 뚜껑이 종종 열려 있었기 때문에 모든 종류의 살아

있는 먼지들이 실험실을 침범해서 실험을 망쳐 놓곤 했다.

그것이 바로 이 경우에 생긴 일이었다. 플레밍은 임박한 실험을 위해서 포도상구균 배양체를 준비하고 있었다. 그는 그 균들이 배지에서 증식하도록 내버려 두고 며칠간 실험실을 떠나 있었다. 그가 돌아왔을 때에는 상당히 많이 배양되었고, 그는 그것들을 검사하기 시작했다. 그중 하나는 뚜껑이 벗겨져 있었는데, 그 위엔 곰팡이가 슬어 있었다.

그것을 던져 버리기 전에 그는 다시 한 번 들여다보았다. 곰팡이 주위에서는 균이 자라고 있지 않았기 때문에 그는 거기에 매혹되기 시작했다. 이것은 훈련된 과학자의 관찰이었고, 그 호기심의 감각은 1922년에 있었던 이전의 발견 경험으로 더 강화되어 있었다. 그것은 라이소자임이었다.

그러나 콜더는 플레밍이 생명을 구할 수 있는 형태나, 하다못해 어떤 임상적인 목적으로라도 사용할 수 있는 형태로 페니실린을 발견한 것은 아니라고 조심스럽게 주장한다. 글의 뒷부분에서 그는 이것이 단지 플레밍의 업적을 재취합하는 과정에서 모순이 없도록 이야기를 짜 맞추다 보니 생긴 결과일 뿐이라고 말한다.

그러나 고작 6년 후에 이 이야기는 다른 작가인 루도비치(L. J. Ludovici)에 의해 또다시 변형되었다. 그의 저서 『플레밍, 페니실린의 발견자(Fleming, Discoverer of Penicillin)』에서는 플레밍이 '위대한 과학자'가 되기에 필요한 모든 자질을 갖추고 있었으며, 배양접시에 떨어진 곰팡이 포자는 순전히 우연으로 바람에 실려 날아든 것이며, 플레밍이 다음과 같이 말한 것으로 기록하고 있다. "접시 위에 떨어진 곰팡이 포자가 어디에서

왔는지 나는 모른다. 이전에도 그런 오염을 종종 보았기에 그건 그다지 신기한 일이 아니었다. 그러나 이전에는 포도상구균이 곰팡이 균체 주위에서 분해되는 것을 본 적이 없다."

따라서 루도비치에 의하면 그가 '뛰어난 지각력을 가진 천재'였기에 뭔가 특별한 일이 생겼다는 것을 알아낼 수 있었다는 것이다.

여기서 내가 강조하고자 하는 것은 플레밍이 발견 당시에 페니실린에 감추어져 있는 항세균 또는 항생물질의 미래를 간파한 것은 아니라는 점이다. 그의 논문이 보여 주듯이 그는 한참 후에야 이러한 점에 착안할 수 있었던 것이다.

당시 그의 과학 논문과 학회 발표 기록을 보면, 자신의 발견에 대한 플레밍의 관점은 다음과 같다. 그는 표준 영양물질 아가가 담겨 있는 표준 배양접시에 적은 수의 포도상구균을 흩어 놓고, 37℃에서 16~24시간 정도 부화시켰다. 부화 조건하에서 포도상구균은 보통 무질서하게 접시 위를 가로질러 노란 불투명 균체를 형성하며 퍼져 나갔다. 그리고 접시를 부화기에서 꺼내어 실험실 탁자 위에서 여러 날 혹은 여러 주 동안 방치해 두면서 종종 현미경으로 관찰하곤 했다. 이러한 조사 중에 접시의 뚜껑을 벗기는 일은 피할 수 없었고, 공기 중에서 날아든 곰팡이가 배양액의 표면에 내려앉아 오염 균체를 만들기도 했다. 이러한 균체 중의 하나가 페니실린을 만든다. 그것은 아가를 통해 확산되어 가까이에 있는 다 자란 노란색 포도상구균을 공격하여, 무형이고 무색 투명한 물같이 녹여 버렸다. 곰팡이에서 멀리 떨어져 있는 포도상구균들은 페니실린의 영향을 받지 않아서 건재했다.

플레밍의 이러한 생각에 대한 가장 명확한 증거는 앞 장에서 언급한, 1943년 미국 제약회사협회에서의 연설에서 엿볼 수 있다. 그 내용의 핵심은 "잘 자라고 있던 세균 군체가 곰팡이 주위에서는 제대로 자라지 못하고 사라지는 것을 보았다"라는 것이다. 그 밖에도 1945년 그의 노벨상 수상 강연 등을 비롯하여 이것을 뒷받침하는 자료들이 상당수 있다.

모든 사람들이 플레밍이 본 것은 비교적 흔히 있는 사건인데, 단지 다른 세균학자들이 그 중요성을 알아채지 못했거나 그것을 추적해 볼 만큼 호기심이 없었던 것처럼 생각했다. 물론 곰팡이에 의한 오염이 드문 일은 아니지만, 플레밍의 경우에는 다량의 페니실린을 만들어 내는 매우 희귀한 페니실륨 곰팡이였다는 것이 다르다. 플로리는 "이것은 의학계에서 일어났던 가장 운 좋은 사건 중의 하나이다. 지금까지 확인된 대부분의 곰팡이 항생물질은 독성을 가진 것이었다"고 논평했다. 후에 플로리의 부인이 된 여성 과학자에 의해 플레밍의 해석이 잘못되었다는 것을 증명하는 연구가 이루어진 것도 재미있는 사실이다.

특기할 만한 일은 플레밍이 보았다는 그 운 좋은 관찰을 근 40년이나 되도록 어떤 과학자도 재현할 수가 없었다는 사실이다. 물론, 어떤 과학자도 이 불편한 사실을 겉으로 드러내지는 않았다. 그렇지만 플레밍의 관찰을 재현하지 못한 것이 결코 이에 대한 시도가 적었기 때문은 아니었다. 하워드 휴스 박사는 1972년에 "시범으로 보여 줄 접시를 재현해 보려는 우리들의 시도는 최근까지도 성공하지 못했다"고 밝혔다.

이 묘한 상황을 공식적으로 드러내고, 정말로 일어난 일이 무엇이었는가에 대해 적절한 설명을 제시한 사람은 로널드 헤어 교수였다. 그는 플레밍의 발견이 있기 불과 몇 달 전에 예방접종과에 합류했다. 헤어 교수는 비록 주연은 아니었지만 평생 페니실린 이야기에 조연으로 남아 있었다. 세인트 메리에서의 일을 마친 헤어 교수는 퀸 샬럿 병원(Queen Charlotte's Hospital)에서 항생제를 이용한 화학요법 혁명을 일으킨 설파(Sulpha) 약의 초기 개발에 참여하기도 했다. 후에 그는 캐나다로 이민 가서 코노트 연구소(Connaught Institute)에서 산업 규모의 페니실린 초기 개발에도 참여했다. 마침내 헤어는 런던 세인트 토머스 병원의 세균학 교수로 영국에 돌아와서 카샬턴의 과학연구위원회 실험실 책임자로 그의 연구 생애를 마쳤다.

헤어가 플레밍의 발견에 관한 의혹을 연구한 것은 이 마지막 직위의 여유 시간 중이었다. 연구 결과 그는 1928년 플레밍이 곰팡이 접시에서 본 것을 잘못 해석했다는 사실을 밝혔다. 플레밍조차 1945년 무렵 언론인과 작가들에게 재현 실험을 보여주는 데 실패했던 것은 플레밍 자신이 그 현상을 제대로 이해하지 못하고 있었기 때문이다.

헤어는 실험에서 각각 200개 정도의 포도상구균을 배양시킨 접시를 준비한 다음 플레밍의 곰팡이를 원래의 사진에 있던 것과 같은 위치에서 자라게 하도록 시도하였다. 그러나 곰팡이들은 아예 자라지 않거나 자라더라도 10㎜ 이하의 균체를 만들 뿐이었다. 곰팡이 포자 주위 10㎜ 내에는 세균이 없도록 치워 놓고 포자를 심었을 때에야 겨우 그럭저럭 최초의 사진에서처럼 지름 20㎜ 정도의 곰팡이 균체를 만들 수가 있었다. 그러나 그 경우에조차 세균에는 아무런 영향을 미치지 못했고, 아무리 오랫동안 관찰해도 세균들은 정상적으로 자랐다. “그런 결과로는 누구도 곰팡이에서 강력한 항생물질이 분비된다고 생각할 수는 없을 것이다”라고 헤어 교수는 평했다.

1964년, 헤어 교수는 페니실린의 기원을 다시 추적하기 시작하였다. 그는 실험에서 페니실린에 특히 민감한 포도상구균 옥스퍼드 변종과 플레밍이 간직해 온 원래의 페니실륨 곰팡이 포자를 사용했다. 그는 포도상구균이 완전히 다 자라서 노란색 군체를 형성하도록 부화시킨 다음, 세균 군체와 약간의 간격을 두고 가는 바늘로 곰팡이 포자를 심었다. 그리고 매일 접시를 관찰했는데 놀랍게도 곰팡이가 실질적으로는 거의 자라지 못하고 있었다. 보통은 상온에서 깨끗한 아가 접시에 포자를 뿌려두면 어렵지 않게 잘 자라서 2~3주 내에 지름 20㎜ 정도의 군체를 만든다. 그러나 이미 포도상구균이 차지하고 있는 접시에서는 잘 발달된 군체로 키울 수가 없었다. 아무리 오랫동안 보관하면서 관찰해도 지름 10㎜ 이상 되는 곰팡이 군체는 얻지 못했다. 대부분의 곰팡이 군체는 그 정도 크기에도 미치지 못했고, 그나마 포도상구균에서 멀리 떨어진 곳에 파종된 곰팡이가 조금 더 낫긴 했지만 그것도 상태가 좋은 편은 아니었다.

그래서 헤어는 플레밍의 최초 논문으로 돌아가서 그 최초의 접시 사진을 다시 조사했는데, 그것 말고는 보고된 사진이 전혀 없었기 때문이었다. 사진을 실제 크기의 배양접시 정도로 확대해서 살펴보았더니, 따로 분리되어 잘 발달된 포도상구균이 지름 2~4㎜ 정도의 군체로 접시 전체에 퍼져 있었는데 거의 200개 정도는 될 것 같았다. 그러나 접시 한 귀퉁이에는 지름이 20㎜쯤 되는 곰팡이 군체가 하나 있었고, 그 옆에 조금 작은 군체가 하나 있었다. 곰팡이 주위로 폭이 약 20㎜쯤 되는 구역 내에는 제대로 자란 포도상구균이 발견되지 않았고, 세균이 분해된 것으로 보이는 걸쭉한 반투명 방울이 관찰되었다.

헤어의 재현 실험에서도 곰팡이 군체가 만들어 낸 페니실린이 실험 접시에 높은 농도로 들어 있음이 증명되었다. 그런데도 포도상구균은 끄떡도 하지 않았다. 상황은 명백했다. 포도상구균이 완전히 자라고 나면 곰팡이가 세균 군체 가까이에서 제대로 자랄 수도 없고 설사 자란다 할지라도 만들어진 페니실린이 포도상구균에 별다른 효과를 갖지 못하는 것이었다.

포스터(W. D. Foster) 박사에 의한 별도 실험에서도 곰팡이가 생성한 페니실린이 완전히 다 자란 포도상구균에는 영향을 미치지 못했다. 심지어 포스터 박사는 농도를 극도로 높여 주기 위해 순수한 페니실린 결정을 세균 군체에 떨어뜨리기까지 했는데도 효과가 없었다.

어떻게 보면 이 사실들은 미리 예측되지 못할 것도 없었다. 이미 1942년에 페니실린이 젊고 증식 중인 미생물에만 작용한다는 증거가 제시된 적이 있었기 때문이다. 페니실린의 치료 효과는 세균의 정상적인 세포벽 형성을 방해하여, 문자 그대로 그 내용물이 터지거나 쏟아지게 해서 나타난다는 내용이었다. 또 1944년에는 플로리 여사(플로리와 결혼하기 전인 당시에는 마거릿 제닝 박사였다)가 전혀 다른 목적을 위한 실험을 하다가, 페니실린이 완전히 성숙한 세균 군체에는 효과가 없음을 증명하기도 했다.

부화 접시에서 눈에 띄는 포도상구균 군체는 대부분 증식기가 훨씬 지난 것들로 구성되어 있었다. 그래서 그중에 증식 중인 젊은 세포가 섞여 있더라도 페니실린의 작용으로 죽은 숫자가 너무 적어서 맨눈으로는 식별할 수가 없었던 것이다. 젊고 자라나는 세포라면 페니실린은 그것들을 완전히 파괴해 버린다. 그러나 반쯤 자란 균체에선 페니실린이 다 자란 세포는 남겨 두고 젊은 세포들만 파괴할 것이다. 그러므로 플레밍이 분해되고 있는 것으로 관찰한 균체는 발달 초기에 페니실린의 공격을 받은 젊은 균체인 것이다.

그래서 의도적으로 곰팡이 포자가 먼저 자란 뒤에 포도상구균을 심으면 플레밍이 관찰한 것과 비슷한 사진을 얻을 수 있었다. 그러나 플레밍은 9권으로 된 『세균학 체계(System of Bacteriology)』의 일부를 쓰면서 수행한 포도상구균 실험에서 단 한 번도 이미 오염된 접시에서 세균을 키워 보려고 한 적은 없었다. 그러나 최소한 그가 포도상구균을 부화 과정 없이 기르려고 시도했을 가능성은 있다. 왜냐하면 그가 1927년에 트리니티대학의 비거, 볼랜드, 오메아라 세 사람에 의해 어떤 균들은 상온에서 키우면 색다른 방식으로 자란다고 보고된 논문을 읽었기 때문이다.

이것이 헤어에게 새로운 실마리를 주었다. 만약 곰팡이 포자와 포도상구균이 제각기 자라 몇 시간 정도의 간격을 두고 만나도록 하면, 페니실린의 효과를 관찰할 수 있을지도 모른다고 생각한 것이다. 여기에서 주목할 만한 요소는 곰팡이가 상당히 넓은 온도 영역에서도 비슷한 속도로 성장하는 데 비해, 포도상구균은 사람의 체온인 37℃에서 매우 빨리 자라며 온도가 12℃로 떨어질 경우 거의 자라지 않는다는 것이다.

1966년 8월 1일 헤어는 결정적인 실험을 수행했다. 그는 영양물질이 들어 있는 표준 배양접시에 옥스퍼드 포도상구균을 놓고, 플레밍의 페니실륨을 한 점에 심었다. 그 접시는 실험실 탁자 그늘 아래 보관되었고 부화를 시키지는 않았다. 3일이 지나도 단지 조그맣고 투명한 포도상 군체만 보였고, 부화시켰을 때보다 훨씬 느리게 자라고 있었다. 그러나 곰팡이는 잘 자라서 이틀 만에 조그만 반점이 보였고, 4일째는 10㎜, 6일째는 15㎜의 지름으로 자라났다. 그리고 사실상 5일째 되는 날 페니실린은 1928년에 발견된 이후 처음으로 '재발견'되었다. "그 일반적인 모양은 전반적으로 플레밍의 논문에 실려 있던 것과 구분할 수가 없었다."

주위에서 '성공한 실험을 반복하는 것은 바보 같은 짓'이라고들 충고했지만, 헤어 교수는 9월 15일에 그 실험을 반복하였다. 그런데 이번에는 실험이 성공적으로 재현되지 않아 헤어 교수는 당황했다. 자세히 조사해 보니 세균과 곰팡이가 모두 잘 자라서 서로에게 아무런 효과를 나타내지 못하는 것으로 판명되었다. 그리고 이번에는 지난번 실험보다 세균 군체가 조금 더 빨리 성숙한 것 같았다. 실험은 모든 자료들을 기록해 가며 매우 조심스럽게 행해졌는데, 온도 기록이 단서를 던져 주었다. 전형적인 영국의 여름은 날씨가 추웠다가, 축축해지고, 폭풍까지 부는 등 다양하게 변한다. 첫 실험이 있었던 8월의 첫 두 주에는 16℃를 조금 넘은 데 비해, 반복 실험에서는 약한 열풍과 함께 21℃까지 온도가 올라갔다. 그러나 5도 정도의 작은 변화가 그렇게 완전히 다른 결과를 낳았다는 것은 다소 미심쩍었기에, 보다 더 정교한 실험이 이루어졌다.

세 개의 배양접시에 곰팡이와 세균을 같은 방법으로 준비했다. 때는 1966년 가을이었다. 접시 하나는 발열체 위에 올려놓아 37℃ 정도를 유지했다. 두 번째 접시는 건조 선반에서 22~23℃ 정도를 유지했고, 세 번째는 난방이 되지 않아서 16~17℃쯤 되는 침실에서 보관했다. 실험 장비나 설치가 그다지 정밀한 건 아니었지만, 결과는 명쾌했다. 페니실린은 16℃ 정도로 유지된 침실에서만 재발견되었다. 이것을 확인하는 긴 연속 실험들이 뒤를 이었다. 그 결과 20℃ 이하에서는 거의 예외 없이 페니실린의 '재발견'이 이루어졌고, 32℃ 이상에서는 페니실린의 효과가 전혀 나타나지 않았다. 중간 영역에서는 초기에 더해 준 곰팡이와 세균의 양 등 다른 요소들에 의해 페니실린의 효과가 나타나기도 하고, 나타나지 않기도 했다. 플레밍의 관찰에서 곰팡이는 오염물이었고 공기 중에서 날아들었기에 포자의 숫자도 매우 적었을 것이라는 점을 감안하면, 그런 상황이 일어날 수 있는 최고 온도는 20℃ 정도였을 것이라고 헤어 교수는 결론지었다. 그러니까 곰팡이가 먼저 자라는 데 필요한 4~5일 정도만 이 온도가 유지되어 주면 된다는 것이다. 일단 곰팡이가 페니실린을 만들어 낼 만큼 충분히 자라기만 하면 세균은 성장 속도에 관계없이 항생물질에 의해 분해되기 때문이다.

기상대에 도움을 청하여 얻은 1928년 7~9월 무렵의 날씨 기록들도 검토되었다. 1966년처럼 8월 중순에 열풍이 있기는 했지만 1928년 8월 28일경에는 사라졌고, 두 번 정도 20℃에 이른 날을 제외하곤 9일간의 추운 날씨가 계속되었다. 이것은 아무도 그 정확한 날짜를 기억하고 있지는 못하지만, 플레밍의 발견이 1928년 9월 초 무렵이었을 거라는 추측과 일치하는 것처럼 보였다.

이렇게 최초로 재구성된 페니실린 발견도 결국은 그럴듯한 추측으로 남을 수밖에 없게 되었다. 확실한 것은 플레밍이 생각했던 방식대로 일이 진행된 것은 아니라는 점이다. 만약 재구성이 사실에 가깝다면 플레밍의 행운은 훨씬 더 극적인 것이다. 그의 발견이 변덕스러운 영국 날씨 덕분이었다면 이 현상은 적도 지방이나 지속적인 날씨의 대륙성 기후 지방에서는 거의 기대할 수 없었을 것이다. 그렇다면 미국, 캐나다, 그리고 대부분의 유럽 국가들은 아예 제외될 수밖에 없는 것이다.

거기다가 창문을 통해 날아 들어오는 수천 가지 변종 중에서 특정한 한 곰팡이만이, 심지어 드물게도 다량의 페니실린을 만들어 내는 특별한 포자가 선택되었다는 것은 그 신화에 있어 또 하나의 경이로운 행운이다. 플레밍이 첫 논문에서 기록한 실험을 보면, 같은 페니실륨 곰팡이라고 하더라도 단 하나의 아종 외에는 페니실린을 생성하지 못했다. 그리고 바로 그 종은 최초의 접시에서 발견된 것과 똑같은 특성을 가진 것이었다. 그렇다면 그 유사한 페니실륨은 어디에서 온 것인가? 그것 역시 우연한 방법으로 얻어진 것이라면, 라이소자임의 경우를 포함하여 열린 창문으로 날아 들어온 두 번째가 아닌 세 번째 행운임에 틀림없다.

여기에 대해 증명할 수는 없지만 설득력 있는 설명이 있다. 그것은 페니실린을 발견한 순간보다 여러 달 앞서 시작된 일이었다. 알레르기를 전공한 네덜란드 과학자 스토름 판레이우언(Storm van Leeuwen) 박사가 런던에 와서 세인트 토머스 병원에서 강연을 할 때였다. 헤어 박사와 함께 존 프리먼 박사가 그 강연을 들었는데, 그는 플레밍을 처음 라이트의 팀에 합류시키는 데 기여한 중견 과학자였다. 지하실이나 마룻바닥에서 발견되는 흔한 곰팡이가 알레르기를 비롯해 특히 천식을 유발한다는 그 네덜란드인의 이론과 실험 결과에 프리먼은 크게 감명받았다. 그래서 프리먼은 아일랜드 출신 진균학자인 라투슈(플레밍의 페니실륨을 잘못 규명한 것으로 앞에서 언급한)를 고용하자고 라이트를 설득했다. 천식 환자의 집에서 곰팡이를 구해다 배양하여 그 추출물을 환자에게 주사하면, 탈민감*으로 천식을 치료할 수 있지 않을까 하는 착상 때문이었다.

라투슈는 곧 방대한 종의 곰팡이를 긁어 모았지만 곰팡이들이 만들어 내는 매우 가벼운 포자들을 안전하게 다룰 수 있는 증기 선반(Fume Cupboard) 같은 기본적 장비도 갖추고 있지 못했다. 공식적으로 언급한 적은 없지만, 라투슈는 자신이 플레밍에게 대부분의 곰팡이를 제공하였으며 제공된 모든 곰팡이의 규명도 라투슈 자신이 수행했다고 헤어에게 말했다.

앨리슨은 플레밍이 시골집 헛간에 있던 곰팡이투성이 신발에서 곰팡이를 분리했다고 믿는다고 말했다. 모루아는 플레밍이 동료들에게 곰팡이 핀 옷이나 신을 가지고 있는지 묻고 다녔다고 기록했다. 그러나 같은 종으로 밝혀진 두 페니실륨 곰팡이의 출처는 단연 라투슈가 보유하고 있던 같은 표본일 가능성이 가장 크다.

그 정황적인 증거는 상당히 유력하다. 플레밍 방의 창문은 열고 닫기에 너무 뻑뻑했고, 창턱은 접시와 시험관으로 꽉 차 있었다. 또한 플레밍처럼 뛰어난 세균학자라면 오염을 염려해

---

* 편집자 주: 알레르기 원인 물질에 대한 과민성을 없애는 일

서 웬만하면 창문을 열어 두고 일을 하지는 않았을 것이다. 한편 라투슈의 방은 같은 줄 바로 두 층 아래에 있었고, 계단과 엘리베이터로 직접 연결되어 있었다. 그리고 전기 작가들도 지적하듯이 플레밍의 방문은 보통 열려 있는 경우가 많았기에, 프래드 거리와 창문 쪽보다는 이 문을 통해 곰팡이가 라투슈의 방에서 직접 날아들었을 가능성이 훨씬 유력한 것이다.

만약 라투슈의 실험실이 외부에서 날아 들어온 곰팡이 포자의 근원지라면, 그 곰팡이는 천식 환자들의 집에서 온 것이라고 추측할 수 있다. 그것은 프리먼의 환자들 집에서 병의 원인일지도 모를 곰팡이들을 라투슈가 직접 채집했거나, 환자들에게 모아 달라고 설득해서 얻은 것들이기 때문이다.

여하튼 1928년 플레밍의 발견에 대한 헤어 교수의 설명은 설득력 있는 과학적 재구성이다. 그러나 페니실린에 대한 플레밍의 기여도에 처음으로 이의를 제기한 것은 노스캐롤라이나대학의 전염병리학 교수인 고든 스튜어트(Gordon T. Stewart)였다. 스튜어트 교수는 반합성 페니실린을 개발하고 있던 비첨 연구소(Beecham Research Laboratory)와 연계하여 연구 활동 중이었다. 1965년에 그는 기술 서적인 『페니실린 계열 약(The Penicillin Group of Drugs)』을 썼는데, 일반인들에게는 좀 딱딱한 전문 서적이었다. 들어가는 글에서 그는 플레밍이 스스로의 발견을 추적하는 데 느릿느릿했던 것을 비판하며 다음과 같이 덧붙였다. "의학의 입장에서 볼 때 기초과학 연구가 때로는 지나치게 기본적인 것일 수도 있다는 점을 인정한다. 그러나 플레밍의 연구는 아무런 의학적 흥미도 일으키지 못했고, 그로 인해 제약업계가 도움을 받은 증거도 없다. 과학계에도 마치

의류계처럼 유행이라는 게 있다. 플레밍의 관찰이 보고된 무렵엔 치료요법에 대한 허무주의가 일어나고 있었기에 그것은 깡그리 무시되었다."

스튜어트 교수는 의사소통에 대한 플레밍의 무능력이 페니실린을 약으로 발전시키는 것을 막는 한 요인이었다고 주장한다. 암로스 라이트 경의 독재도 또 하나의 원인이었을지 모른다. 그는 다음과 같이 결론지었다. "훗날 플레밍의 문제를 해결하는 데 이용된 생화학은 세균학보다도 신생 학문이었다는 사실을 고려해야 한다. 이러한 분위기에서 플레밍은 나름대로 그의 발견을 기술하는 데 최선을 다했을 것이다. 훗날 그의 논문을 지혜롭게 읽어 내어 발전시킬 과학자들을 위한 무대를 마련해 놓은 데서 의의를 찾을 수 있다."

1968년에 플레밍의 관찰에 대한 추적 실험 결과가 헤어 교수에 의해 발표되었다. 그리고 1971년에는 페니실린의 첫 임상 사용 13주년을 기념하기 위해, 왕립협회와 왕립생리대학 주관으로 페니실린 항생물질에 관한 최근 연구를 망라한 심포지엄이 열렸다. 그 개막 연설은 런던 임페리얼 과학기술대의 체인 교수가 맡았다. 대중 앞에서 그는 먼저 플레밍의 역할에 대해 평하면서, 흔히 예로 드는 창문으로 날아든 곰팡이 얘기를 꺼낸 뒤 말을 이어 갔다. "플레밍은 정말 무더기로 행운을 잡았는데, 그건 흔히들 생각하는 사건의 전모와는 거리가 멉니다. 플레밍이 관찰한 그 현상은 단순하고 명쾌한 것처럼 보이지만 실제는 그렇지 않았지요. 극히 소수의 사람들만이 그 속에 숨겨진 복잡성을 이해하고 있으며, 대단히 희귀한 몇 가지 상황이 겹쳐야만 그런 관찰이 가능한 것입니다." 그리고 체인 교수는 헤어의 연구 결과를 지지하며, 플레밍의 관찰을 둘러싸고 있는 상황이 얼마나 특별한 것인지를 다시 한 번 강조했다. 오늘날 지식으로 보면 플레밍이 관찰한 포도상구균의 분해는 페니실린 자체에 의한 것이 아니라 아주 특별한 경우에만 생길 수 있는 자기 분해 작용이었을 것으로 해석된다. 그는 계속 말을 이어 갔다.

> 플레밍의 경우에 있어서 특별한 경우란 상식 밖으로 포도상구균 접시를 오랜 시간 방치해 두었다는 것과, 그 세균 군체가 마침 페니실린의 영향으로 자기 분해를 일으킬 만한 생리적 상태에 있었다는 것입니다. 플레밍은 페니실린에 의해 세균의 성장이 억제되는 세균 성장 억제 효과(이것이 대개 세균에게 미치는 페니실린의 영향이며, 물론 화학요법의 기초를 이루는 것이다)를 발견한 것이 아니라, 보기 드물고 실제로 극히 소수의 세균에서만 일어나는 페니실린의 세균 분해 현상을 본 것이지요. 운이 좋게도 플레밍의 포도상구균이 바로 이런 종류의 균이었던 겁니다.

마침내 우리는 이제 플레밍의 역할이 무엇이었던가에 대한 옥스퍼드 측의 공식적 관점을 대하게 되었다. 이것은 비록 플로리가 아니라 당시 옥스퍼드 팀의 일원이었던 에이브러햄(E. P. Abraham) 교수가 쓴 것이긴 하지만, 지금까지 우리가 대할 수 있었던 어떤 글보다도 플로리의 생각에 가까운 것일 듯하다. 이 글은 왕립학회의 『플로리 경 회고록(Memoir of Lord. Florey)』에 담겨 있는 플로리의 사망 기사의 일부분으로 쓰인 것이다.

1942년 페니실린에 관한 신문 기사가 처음으로 난 직후에 플레밍이 플로리에게 편지했던 상황을 에이브러햄은 다음과 같이 회상했다.

플레밍은 "당신은 옥스퍼드에서 기자들 영역 밖에 있으니 매우 행운이오"라고 썼지만, 이것은 사실이 아니었습니다. 언론은 플로리에게도 대표를 보냈지만, 환영받지 못했고 아무런 기삿거리를 얻지 못했던 거지요. 플로리는 당시 헨리 데일 경에게 보낸 편지에서 자신은 엄격한 기준을 지키고 싶다고 했습니다. 여기에는 이해할 만한 두 가지 이유가 있었습니다. 하나는 연구 활동을 어수선하게 만드는 언론의 평판에 대한 본능적인 거부감 때문이었고, 또 하나는 페니실린 생산량에 비해 수요가 엄청나게 늘어날 것을 염려했기 때문이었을 겁니다. 그러나 어쨌든 그 결과로 언론은 플레밍 쪽으로 관심을 가지게 되었고, 한쪽으로 편향된 페니실린 기사들이 판을 치게 된 거지요.

날카로운 눈썰미 덕분에 플레밍은 두 가지 중요한 물질인 라이소자임과 페니실린을 발견했습니다. 페니실린을 포함하고 있는 즙이 백혈구에 유독하지는 않다는 것도 증명했고요. 그는 분명히 그 물질이 감염 상처에 바를 수 있는 소독약으로 쓰이기를 바라기는 했을 겁니다. 그런데 마치 그가 체계적인 화학요법제로서 페니실린의 중요성을 인지했지만, 암로스 라이트의 반대와 화학자들의 정제 실패로 포기하게 된 것처럼 얘기들 하지요. 그렇지만 그의 부진했던 활동을 설명하는 이런 해석은 믿을 수가 없어요. 1935년에 도마크(Domagk)가 연쇄상구균에 치명적으로 감염된 쥐를 프론토실(Prontosil)로 치료한 실험이 발표된 뒤에도, 자기 조수인 리들리와 크래독이 추출한 곰팡이 즙으로 동물 실험조차 해 보지 않았어요. 1932년에 레이스트릭, 클러터벅, 그리고 로벨 등이 독립적으로 페니실린 정제를 시도한 적이 있긴 했지만 플레밍과는 아무런 연관이 없는 일이었죠. 당시 플레밍은 그들을 알지도 못했다는 겁니다.

정제가 덜 된 페니실린으로 동물 실험을 할 수 없었던 건 암로스 라이트 실험실의 분위기와도 연관이 있을 겁니다. 그 사람들은 이런 실험이 지극히 인위적인 것이어서 인간의 치료에 적용할 수는 없을 거라고들 했지요. 하여튼 플레밍은 일단 페니실린 분리의 어려움으로 좌절했고, 국부 상처에 소독약으로 사용했던 실험 결과만 내놓고는, 1940년 무렵 "페니실린은 제조의 어려움으로 거의 가치가 없어 보인다"는 말과 함께 약품으로서 페니실린의 가치에 대한 믿음은 버린 것 같았습니다.

그러던 그가 5년 뒤에는 "이런저런 시도 끝에 인류는 페니실린을 갖게 되었다"고 말하고 나선 겁니다. 다른 사람들의 연구에 대한 이 짧고 무성의한 말은 플로리가 수행한 역할의 중요성을 은근슬쩍 묻어 버리는 것이었죠. 플로리는 이러한 점에 대해 공식적인 반박을 하고 싶은 유혹을 느꼈지만, 헨리 데일 경과 과학계의 대선배인 에드워드 멜런비의 충고로 입을 다물고 말았습니다. 그 충고는 언론이나 방송이 떠들어 봐야 과학적 결과에 영향을 주지는 못할 것이니, 페니실린 개발에 주도적 역할을 했던 세 사람 모두가 적절한 인정을 받게 되리라는 것이었습니다.

결과적으로 옥스퍼드의 그 당당한 침묵이 조급한 언론 작가들을 거부한 셈이 되었다. 만약 플레밍이 플로리에 비해 너무 많은 보상과 칭송을 받았다면, 그건 분명히 언론에 대한 플로리의 거부감 때문이다. 그리고 이제 그 신화는 진실을 다시 불러들이기에는 너무 멀리 가 버렸다. 에이브러햄 교수가 사망 기사를 쓰고 난 직후에 방영된 한 텔레비전 프로에서는, 1928년에 화학요법에 대한 페니실린의 가능성을 묘사한 것은 물론 플레밍만이 아니었지만 옥스퍼드의 경찰관을 치료한 것은 플로리가 아니라 플레밍이었으며, 독일의 침입 시기에 곰팡이 즙에

옷을 적신 사람 역시 플로리가 아닌 플레밍이었다고 소개되었다. 단지 몇 년 안에 플레밍은 신화 속에서 옥스퍼드 쪽의 업적까지 차지해 버린 것이다.

6장
묻혀 버린 페니실린

"페니실륨 노타툼이 실험 접시에 떨어져서 포도상구균을 분해하여 플레밍의 주의를 끌게 된 것은 분명 행운이었으나, 사실상 그의 공로는 곰팡이에 의해 생긴 변화를 인지하고 그 성질을 연구하기 시작했다는 것과 후에 다른 사람들이 사용 가능하도록 곰팡이를 보관해 두었다는 것 정도이다."

이것은 약으로 쓸 수 있는 페니실린을 성공적으로 개발한 뒤인 1949년에 옥스퍼드 팀이 평가한 플레밍의 업적이다. 이 글은 과학적 객관성을 유지한 글로서, 플레밍의 긍정적인 업적을 정확히 표현하면서도 그의 실패에 대해서는 언급을 피했다. 새롭고 중대한 사건에 발명가나 발견자로 한 사람의 이름만이 부각되는 건 언론의 지나친 단순화에도 책임이 있겠지만, 이 옥스퍼드 쪽의 평가는 플레밍을 페니실린의 발견자라고 부르기를 분명하게 거부하는 것이다. 그리고 이 거부는 정당한 것이기도 하다.

플레밍이 곰팡이 여과액을 건강한 동물에게 주사해서 많은 양을 투여해도 생물체에 독성이 없음을 보인 것은 사실이다. 그리고 페니실린이 언젠가는 유용한 화학요법제가 되리라고 제안한 것도 사실이다. 그러나 그는 왜 병들거나 감염된 동물에는 주사해 보지 않았는가? 그 일은 12년 후에야 옥스퍼드 팀에 의해 수행되었다. 그들이 이 간단한 실험을 실행했을 때 그 결과는 놀랄 만한 것이어서, 이 순간이야말로 페니실린이 발견된 순간이라고 할 수도 있다. 왜냐하면 이것이 우리가 의미하는 세균을 죽이는 약으로서의 진정한 페니실린이기 때문이다.

왜 플레밍이 곰팡이 즙을 병든 동물에 투여해 보지 않았는지에 대한 답은 어디에도 보이지 않는다. 지금껏 아무도 그에게 묻지 않았고, 그 역시 대답할 필요성을 느끼지 못한 것 같다. 최초의 페니실린의 관찰과 약으로의 개발 사이에 왜 12년간이나 시차가 있어야 했는가 하는 질문에 대한 플레밍의 대답은, 페니실린을 정제하고 분리를 포함한 화학적 문제를 해결할 기술도 없었거니와 그 일에 매달릴 연구원들도 가지고 있지 않았다는 것이다.

플레밍은 이 점을 여러 번 강조했는데, 노벨상 수상 강연에서도 담담한 어조로 말했다. "나의 유일한 공로는 그 관찰을 무시해 버리지 않고 세균학자로서 그것을 추구했다는 것입니다. 최초의 실용적인 이용은 다른 종의 세균을 구분해 내는 것이었지요. 우리는 페니실린을 농축해 보려고 시도했지만 그것이 매우 쉽게 파괴된다는 것을 발견했고, 그래서 결국 실패했습니다. 내가 활동적인 임상의였다면 그것을 좀 더 광범위하게 사용해 보았을 겁니다." 플레밍의 한 친구는 그가 개인적으로 이렇게 말했다고 한다. "내가 만약 숙련된 화학자 한 명을 내 밑에 두고 있었더라면 1929년에 페니실린을 만들었겠지만, 나는 내가 한 일에서 멈출 수밖에 없었다."

사실 병에 걸린 동물에 페니실린을 주사해 보지 못한 것과 화학적인 도움을 얻지 못한 두 가지 사실이 걸림돌이 되긴 했지만, 암로스 라이트 경의 과학철학이 만들어 낸 실험실 분위기야말로 페니실린의 즉각적인 진보에 대한 진짜 장애물이었다. 라이트는 동물에 대한 실험을 단순한 기교로 치부하며 눈살을 찌푸리기 일쑤였고, 동물 실험 결과들을 인간에게도 적용할 수 있는 것으로 받아들이지도 않았다. 화학은 더더욱 좋아하지 않았다.

라이트는 오래전부터 "화학자들에겐 동료로 지낼 만한 충분한 인간미가 없어"라는 전형적이고 독단적인 한마디로 그의 연구원으로 화학자는 받지 않을 것임을 공언해 왔다. 1920년대 영국 의학계와 병원들이 그 나머지를 설명해 주기에 충분했다. 세인트 메리의 유일한 정식 화학자는 병리 연구실의 로슈 린치(Roche Lynch) 박사였는데, 주로 법의학 쪽에 관련되어 시체에서 비소 같은 독극물을 검출하는 일을 하고 있었다. 그는 법원의 요청으로 수없이 많은 검시에 매달리느라 다른 일에 눈 돌릴 여유가 없었다. 병원 전체에서 유일한 화학 시설은 지하실의 조그만 실험실이었는데, 주로 임상의들을 위한 일상적인 혈액과 소변 검사를 하는 것이 고작이었다.

이런 상황에서 플레밍이 그의 화학적 문제를 해결하기 위해 외부의 누군가에게 도움을 청하려 했던 아무런 흔적도 보이지 않는다. 그리고 스튜어트 교수가 지적했던 것처럼 의사소통에 무능한 그의 개인적 성향이 페니실린의 진보를 방해하고 있었음은 의심의 여지가 없다. 플레밍을 아는 어떤 사람이 다음과 같이 지적했다. "플레밍이 누군가에게 도움을 청하려 했다고 하더라도 아마 담배를 아랫입술에 붙여 물고는 거의 알아듣지도 못하게 웅얼거리며 'X 씨, 내 실험실에 지금 당신이 봐 주면 좋을 만한 게 있는데요' 하고 아무렇게나 내뱉는 식이었을 겁니다. 그리고 만약 상대가 반응을 보이지 않는다면 입을 다물어 버리는 식으로 말입니다."

그가 누군가에게 도움을 청해 보았는지는 모르지만, 실제로 외부로부터 어떤 도움도 받지 못한 것은 확실하다. 그래서 그는 내부에서 필요한 연구원들을 불러 모았다. 그들은 예방접종과의 두 젊은 연구원인 스튜어트 크래독과 프레드릭 리들리(Frederick Ridley)였다. 크래독은 원래 플레밍의 조수였고, 리들리는 2년 전에 라이소자임과 관련된 화학 문제로 플레밍을 도운 적이 있었다. 이는 그가 버밍엄대학의 생화학과에서 화학 수련을 받은 적이 있기 때문이었다. 그러나 그 정도로 그를 화학자로 볼 수는 없었고, 다른 사람들보다 화학적인 기술에 대한 경험이 특별히 더 많은 것도 아니었다.

플레밍과 그의 젊은 두 조수가 마주친 화학적 문제는 무엇이었을까? 알고 있는 것은 세균에 치명적 영향을 끼치는 무엇인가를 만들어 내는 곰팡이 추출액을 가지고 있다는 것뿐이었다. 그들은 즙 속에 들어 있는 그것이 세균에 영향을 미치는 한 가지 주요 활성물질인지 아니면 여러 성분의 혼합물인지도 모르고 있었다. 그들은 그 즙이 세균의 성장을 억제한다는 실험 결과와 (결코 반복되지는 못했지만) 완전히 다 자란 세균을 파괴해 버린다는 플레밍의 관찰 자료를 가지고 있었다. 또 페니실린이 매우 불안정하다는 증거도 가지고 있었는데, 그것들은 그냥 두어도 1~2주면 활성이 없어졌고, 가열하면 쉽게 효능을 잃어버렸다.

또 한 가지 문제점은 페니실린을 함유한 곰팡이 여과액이 원래 고기즙이었던 까닭에 많은 동물 단백질이 들어 있어 심각한 면역 반응을 유발할 수도 있으므로, 환자에게 바로 정맥주사를 할 수는 수는 없다는 것이었다. 그런 반응은 아나필락시스 쇼크로 환자를 죽게 할 수도 있는데, 그것은 이전에 라이트가 혈장요법을 사용하면서 수없이 경험했던 일이기도 했다. 그래서 플레밍은 그 여과액으로 외부로 드러난 상처를 씻어 주는 일 이외에는 그것을 쓸 수 없었을 것이다. 또 바로 이 장면이 페니실린이라는 단어의 의미가 바뀌는 순간이다. 원래 플레밍은 이 단어를 그 안에 뭐가 들어 있건 그 여과액을 표현하는 데 썼는데, 이제는 페니실린이 즙 속에 존재하는 활성물질만을 의미하는 말이 된 것이다.

일단 곰팡이가 한 가지 혹은 여러 가지 복합 활성물질을 만들어 낸다고 가정하면, 정제 과정에서 즙의 고기 성분인 단백질은 반드시 제거되어야 하는 부분이다. 그러나 실제 정제 작업에서 한 가지 물질만을 화학적으로 순수하게 분리해 내는 것은 생각보다 훨씬 더 복잡한 작업이다. 요즘의 화학자라면 정제 문제에 마주쳤을 때 훨씬 더 다양한 선택을 할 수 있기는 하겠지만, 1차적인 작업은 추출이라는 과정이다. 이 기본적인 방법은 원하는 물질이 포함된 혼합물을 한 용매에 녹이고, 첫 번째 용매와 섞이지 않는 다른 액체를 넣는 것이다. 그리고 두 용매가 분리되면, 원래의 혼합물 중 일부분만이 두 번째 용매로 들어간다. 혼합물 속의 화학물질들은 화학적인 성질에 따라 어느 쪽 용매로 들어갈지 결정된다. 그래서 용매를 잘 선택하기만 하면 원래 혼합물 속의 각 화학물질들은 둘 중의 한 용매에서만 발견되도록 할 수 있다. 페니실린을 정제하는 것처럼 화학자가 생리활성을 가진 미지의 물질을 추적할 때에는 두 용매를 분리한 후 어느 쪽 용매에 생리활성이 남아 있는지를 시험해 봐야 한다. 페니실린의 사냥에 있어서는 아가가 입혀진 배양접시에서 어느 쪽 용매가 세균의 성장을 막는지를 검사하는 플레밍식의 '도랑' 검사를 반복해야 함을 의미했다. 더욱이 처음에 즙을 도랑에 위치시키고 도랑에서 세균의 성장이 멈춘 곳까지의 거리를 비교함으로써, 용매 속에 존재하는 페니실린의 대략적인 양이나 강도까지 측정할 수도 있었다.

만약 두 번째 용매에 화학자가 찾는 주요 활성물질이 들어 있는 것으로 확인된다면, 두 번째 용매를 혼합물에 조금만 넣어 줌으로써 활성물질을 농축시킬 수도 있다. 페니실린에서처럼 많은 양의 배지에 활성물질이 아주 조금 들어 있는 경우에는 이것이 매우 효과적인 방법이다. 혼합물에서 분리된 페니실린의 농도나 강도를 추정하는 또 다른 방법은 이 농축의 반대 방법이다. 분리된 용액의 일정량에 물을 증가시켜 가며 희석하여 도랑 검사를 계속함으로써 얻어진 페니실린의 농도와 순도를 측정하는 체계를 세울 수도 있다.

때로는 혼합물을 좀 더 순수하게 분리하기 위해 두 번째 용매에 다시 제3의 용매를 사용하기도 한다. 만약 활성물질이 그 세 번째 용매로 들어갔다면, 그 용매를 분리해서 다시 증류 등의 방법을 통해 말린 형태로 수거한다. 운이 좋으면 이 단계에서 활성물질만을 얻을 수도 있다. 그러나 거기에 여전히 오염물질이나 불순물이 남아 있다면 불순물들이 추적하고 있는 물질과 매우 유사한 성질을 가졌을 가능성이 높다. 그것들은 때로 환자의 몸속에 주사되었을 때 갑작스러운 발열을 일으키는 경우도 있는데, 이런 종류의 불순물들을 발열물질(Pyrogen)이라고 부른다.

페니실린을 정제하려던 노력 속에는 여기서 언급한 모든 형태의 과정이 다 포함되어 있었는데, 다양한 용매들이 여러 차례 시도되었고 마지막 분리에서는 새로운 기법을 사용했다. 페니실린이 열에는 워낙 약했기 때문에 마지막 용매는 동결건조했다. 마지막까지 남아 있던 발열물질을 제거한 것은 훗날 체인과 에이브러햄이 올린 환호성 중의 하나였다. 그러나 1928년 후반 리들리와 크래독이 플레밍을 위해 일할 무렵엔 그런 건 까마득한 얘기일 뿐이었다.

최근에 의학 공부를 마친 이 두 젊은이는 둘 다 자신들이 화학자로 일하게 될지는 꿈에도 생각하지 못했을 것이다. 크래독은 모루아에게 그들의 마음 상태를 묘사했다.

> 리들리는 화학에 대해 매우 진보적인 개념을 가지고 있었지만, 추출 문제 앞에선 우리 둘 다 교과서로 돌아갈 수밖에 없었습니다. 우리는 고전적인 방법을 책에서 익히고는 아세톤과 에테르, 알코올 등의 용매를 이용했고, 높은 열에서는 그 물질이 쉽게 파괴되는 것을 알고 있었기에 감압 상태에서 상당히 낮은 온도로 용매를 증발시켰습니다.

그들이 했던 연구의 상세한 내용은 1968년에야 헤어 교수가 그들의 기억과 실험 노트 기록을 바탕으로 발표하였다. 이것은 페니실린 이야기에서 플레밍이 나타낸 가장 이상한 반응 중 하나였다. 크래독과 리들리가 마지막까지 성공하지 못했기에 당시에는 그들의 연구 결과들을 발표할 가치가 없었을지도 모른다. 그러나 그들은 거의 성공에 다가갔고, 후에 다른 팀들이 이 문제에 도전했을 때 요긴하게 이용될 주요 사실들을 확립해 놓고 있었다. 예를 들어, 체인이 그들이 했던 일의 상세한 부분까지 알고 있었다면 페니실린에 대한 완전히 잘못된 개념으로 출발하지는 않았을 것이다. 사실 그가 페니실린이 효소나 단백질이라고 생각하지 않았더라면, 애초에 관심도 가지지 않았을 것이고 그 문제에 접근조차 하지 않았을 것이긴 하지만 말이다.

그 두 젊은 연구원이 일을 하던 조건은 여러 가지로 열악했다. 그들이 일을 시작했던 곳은 과에서 가장 큰 실험실이었는데, 진공을 만들기 위해 쓰는 원시적인 물 펌프를 작동시키기에는 수도꼭지의 수압이 충분하지 못했다. 그건 실험실이 2층에 자리 잡고 있었기 때문인 듯했다. 리들리는 사무실 가까이에 있는 복도에서 수도꼭지를 하나 발견했는데, 그것은 올라오는 물의 주 통로에서 바로 뽑아낸 것이었다. 그래서 결국 그들은 대부분의 작업을 이 복도에서 해야 했다. 덕분에 한 실험실에서 긴 관을 이용하여 하수구 옆의 작업 장소까지 가스를 끌어다 썼다. 길이는 4m 정도에 폭은 2m가 채 되지 않는 그 복도는 외풍마저도 강하게 부는 곳이었다.

그 일은 대략 크게 둘로 나뉘어 있었는데, 크래독은 페니실륨 곰팡이가 자라는 즙을 만들고, 추출 과정에서 생기는 생성물들에 포함되어 있는 페니실린의 양을 생리적 활성을 통해 측정하는 일을 맡았다. 리들리는 화학 공정 쪽에 주력했다.

첫 번째로 해야 할 작업은 곰팡이가 가능한 많은 페니실린을 생산하게 하는 일이었다. 그들은 용액의 표면적을 넓히기 위해 유리병과 플라스크를 옆으로 눕혀 즙을 반쯤 채워 사용했다. 그들은 곰팡이 포자를 즙 표면에다 심었고, 솜으로 플라스크 입구를 막았다. 곧 그들은 곰팡이를 37℃에서 부화시키면 매우 적은 페니실린만이 만들어진다는 것을 알았다. 그래서 그들은 과 전체를 뒤져서 상온인 20℃를 유지할 수 있는 '유리문이 달린 커다란 암실 부화기'를 찾았다. 그러자 즉시 600배 정도, 심지어는 800배까지의 희석액에서도 포도상구균과 연쇄상구균을 억제하는 양질의 페니실린을 얻을 수 있었다. 그들은 또한 즙의 조성을 변화시키면서 더 많은 페니실린을 얻을 수 있는 방법을 찾으려고 시도했다. 그러나 '삭힌 소 심장 즙'보다 나은 것을 찾을 수는 없었다. 여기서 그들이 수행한 다양한 온도와 페니실린의 생성에 미치는 영향에 대한 연구 결과들이 플레밍의 최초 발견의 진상을 규명하는 단서를 제공하고 있음을 눈여겨볼 필요가 있다.

부화시킨 지 5일쯤 지나서 플라스크와 병의 즙들은 세이츠(Seitz) 여과기라 부르는 기계를 통해 걸러졌다. 이 기계는 액체에 자전거 바퀴 펌프를 이용하여 압력을 가해 석면대를 통과시키는 장치였다. 용량이 고작 50㏄에 불과해서 계속 용액을 부어야 했기 때문에 사용하기가 무척 성가신 기계였다. 그럼에도 불구하고 그것은 완전히 자란 곰팡이와 소 심장의 고체 알갱이들을 제거한 곰팡이 즙을 얻는 데는 상당히 유용했다.

그러고 나서 리들리는 즙에서 과량의 물을 제거하는 일에 착수했다. 페니실린이 열에 매우 약했기 때문에 가능한 대로 많은 공기를 뽑아내고, 부드럽게 약 40℃ 정도까지 가열했다. 감압 상태에서는 물이 이 온도에서 끓어 진공관을 따라 증기가 뽑혀 나갔다. 그 증기에는 물뿐만 아니라 휘발성이 훨씬 강한 물질들도 함께 포함되어 제거되었다(이해가 되지 않는 독자들을 위하여: 대기압보다 낮은 기압에서 물은 평상시의 100℃보다 낮은 온도에서 끓어 증기로 바뀐다. 희박한 공기로 인해 기압이 떨어지기 때문이다. 이것이 고산 지대에서는 저지대보다 낮은 온도에서 물이 끓는 이유이다).

대충 여기까지는 성공적이었다. 그러나 완전한 성공을 이루기 위해서는 현대의 대량 생산 과정에서도 중요한 문제로 남아 있는, 페니실린의 추출 과정에 대한 두 가지 문제가 더 해결되어야 했다. 첫째로 감압 증류할 때 다량의 거품이 발생해서 진공관으로 모두 빠져나가면서 손실이 너무 커진다는 것이었다. 거품 발생은 훗날 페니실린이 공장 생산에 들어간 시기에도 산업적인 문제로 대두되었다.

그들은 또한 페니실린이 배양액의 산성도에 민감하다는 것도 발견했다. 가장 활성이 강한 곰팡이 즙은 pH 9 정도의 염기성을 나타냈다(산성도 염기성도 아닌 중성은 pH가 7이고, 매우 강한 산은 pH 1, 강한 염기성은 pH 13 정도이다). 그 염기성 용액은 증류를 시도했을 때 급속히 그 활성을 잃었는데, 그것은 페니실린이 사라진 것을 의미한다. 그러나 염산을 그 곰팡이 즙에 가해서 pH 6.5까지 내리면 페니실린은 용액 속에서 없어지지 않고 남아 있었다. 이것만 가지고는 페니실린이 사라지는 것이 증기와 함께 날아가는 것인지, 아니면 실제로 활성 분자가 파괴되는 것인지 알 수가 없었다. 여하튼 활성 페니실린이 그대로 남아 있으려면 용액의 산성화가 필수적이라는 것은 후에 다른 사람들에 의해 다시 확인될 과정이었다.

리들리와 크래독의 이 발견들은 아주 단순한 것처럼 보인다.

그러나 실제로 그들은 심한 어려움을 겪어야만 했다. 증류 한 번에 하루 종일 걸리고, 과열이 되지 않도록 옆에서 지켜봐야만 했고, 수도꼭지에 연결된 물 펌프가 계속 작동되면서 진공 상태가 유지되는지도 살펴야만 했다. 그리고 산성화가 중요함을 발견한 것은 또 다른 일거리를 안겨 주었는데, 진공 플라스크 안의 pH 조건을 1시간마다 확인해야 했고, 지나치게 염기성화되어 있으면 산을 계속 가해 주어야 했다. 당시에는 pH를 잴 수 있는 어떤 전기 기구도 없었기에 1시간마다 플라스크 뚜껑을 열어서 표본을 취하여 지시약을 넣어 표준 pH표의 색깔과 비교해야만 했다. 그들은 플라스크 뚜껑을 열 때마다 들어가는 산소가 즙 속의 페니실린을 파괴한다고 결론지었다. 더욱이 어설프게 색깔 변화 방법으로 pH를 재고 뚜껑을 닫기 전에 종종 열을 가할 필요도 있었다. 그래서 그들은 매번 플라스크를 열 때마다 수소를 채우기로 결정했다. 이것을 위해서는 킵스 장치(Kipp's Apparatus)라는 또 다른 원시적인 기계가 필요했는데, 그것은 사용해 본 사람들 사이에서는 까다롭기로 악명이 높았다.

이 모든 것을 감안한다면 그들은 즙 속의 곰팡이에서 페니실린을 거의 파괴되지 않은 형태로 계속 유지할 수 있었다. 그것은 놀랍고도 훌륭한 일이었다. 그런 그들에게 최고의 날은 1929년 3월 20일이었다. 100배 희석액이 효능을 가지는 곰팡이 즙 200㏄를 감압 증류시켜 말렸다. 남은 건조물에 5㏄의 증류수를 가해 녹였더니 그 용액의 3,000배 희석액이 효능을 나타내었다. 200㏄에서 5㏄로 줄었다는 걸 생각하면 40배가 농축된 것이고, 이것은 초기 용액이 1/75역가(75배 희석액이 효능을 나타낸다는 뜻임)인 것과 같은 양이므로, 정제 과정 중에 원래의 활성물질을 거의 잃지 않은 것이다.

가장 큰 다음 장애물인 다음 과정은 남은 건조물에서 활성의 페니실린을 그대로 둔 채 단백질과 다른 발열물질을 제거하는 일이었다. 증류를 해서 얻어진 건조물은 찐득찐득한 갈색의 혼합물로서 녹은 사탕 같았다고 그들은 묘사했다.

여기에 그들은 아세톤, 에테르, 알코올, 그리고 클로로포름을 가해 보았다. 그들은 곧 페니실린이 아세톤과 알코올에는 녹지만 에테르나 클로로포름에는 녹지 않는다는 사실을 알아냈다. 그리고 알코올이 가장 효과적인 용매라는 것이 드러났다. 1929년 4월 10일 리들리의 실험 노트에 기록된 바에 의하면 이것은 위의 실험 후 단 3주 만의 일이었다. 이번에는 1,200㏄의 곰팡이 즙을 증류시켜 말리고, 50㏄의 물에 녹였다. 여기에 70㏄의 90% 알코올을 넣어주면 즉시 침전이 생기기 시작하는데, 고체 알갱이가 나타나서 서서히 플라스크 바닥으로 떨어졌다. 이 침전은 주로 원치 않는 단백질임이 밝혀졌고 대부분의 페니실린은 물과 알코올의 혼합액에 남아 있었다. 간단한 원심분리법으로 단백질을 제거하고 나면, 남은 혼합물은 원래 곰팡이 즙이 1/300역가를 가졌던 데 비해 1/3,000역가의 페니실린을 함유하고 있었다.

많은 진보가 이루어지긴 했지만, 알코올 속에 녹은 상태의 페니실린은 생물학적 검사는 물론이고 더욱이 임상에는 전혀 쓸 수가 없었다. 그래서 리들리는 다시 증류를 시켜서 물과 알코올을 제거해 냈다. 그래서 이번에는 0.5㏄도 채 되지 않는 적은 양의 시럽을 얻었다. 이것은 5㏄의 증류수에 녹여서 냉장고에 보관하였다. 누군가가 얼음을 갈아 주는 것만 잊지 않는다면 모든 것이 만족스러웠다.

이 추출물의 활성도는 1/3,000~1/5,000역가 정도였다. 따라서 0.5㏄ 정도의 시럽 상태에서는 1/30,000역가 정도였음을 의미하는 것으로, 이는 정말 큰 진보를 보여 주는 것이었다.

그 연구는 페니실린에 대한 많은 중요한 점들을 추가로 보여 주었다. 다른 단백질들과 함께 침전되지 않았기 때문에 페니실린은 단백질이나 효소는 아닌 것으로 생각되었다. 그리고 알코올과 같은 유기용매에 녹으므로 그것은 비교적 작고 간단한 분자임에 틀림없었다. 냉장고에 보관된 추출물들은 고작 일주일이나 10일 정도 견디고는 활성을 잃기 시작했다. 그러므로 페니실린이 원래 불안정한 물질이 아니라면, 아직도 정제가 덜 된 상태인 것 같았다.

그래서 리들리와 크래독은 작업을 계속했다. 알코올보다는 못하지만 어느 정도 페니실린을 녹일 수 있는 아세톤이 사용되었다. 알코올이 증류되고 남은 시럽에 2배 가량의 아세톤을 첨가하자 다시 침전이 생겼는데, 페니실린은 침전에는 거의 들어 있지 않았고 대부분 아세톤에 남아 있었다. 침전에 남아 있는 황갈색의 물질은 후에 크리소제닌(Crysogenin)이라는 것이 밝혀졌다. 여기까지의 작업으로 그들은 최초의 곰팡이 즙에 비해 100배 정도 페니실린을 농축할 수 있었다. 자신의 성취에 대한 리들리의 과학적인 서술을 보자. “pH를 계속 6.5 정도로 유지하면서 40℃에서 감압 증류시킨 후 알코올로 추출해 내었다. 알코올 용액의 2배 정도 아세톤을 가하여 비활성 부분을 침전시키고 나니 높은 효능을 가진 페니실린을 얻을 수 있었다. 그 과정 중에 우리는 페니실린을 거의 잃지 않았다."

다음 단계는 아주 명확하다. 바로 리들리가 준비한 추출물로 감염된 동물에 치료를 시도해 보는 것이다. 거기엔 아직도 페니실린 외에 유독한 물질이 남아 있을 수도 있으나, 그 정도로 쥐 같은 동물이 죽을 정도는 아닐 것이었다. 페니실린의 효능이 드러날 판이었다. 바로 이 점에서 플레밍에 대해 과학적 비판이 퍼부어져야 하는 것이다.

플레밍은 더 이상 아무 일도 진행하지 않았고, 크래독과 리들리는 일을 그만두어도 좋다는 허락을 받았다. 그리고 여기에 관한 일은 플레밍이 쓴 논문에 '용해도'라는 제목으로 "내 동료 리들리에 의하면 페니실린을 낮은 온도에서 증류하여 진득한 물질이 되었고, 활성 부분은 알코올에 의해 완전히 추출될 수 있었다고 한다. 그것은 또한 에테르나 클로로포름에는 녹지 않았다"라고 쓴 것 외에는 어디에도 발표된 바가 없다.

플레밍 자신은 리들리나 크래독이 했던 일에 직접 참여하지는 않았지만, 그 일을 충분히 검토하여 진행되는 모든 것을 알고 있었다. 크래독은 헤어 교수에게 말했다. "그는 우리가 했던 모든 일에 '참여'하고 있었지만, 그가 추출이나 농축에 대한 우리들의 실험을 지도했다고는 생각하지 않는다. 그는 우리를 도우려고 노력했지만 그는 우리만큼이나 거기에 대해 무지했다. 우리는 추출에 관한 방법이 담긴 책들을 플레밍보다는 더 많이 읽었고, 그의 도움 없이 책에서 공부한 방법대로 시도했다." 플레밍은 모든 과정에 대해 자세히 물었고, 그들로부터 매일 바인더 노트 종이에 진행 사항을 보고받았다고 크래독은 덧붙여 말했다.

그래서 플레밍이 그의 최초 논문을 쓸 때 실험에 사용했던 방법에 관해 그리도 조금밖에 쓰지 않은 것은 매우 이상한 일이다. 아세톤에 대한 용해도는 전혀 언급조차 하지 않았다. 더 중요한 것은 정제 과정 중에 혼합물의 pH를 계속 6.5 정도로 유지해 주었다는 사실을 빠뜨렸다는 것이다. 그 후의 어떤 논문이나 연설에서도 그 이상의 상세한 내용은 발표되지 않았다.

그 일은 1929년 봄에 끝이 났는데, 그것은 최초의 페니실린 발견 후 겨우 6개월 정도 지났을 때였다. 그때 막 결혼했던 크래독은 베커넘의 런던 교외에 있는 웰컴 연구실험실에 좀 더 나은 일자리를 구했다. 플레밍은 그가 그 승진의 기회를 잡는 것을 최선을 다해 도와주었다. 리들리도 마찬가지로 안과학 경력을 쌓기 위해 자리를 옮기기로 했다(후에 그는 새로 선택한 분야에서 매우 뛰어난 성공을 거두었다). 그러나 1929년 봄에 그는 종기를 앓았는데, 명성이 높았던 그 병원의 어떤 백신으로도 치유할 수가 없었다. 그가 추출하려고 다루던 그 페니실린이라면 거의 틀림없이 그 종기를 치유할 수 있었을 거라는 사실은 참으로 아이러니한 일이었다. 대신 그는 회복을 위해 돌아다니다가 안과학을 시작하게 되었다.

플레밍은 그들의 자리를 메우려는 어떤 시도도 하지 않은 듯하다. 플레밍의 마음 상태에 대한 헤어 교수의 결론은 타당해 보인다. "1929년 봄 무렵 그는 신체 깊숙한 곳까지 감염된 환자에 대한 화학요법제로서의 페니실린에 흥미를 잃고 있었다. 페니실린의 가치가 의심받기 시작했다면 그것이 계속될 이유가 있었을까?"

크래독은 당시의 감정을 다음과 같이 회상했다. "당시에 우리는 우리를 가로막고 있는 장애물이 하나밖에 남지 않았다는 사실을 몰랐습니다. 우리는 너무도 자주 좌절되었어요. 우리가 번번이 바로 그것을 잡았다고 생각해서 냉장고에 넣어 두면, 일주일쯤 지나 그것이 사라지는 것을 지켜볼 수밖에 없었거든요. 숙련된 화학자가 그 순간에 와 주었다면 그 마지막 장애를 해결할 수 있으리라고 생각했는데요. 그랬다면 우리는 우리의 실험 결과를 발표할 수 있었을 겁니다. 그러나 그런 전문가는 끝내 나타나질 않았죠."

그래서 페니실린은 다시 12년을 기다려야만 했고, 플레밍은 한동안 페니실린 이야기로부터 사라져 갔다.

7장
계속되는 실패

플레밍이 페니실린에 관한 첫 번째 논문을 발표한 1929년에 런던 위생 및 열대병 학교에 생화학과가 새로 생겼다. 블룸즈버리에 있는 그 학교는 런던대학의 이사회와 행정 부서 옆에 자리 잡고 있었으며, 대영박물관 뒤쪽에서 멀지 않은 곳에 있었다. 학교가 세워진 최초의 동기는 물론 적도 여러 곳에 걸쳐 있던 대영제국의 존재 때문이었으며, 지금까지도 영연방의 일부인 그 개발도상국들과 협력해서 많은 연구가 진행되고 있다. 연구는 대부분 적도 지방에서 발견되는 질병이나 병균과 관련된 것이었으나 원래의 분야만을 고집하지는 않았고, 점차 산업 질병이나 병원 운영 쪽으로도 확장해 나갔다.

새로 생긴 생화학과에서는 당연히 뛰어난 생화학자를 책임자로 확보해야 했는데, 그 자리에 해럴드 레이스트릭 교수가 선택되었다. 그러나 그는 부임하면서 곰팡이를 이용하는 자신의 원래 연구를 계속할 수 있게 해달라는 조건을 달았는데, 다행히 이것은 너그럽게 받아들여졌다. 요크셔 출신인 레이스트릭은 1929년 무렵 이미 곰팡이 연구에 대한 깊은 조예로 인정받고 있었고, 곰팡이들이 성장하면서 만들어 내는 새로운 화학물질을 16개나 발견했다. 그는 후에 과학계에서 가장 위대한 진균화학자 중의 한 사람이 되었으며, 말년에는 100개가 넘는 곰팡이 생성물질을 발견해 내었다.

페니실린을 분리하고자 하는 레이스트릭의 시도가 플레밍의 발견에 비해 직접적이고도 논리적인 방식으로 일관될 수 있었던 것은 이 튼튼한 배경 덕분이었고, 이것은 곰팡이의 신비에 대한 두 번째 도전(첫 번째를 플레밍이라고 본다면)이자 항생제를 찾기 위한 최초의 시도가 된 셈이었다. 그렇지만 이것은 뒷날에나 이름 붙일 만한 일이고, 연구가 진행되던 당시 연구자들의 의도와는 관계없는 일이었다.

레이스트릭의 생화학과는 플레밍의 최초 발견이 발표된 것과 같은 해에 생겼다. 레이스트릭이 페니실린의 신비에 발을 디딘 것은 그로부터 2년 후의 일이었으며, 크게 보면 체계적인 곰팡이 연구와 곰팡이로부터 생성되는 화학물질을 검사하는 대규모 연구의 일부로서 그 일을 시작하게 된 셈이다. 그러나 페니실린을 분리해 내기가 쉽지 않다는 사실이 밝혀지자 레이스트릭은 미련 없이 그 문제를 포기해 버렸고, 어느 정도 농축된 페니실린으로라도 감염된 동물에 주입하는 결정적인 생물 실험은 시도해 보지도 않았다.

그러나 1932년에 『생화학 잡지(Biochemical Journal)』에 「포도당에서 페니실륨 크리소제눔(Penicillium Chrysogenum)에 의한 염기성 용해 단백질과 플레밍의 항생물질인 페니실린의 생성」이라는 제목의 글을 발표할 무렵, 레이스트릭은 강력한 팀을 끌어모으고 있었다. 그에게는 조수이자 생화학자인 클러터벅(P. W. Clutterbuck) 박사가 있었고, 바로 위층에 있던 토플리 교수의 세균학과로부터 (후에 그의 후임으로 생화학과 교수가 된) 세균학자인 레지널드 로벨(Reginald Lovell) 박사의 도움을 받을 수 있었고, 또 그와 같은 문제를 다루고 있던 진균학자 찰스(J. H. V. Charles)가 있었다.

레이스트릭은 플레밍에게 세인트 메리 병원이 보유하고 있던 페니실륨 종을 공급해 달라고 요청했다. 플레밍은 기꺼이 그 요청에 응했지만, 그 밖에 그가 그 일에 접촉한 것은 로벨 박사와의 전화 몇 통이 전부였다. 플레밍이 레이스트릭에게 이 연구를 요청한 흔적은 찾아 볼 수 없고, 이때 두 사람은 서로에 대해 모르고 있었던 것 같다. 물론 플레밍은 그들에게 크래독과 리들리가 한 일에 대해 얘기하지 않았고, 헤어 교수는 37년 후에 자신이 얘기해 주기 전에는 세균학자인 로벨이 리들리의 일을 전혀 몰랐다는 믿기 어려운 얘기를 나중에 털어놓았다.

그래서 레이스트릭과 그의 팀은 사실상 무(無)에서 시작했다. 레이스트릭 자신은 그 일을 거의 하지 않았고, 대부분의 일을 클러터벅과 로벨, 그리고 진균학자인 찰스에게 맡겼다. 그들은 먼저 플레밍의 최초 관찰을 확인했는데, 이것은 불신의 표현이 아니라 당연한 과학적 과정이었다. 그리고 그들은 미국인 진균학자인 톰에 의해 처음 발견된 비슷한 종류의 곰팡이인 페니실륨 크리소제눔뿐만 아니라, 플레밍의 페니실륨 표본을 리스터 연구소에서 얻었다. 그리고 바로 그 톰 박사로부터 노르웨이의 버들박하에서 처음 발견한 페니실륨 노타툼의 표본도 얻었다. 답장과 함께 그들은 톰 박사에게 플레밍의 곰팡이를 보냈다.

이전에 플레밍의 곰팡이가 페니실륨 루보륨으로 규명되었던 적이 있었다. 그러나 찰스 톰은 그것을 페니실륨 노타툼의 한 변종이라고 결론지었다. 다시 말해서 그것은 보통의 페니실륨 노타툼과 전반적으로 비슷하지만, 다른 성장 환경에서는 표준적인 형태와 다른 반응을 보인다는 것을 의미했다. 그것은 우유에서는 잘 자랐고, 젤라틴에서 키우면 페니실륨 크리소제눔처럼 밝은 노란색 침전을 이루었는데, 포도당에서는 특히 잘 자랐다. 그러나 레이스트릭 팀은 페니실륨 크리소제눔이나 노르웨이 버들박하에서 얻은 원래의 페니실륨 노타툼 중 어느 쪽도 페니실린을 만들지 않고, 최소한 세균의 성장을 저지하는 어떤 것도 발견되지 않았다고 밝혔다.

플레밍의 페니실린을 생성하는 곰팡이가 페니실륨 노타툼의 한 변종이라는 올바른 규명은 분명 한 단계의 중요한 진보였다. 레이스트릭의 다음 성과는 더욱 중요한 것이었다. 그는 플레밍의 페니실륨이 인공 배지에서도 자랄 수 있음을 발견했다. 최초에 사용된 소 심장 즙은 비싸고 준비하기도 어려웠을 뿐만 아니라, 내용물에 약간씩의 차이가 생기게 마련이어서 실험의 재현성에 문제가 있었다. 발명한 과학자 두 사람의 이름을 딴 채팩-독스(Czapek-Dox)라고 알려진 표준 실험용 배양액에서 플레밍의 곰팡이가 자랄 수 있다는 것을 레이스트릭 팀이 밝혀내는 데는 2~3개월이 걸렸다. 이 배양액은 단순히 증류수에 싼 광물염 혼합물을 직접 녹여서 만든 것이었다. 여기에 곰팡이가 좋아하는 포도당을 첨가해서 보완한 채팩-독스 배양액은 매우 만족스러운 것으로 밝혀졌고, 비록 곰팡이가 고기즙에서보다 다소 늦게 자라기는 했지만 결국에는 더 짙은 농도의 페니실린을 만들어 내는 이점도 있었다.

클러터벅은 주로 실험실에서 출발물질로 쓸 만한 대량의 페니실린 생산에 기여했다. 그는 보완된 채팩-독스 배양액을 100개의 플라스크에 담아 사흘에 걸쳐 세 번씩 쪄서, 페니실륨 포자를 심기 전 신중하게 살균했다. 그는 페니실린을 추출하는 작업에 쓸 수 있는 짙은 갈색 액체 36ℓ를 만들어 놓고 작업을 끝냈다. 여기서 레이스트릭과 그의 팀이 플레밍과 그 조수들보다 훨씬 더 수준 높고 숙련된 화학자들임을 엿볼 수 있다. 클러터벅은 재빨리 산염기에 관한 점을 알아냈다. 그 짙은 갈색 액체는 약한 염기성이었고, 그가 아주 천천히 조금씩 황산을 가하자 즉시 노란색 색소가 침전되어 쉽게 거를 수 있었다. 이것은 물론 페니실린이 아닌 크리소제닌이었고, 로벨은 그 노란색 물질이 세균에 대해 아무런 작용도 나타내지 못하며 항생 활성은 걸러져 나온 용액 속에 남아 있음을 증명했다.

크리소제닌의 발견에 대한 영예는 레이스트릭 팀에게 돌아갔는데, 그건 단지 그들이 플레밍과는 달리 실험 결과를 과학계에 발표했기 때문이었다. 리들리와 크래독의 정제 과정에서 크리소제닌이 발견되었다는 사실은 40년 후에 발표될 때까지 묻혀 있었다. 레이스트릭이 새로운 약인 페니실린에 대한 연구를 지휘하고 있던 게 아니라는 사실은 이 시점의 기록에서 명확히 나타난다. 페니실린을 함유하는 활성 부분에 주목하는 대신, 그들은 연구의 초점을 크리소제닌에 맞추었던 것이다.

곰팡이 즙에 황산을 급하게 가하면 노란색 침전이 생기지 않아서 크리소제닌을 전혀 분리할 수가 없었다. 그리고 그 노란색 물질을 에테르에 녹일 수는 있어도 결정으로 만들 수는 없었다. 다양한 대체 용매를 시험해 본 끝에 에테르-니트로벤젠-디아조메탄의 혼합물이 적합한 것으로 밝혀졌다. 마침내 그들은 적갈색 물질을 분리할 수 있었고, 이것이 분자식이 $C_{18}H_{24}O_6$인 크리소제닌의 2수화물임을 규명했다.

다음으로는 페니실린이 포함된 용액에서 단백질을 추출했다. 이것은 그들의 최종 논문 제목에 나타나 있듯이 염기에 녹는 단백질이었다. 이전에 리들리와 크래독이 제거해야 했던 단백질은 소 심장에서 유래한 것이었지만, 이번에는 인공 배양액에서 곰팡이가 생성한 단백질이었다. 길고 지루한 과정을 거쳐 이 단백질들은 분석, 규명되었다. 단백질까지 이렇게 처리하고 난 뒤에야 비로소 레이스트릭은 페니실린으로 되돌아갔다.

이 답답해 보이는 꾸물거림이 뜻밖의 좋은 결과를 하나 낳기도 했다. 그들이 곰팡이의 다른 산물들과 씨름하는 동안에 페니실린을 활성이 유지된 상태로 보존하는 방법을 터득했던 것이다. 페니실린 생성이 정점에 이르렀을 때는 최고 1/1,280역가까지 나타냈는데, 이것은 한 방울의 곰팡이 즙에 1,280방울의 물을 섞은 희석액도 세균의 성장을 억제할 수 있다는 뜻이다. 이 최고 생성점은 인공 배지에서 기른 지 16일째 부근에 해당했다(플레밍의 즙에서는 5일에서 8일 사이였다). 레이스트릭 팀에서 사용한 검사 세균은 플레밍이 사용한 포도당구균이 아니었고, 그 팀의 세균학자인 로벨이 주로 사용하던 폐렴균이었다.

이 정도 강도의 곰팡이 즙은 얼음 상자에서 섭씨 0도로 보관할 때 7일 만에 강도가 반으로 줄었고, 그 후에는 3주일 정도 계속해서 비슷한 정도를 유지하는 듯했다. 3개월 정도 보관한 후에는 역가가 1/320 정도로 떨어졌는데, 원래 강도의 1/4 정도에 불과한 것이었다. 그래도 이 정도 손실이라면 당시 기준으로는 상당히 고무적인 것이었으나, 정말 성가신 일은 곰팡이 즙이 공기 중에서 날아든 세균으로 쉽게 오염되어 완전히 못 쓰게 되는 것이었다. 페니실린 즙을 어떻게 보관할 것인지를 레이스트릭 팀이 알아낸 것은 이 오염 문제를 해결하기 위한 시도 중에 얻은 것이었다. 즉, 다시 한 번 약간의 산을 약알칼리성인 곰팡이 즙에 가해서 약산성으로 만들어 얼음에서 보관하면, 비록 생물검사 목적으로 쓸 때 다시 중화시켜야 한다는 점이 있기는 했지만 최소한 3개월은 완전한 효능으로 보존될 수 있었던 것이다.

항생물질을 찾기 위해 곰팡이 즙을 농축하고 정제하는 중에 결국 레이스트릭 팀은 리들리와 크래독이 이미 알아냈던 사실을 재발견했는데, 물을 증류시킬 때 온도를 올리지 않고 압력을 낮추어 농축하더라도 그 혼합물을 pH 6 정도의 산성으로 유지해야 한다는 점이다. 그러나 그들과는 달리 클러터벅은 이미 크리소제닌을 얻는 과정에서 그 즙을 훨씬 더 산성으로 만들어 버렸기 때문에, 물을 증류시키기 전에 오히려 약간의 염기를 가해야만 했다. 그때 그는 뜻밖의 고무적인 사실을 발견했다. 이 정도의 강한 산성도에서는 남아 있는 추출액이 에테르에도 녹는다는 것이었다. 물론 플레밍은 페니실린이 에테르에 녹지 않는다고 보고했지만, 이것은 염기성인 곰팡이 즙으로 실험했기 때문이었다. 다시 한 번 그것은 페니실린이 어느 추출 용매로 이동할지를 결정하는 중요한 요소가 배양액의 pH라는 결정적인 단서였다.

에테르 용액에서 페니실린을 다룰 수 있는 것의 가장 큰 이점은 에테르가 상온에서도 쉽게 증발되어 제거하기가 매우 쉽다는 것이었다. 이것은 바로 레이스트릭 팀이 시도한 작업이었는데, 그들은 살균된 건조 공기를 페니실린이 든 에테르 위에 불어넣었다. 그런데 이게 웬일인가? 에테르도 날아갔지만, 페니실린도 같이 사라져 버린 것이다.

이것은 전혀 전례가 없는 일이었다. 그것은 숙련된 화학자들조차 깜짝 놀라게 했다. 레이스트릭은 말했다. "그런 일은 화학자들에게는 전혀 생소한 일이었다. 우리는 그 사실 앞에 아무것도 할 수가 없었다. 그래서 우리는 그것을 포기하고 다른 연구와 실험으로 돌아갔다." 이렇게 해서(이 도전이 원래부터 그럴 의도가 아니긴 했지만) 페니실린에 대한 두 번째 도전 역시 끝장이 나 버렸다. 레이스트릭은 곰팡이에 관심이 있었지, 항생물질에 관심이 있었던 것은 아니었던 것이다. 에테르의 수난으로부터 아주 약간의 페니실린만이 구해졌는데, 에테르-페니실린 용액에 물을 가하고 에테르를 증류시키면 물과 함께 약간의 페니실린이 남았다. 그러나 그 강도는 원래 용액의 1/4에 지나지 않아 계속 추구할 가치가 없어 보였다.

레이스트릭이 페니실린 추출에 실패했다고 해서 비난까지 받을 이유는 없었다. 최소한 그는 화학요법 물질을 찾는 다른 사람들에게 실패의 경험이나마 도움을 주었기 때문이다. 9년이나 10년쯤 뒤에 간발의 차이로 성공을 놓쳐 버린 것을 알아챘을 때 그가 보인 태도는 다소 이중적인 것이었지만, 충분히 이해할 만한 것이었다. 그는 놓쳐 버린 기회에 대한 안타까움과 어차피 그것이 자신의 전공 분야는 아니었다는 자기 정당화 사이를 오락가락했던 것이다. 그리고 데이비드 마스터로부터 왜 실험을 계속하지 않았는지 단도직입적인 질문을 받았을 때, 그는 그 사실을 거론하기조차 싫어했다.

그러나 로벨은 1945년에 마스터에게 같은 질문을 받았을 때 솔직하게 답했다. 그때 그는 왕립수의대학 동물병리연구소 부책임자였다. "나는 폐렴균으로 감염된 쥐에 페니실린을 투여하기 위해 색인 카드를 적고 있었던 것을 기억합니다"라면서 로벨은 카드 색인을 모아 놓은 곳에 가서, '페니실린 여과액'이라고 그의 필체로 쓰여 있는 기록을 찾아냈다. 다시 말해서 이것은 페니실린 농축액을 감염된 쥐에게 사용하려 시도했다는 사실을 상기시켜 주는 기록이었다.

그러나 이런 연구는 단지 있을 뻔한 일로 끝나고 말았다. 페니실린이 다루기가 까다로워 레이스트릭이 고심하고 있을 무렵, 상당히 비극적인 이유로 그의 연구팀이 깨져 버린 것이다.

첫 번째 돌풍은 젊은 진균학자인 찰스 박사가 버스에 치여 숨진 비극이었다. 이 비통한 사건은 클러터벅과 로벨이 그들의 연구에 관한 주요 논문을 1932년 『생화학 잡지』에 내면서 각종 증거들을 점검하던 바로 그 시기에 일어났다. 그리고 1932년 후반기에는 로벨이 왕립수의대학의 연구원으로 임명되어 갔다. 직업적인 면으로 보면 승진이라고 볼 수 있었지만, 페니실린 연구의 입장에서 보면 팀에서 세균학자를 뺏긴 셈이었다.

만년에 플레밍은 '페니실린 개발의 실패'에 대한 거의 변하지 않는 설명을 내놓았다. 『페니실린의 역사와 개발(History and Development of Penicillin)』이란 책에 쓴 글에서 좋은 예를 찾아 볼 수 있다. "내 경우에는 화학자의 도움이 부족해서 일을 진행할 수 없었다. 레이스트릭 팀은 세균학적인 공동 작업에 문제가 있어서 페니실린 문제에 집중할 수가 없었다." 우리는 리들리와 크래독이 얼마나 성공에 가까이 이르렀는지를 이미 보았기에 첫 문장이 적절하지 못함을 알 수 있다. 거기다 두 번째 문장은 전혀 말도 안 되는 이야기이다. 레이스트릭 팀에는 자격을 갖춘 다른 세균학자도 있었고, 사실상 로벨도 1933년 가을에 왕립수의대학으로 자리를 옮기기 전까지는 연구실에 남아 있었다. 또 마음만 먹었다면 플레밍이 화학자를 구할 수 있었던 것처럼, 레이스트릭도 다른 세균학자를 찾을 수 있었을 것이다. 그래서 레이스트릭의 경우 페니실린을 분리하고 정제하는 데 실패한 것이 아니라, 단지 관심이 없었기 때문에 더 이상 일을 진행하지 않았다는 것이 사실에 더 가까울 것이다.

한 가지 분명한 것은 1930년대 후반엔 항생물질의 가능성에 대해 아무도 생각하지 못했기에 그 곰팡이의 신비를 벗기는 데 더 이상의 노력이 없었다는 것이다.

페니실린의 기록을 공정하게 유지하려면 1934년 루이스 홀트(Lewis Holt)라는 젊은 화학자가 세인트 메리 병원의 예방접종과에 참여했을 때, 플레밍이 페니실린을 정제하는 또 다른 시도를 그에게 부탁했다는 사실을 첨가해야만 한다. 그렇지만 페니실린 작업이 홀트의 주요 연구는 아니었고, 그나마 같은 연구실에서 이전에 크래독과 리들리가 한 일도 모르고 있었다. 단지 플레밍은 홀트에게 레이스트릭 팀의 논문을 읽어 보라고만 권했다. 몇 주 동안 홀트는 물에 섞이지 않는 용매로 아세트산아밀을 선택해서 추출 작업을 시도해 보았다. 후에 아세트산아밀은 중요한 해결책으로 밝혀지긴 했지만, 이번에도 홀트는 페니실린의 불안정성을 감당할 수가 없어 아무것도 발표하지 않은 채 연구를 포기해 버렸다. 플레밍도 더 이상 연구를 계속하라고 강요하지는 않았다.

미국에서는 단 한 사람만이 플레밍의 최초 논문에 주목한 것으로 보인다. 그 사람은 펜실베이니아 주립대학의 세균학과에 있던 로저 레이드(Roger R. Reid) 박사였다. 그는 1930년에 페니실린에 관한 일을 시작했고, 이것은 플레밍의 논문을 미국에서 받아 볼 수 있게 된 직후의 일이다. 레이드는 그 문제에 매우 철저하고도 과학적인 태도로 달려들었다. 비록 시간이 지나면서 대부분이 옳다는 것이 밝혀졌지만, 당시에는 운이 나빠 헤매면서 그가 맞닥뜨린 모든 답들이 부정적인 것으로 보였다.

그는 다른 종의 곰팡이들도 플레밍의 곰팡이처럼 어떤 물질을 만들어 내는가를 알아보기 위해 많은 곰팡이 변종을 연구하기 시작했다. 여기서 다시 플레밍의 곰팡이 종을 포함한 많은 곰팡이를 제공하고 규명하는 데 찰스 톰 박사가 등장한다. 그러나 23종이나 되는 곰팡이들을 검사한 후에도 레이드 박사는 페니실린과 비슷한 물질을 전혀 찾을 수 없었다. 그러자 그는 곰팡이가 자라는 배양액의 성질이 세균에 대한 페니실린의 활성에 영향을 주는지 알아보기 위한 실험을 실시하였다. 그 결과는 일관성이 없고 혼란스러웠는데, 페니실린의 다양성에 대한 지식이 없었기에 당연한 결과이기도 했다. 레이드는 페니실린에 영향을 받는 세균과 전혀 무감각한 세균에 대해서 어느 쪽에서든 어떤 일반적인 요인을 발견하려고 노력했다. 그러나 그런 일반적 요인은 발견되지 않았다.

그러나 그는 연구를 진행하는 중에 플레밍의 최초 발견처럼 페니실린이 세균을 분해하거나 파괴하는 것은 아니라는 사실을 증명했다. 레이드는 실험실 접시에서 페니실린이 단지 세균의 성장을 중지시킨다는 사실을 발견했다. 과학적 용어로 말하면 세균 분해나 살균이 아니라 정균이라고 말할 수 있는 것이었다. 이것은 30년 후에 헤어 교수가 발견한 사실에 대한 예견이기도 했지만, 당시에는 페니실린 자체가 주목받지 못하는 주제였기 때문에 거의 아무도 관심이 없었다. 그리고 레이드는 페니실린이 자외선에 의해 활성을 잃는다는 것과, 성장을 촉진시키기 위해 배양액에 산소를 공급했을 때 기대와는 달리 페니실린이 전혀 생성되지 않는다는 사실을 알아냈다.

결국 1932년에 레이스트릭의 논문을 접하긴 했지만, 레이드는 레이스트릭과는 달리 콜로디온 주머니를 이용하여 여과하는 방법을 주로 사용했다. 그는 이 방법으로 크리소제닌을 분리할 수 있었지만 곧 막다른 골목에 이르렀다. 결국 그는 아세톤과 에테르 용매를 사용하는 쪽으로 되돌아올 수밖에 없었고, 다른 사람들보다 더 진전은 없었다. 사실 그는 에테르에 대한 용해도조차 얻어 내지 못했다. 1935년에도 레이드는 여전히 페니실린 연구를 하고 있었지만 그때는 화학요법과 약에 대해 흥미를 가진 많은 사람들이 그 분야에 뛰어들던 시기였다.

최초로 페니실린이 임상에 사용된 사례는 세 명의 아기와 탄광 관리자에 대한 것이었다. 그 시기는 1931년으로 기록되어 있는데, 이때는 플레밍이 여전히 페니실린에 희망과 관심을 가지고 있던 시기였다. 그리고 그해는 레이스트릭과 그의 팀이 페니실륨 곰팡이의 생성물에 대한 연구에서 실패를 맛보고 있을 때였으며, 미국에서 레이드가 연구를 시작한 다음 해였다.

이 임상 결과들 역시 어떤 의학 잡지에도 발표되지 않았다.

이 사실들은 페니실린이 유명해져서 열성적인 언론인과 작가들이 찾아내기까지는 전혀 알려지지 않았다. 사실, 그 대부분을 세상에 드러낸 것은 데이비드 마스터의 공이었다.

그 일은 젊은 의사인 패인(C. G. Paine) 박사에 의해 이루어졌는데, 그는 당시 영국의 철강 도시인 요크셔의 셰필드에 있는 세균학 병원에서 일하고 있었다. 패인은 그의 의학 수업 기간 동안 세인트 메리에서 플레밍의 제자로 있었다. 그는 플레밍으로부터 페니실린을 써 보라는 부탁을 받지는 않았지만 페니실린에 대한 최초 논문을 발견하고는 흥미를 가졌다. 그리고 플레밍에게 그 곰팡이 포자를 보내 달라고 부탁했는데, 플레밍은 언제나처럼 기꺼이 공급해 주었다.

순전히 혼자 힘으로 패인은 플레밍의 실험을 재현했고, 즙 속에서 곰팡이가 항생물질을 만들어 내는 것을 발견했다. 그는 검사 세균으로 뾰루지에서 분리한 포도상구균을 사용했다. 심지어 그는 포도상구균의 성장이 멈추는 거리를 기준으로 하는 초보적인 측정 방법까지 완성했다.

충분한 양의 곰팡이 즙을 모았을 때, 패인은 그것을 처음으로 세 환자에게 시험해 보았다. 그들은 모두 피부과 의사로부터 만성 포도상구균 감염증이라고 진단을 받은 환자들이었다. 이전에 플레밍이 세인트 메리 병원에서 그랬듯이 패인도 이런 종류의 표면 감염은 항생 곰팡이 즙을 발라 주는 것이 페니실린의 가치를 증명하는 이상적인 방법이라고 생각하였다. 물론 현재에는 항생물질이 구강이나 주사에 의해 혈류로 들어가 침입자를 공격하는 것이 최고의 방법으로 알려져 있다. 그러나 플레밍이나 패인의 고기즙은 불순물이 많아서 주사로 쓰기엔 부적합했다.

패인의 임상 실험 결과는 어느 모로 보나 성공적이지 못했다. 7일간 곰팡이 즙으로 치료했지만 아무런 효과가 없어서 치료는 중지되었다. 플레밍도 이전에 비슷한 결과를 얻었고, 단지 그의 경우엔 별다른 해는 없었다고 보고했던 것이다. 임상 실험 결과를 회고하며 패인은 말했다. "그 결과는 한결같이 실망스러운 것이었습니다." 적은 페니실린 함량과 여과액에 포함된 불순물들의 존재로 좋은 결과를 얻어 내지 못했다는 것은 그다지 놀라운 일이 아니었다.

그러나 다른 형태의 감염에서 패인이 얻은 결과는 훨씬 더 고무적이었다. 피부 치료의 경우에는 4시간마다 새로 즙을 발라 주어도 완전 실패였는데, 눈에 감염을 일으킨 네 아기의 경우는 페니실린의 치료 능력에 대한 첫 가능성을 보여 주는 것이었다. 네 명의 아기 중 둘은 포도상구균으로, 다른 두 명은 임신 기간 중에 모체로부터 성병인 임질균에 의해 감염된 경우였다. 곰팡이 즙 여과액은 4시간마다 한 번씩 아기들의 눈에 투여되었다. 그리고 사흘 만에 세 명의 아기가 치유되었다.

임질균 감염에 대한 반응은 특히 더 주목할 만하다. 1940년대 중반에야 페니실린은 공식적으로 임질의 치료제로 채택되었는데, 이것은 미국 마요 클리닉의 월리스 헤럴(Wallace Herrell) 박사의 연구와 스태튼 섬의 미해병대 병원에서 실시한 대규모 실험 결과를 바탕으로 한 것이었다. 임질균은 플레밍이 페니실린에 민감하다는 것을 증명한 균 중의 하나였다. 이것은 패인 박사의 실험 결과가 대단히 중요함을 반증하는 것이지만, 당시에는 아무도 여기에 주목하지 않았다.

포도상구균으로 감염된 두 아기 중 한 아이는 사흘 만에 나았고, 다른 아이는 전혀 치료 효과가 없었다. 당시에는 그 차이에 대한 아무런 설명도 할 수 없었지만, 치료되지 않은 아이가 페니실린 저항을 가진 포도상구균에 감염되어 있지 않았을까 하는 의문만을 남겨 놓았다. 항생제에 대한 세균의 자연 저항에 관한 문제는 1950년과 1960년에 큰 관심을 불러일으키게 된다.

패인 박사는 한 가지 좀 더 인상적인 경우를 경험했다. 그것은 탄광 관리자가 갱도로 내려갔다가 눈을 조그만 바위 조각에 찔린 사건이었다. 상처는 곧 감염되어 안과 의사를 찾아왔을 때에는 거의 시력을 잃은 것처럼 보였다. 눈동자와 눈두덩이 너무 붓고 감염되어 돌 조각을 보통 수술로 제거하는 것은 불가능해 보였다. 감염된 눈 부위에서 떼어 낸 탈지면에서는 폐렴균이 검출되었는데, 보통 이 균은 폐렴을 일으키는 균이지만 안구 내부에 접근할 수 있다면 눈에도 심각한 손상을 줄 수 있다는 사실이 알려져 있었다.

그러나 폐렴균 역시 플레밍의 최초 실험에서 페니실린에 민감한 것으로 알려진 세균 중 하나였다. 그래서 패인 박사는 그의 곰팡이 즙을 시험해 보기로 결정했다. 그래서 48시간 동안 계속해서 곰팡이 즙을 발라 주자, 놀랍게도 폐렴균은 완전히 없어졌다. 돌 조각을 제거하는 수술도 순조롭게 진행되었고, 그 광산 관리자는 잃을 뻔한 시력을 다시 찾게 되었다.

그것이 패인 박사가 페니실린을 사용해 본 마지막 경우였다. 치료를 그만두게 된 근본적인 이유는 그 곰팡이 즙을 규칙적으로 만드는 것이 어렵다는 사실을 뼈저리게 느꼈기 때문이었다.

배양이 대충 9단위의 강도를 보이다가도, 다음 배양에서는 이유도 모르게 겨우 2단위 정도밖에 생산하지 못하는 경우도 있었던 것이다. 곰팡이들 역시 통제할 수 없을 만큼 많은 변종과 돌연변이를 일으켰다. 2~3세대 동안 좋은 질의 페니실린을 만들던 곰팡이 종이 갑자기 더 이상의 생성을 거부하는 것이었다. 이 페니실륨 노타튬의 불규칙한 돌연변이 문제는 후에 산업화된 생산의 시기에까지 골칫거리가 되었다. 그래서 패인 박사가 요약한 자신의 이야기는 다음과 같다. “페니실륨 종이 변이를 일으킬 때마다 좇아다니며 연구 대상을 바꿔야 할 걸 생각하면, 나중에 크게 후회할지언정 당시엔 도저히 더 이상 연구를 진행할 수가 없었습니다.”

그러나 1931년 셰필드에서 최초의 페니실린 임상 실험이 수행되었음에도 아무런 기록이 없었다는 것만이 페니실린 역사에서 유일한 모순은 아니었다. 그해에 셰필드대학의 병리학 교수는 젊은 오스트레일리아인 하워드 플로리였는데, 그는 곧 옥스퍼드대학의 병리학 교수로 자리를 옮겼다. 플로리는 패인 박사로부터 직접 그의 코앞에서 벌어졌던 실험들뿐만 아니라 특히 임질균에 대한 연구 결과를 들었다.

그러나 플로리는 셰필드에서 받은 이 단서가 후에 옥스퍼드에서 페니실린을 연구하겠다고 결심하게 한 것은 아니라고 주장했다. 그는 1941년 페니실린 개발에 성공하고 나서야 10년 전에 패인과 나누었던 토의를 상기해 냈다고 한다. 그리고 되살아난 기억을 바탕으로 최초로 페니실린으로 환자를 치료했던 패인 박사를 찾아보도록 1945년경 마스터에게 얘기한 것이 바로 플로리였다.

8장
화학요법의 개념

돌이켜 보면 페니실린 역사의 초반부에는 이상한 점이 두 가지나 발견된다. 첫째는 당시의 동료 과학자들이 플레밍의 발견에 대해 그다지 큰 자극을 받지 못했다는 것이다. 또한 제약회사들도 그 역사적인 발견을 유용한 약으로 발전시켜 보려고 하지 않았다는 점이다. 1928년과 1935년 사이에 최소한 4편의 과학 논문에서 페니실린을 다룬 것이 보이는데, 두 편은 플레밍이, 한 편은 레이스트릭과 그의 동료들이, 그리고 또 한 편은 미국에서 레이드가 발표한 연구 결과였다. 이 논문들이 모두 세균을 죽이는 강력한 물질에 관한 내용을 다루고 있었음에도, 다른 어떤 과학자나 제약회사도 그 새로운 연구 분야에 뛰어들지 않은 것이다.

과학자들이 그 재미있어 보이는 발견을 좇아가지 않았던 것은 그들이 연구했던 당시의 환경이 화학요법의 개념과는 완전히 반대인 분위기였기 때문이다. 시험관이나 실험실 접시에서 세균을 죽일 수 있는 물질은 숙주의 정상세포를 동시에 죽이지 않고는 세균을 죽이지는 못한다는 것이 당시의 상식이었다.

제약회사들이 페니실린의 발견을 추적하지 않은 이유는 더욱 명백하다. 오늘날 우리가 생각하는 제약회사라는 것이 당시에는 아예 존재하지도 않았던 것이다. 오히려 현대적인 제약 산업을 탄생시킨 계기가 된 것이 바로 페니실린을 비롯한 항생제들이었다. 현대의 제약회사들은 자체적인 연구소를 가지고 있으면서 모든 문헌을 검색하고, 엄청나게 많은 수의 화합물들에 대해 자동화된 프로그램으로 그 생물학적 활성을 검색하고 있다. 이것은 페니실린에서 우연한 관찰을 통해 그 생리활성이 발견되었기 때문에 이미 알려진 화합물이라도 이전에 몰랐던 새로운 활성을 보이게 될지 알 수 없기 때문이다.

물론 1920년대 초에도 대량 생산되는 약이나 의약품들이 있었는데, 아스피린과 페나세틴이 가장 대표적인 예였다. 그리고 에를리히가 만든 비소화합물로서 매독 치료제인 살바르산과 네오살바르산이 합성으로 만들어진 유일한 약이자 최초의 화학요법제였다. 인슐린의 발견과 생산도 캐나다의 반팅과 베스트에 의해 1920년대 초부터 시작되고 있었다. 그러나 그 시기에 사용되던 대부분의 인슐린과 백신은 세인트 메리 병원의 예방접종과에서 백신을 만들었던 것처럼 제약회사가 아닌 연구 기관에 의해 만들어지고 있었다.

몇 가지 통계 자료가 이러한 당시의 상황을 잘 보여 준다. 1930년대 중반 미국 제약업계의 총매출량은 2억 5천만 달러였다. 20년 후인 1959년에는 미국 제약회사들이 20억 달러어치의 처방약과 4억 5천만 달러어치의 특허약을 팔았다.

의료계에서 이용되는 약물과 약제들의 목록인 미국 약전(U.S. Pharmacopoeia)에 따르면 1905년에서 1935년까지는 평균 한 해에 6개의 새로운 물질이 등록되었다. 1945년까지의 다음

10년간에는 한 해 평균이 37개였고, 1955년에는 1년 만에 73개의 신약이 등록되었다.

1920년대 영국의 상황은 거의 절망적이었다. 1914년 대영약전(British Pharmacopoeia)에는 고작 80개의 합성약이 올라 있었는데, 대부분이 아스피린과 페나세틴 계열이었고 단지 몇 종만이 독일에서 수입되었다. 하디(D. W. F. Hardie)와 데이비드슨 프랫(J. Davidson Pratt)이 쓴 『현대 영국 화학 산업사(A History of the Modern British Chemical Industry)』에서는 이러한 현실의 기본적인 이유로 영국이 강력하고도 다양화된 염료 산업을 개발하는 데 실패했기 때문이라고 기술하고 있다. 독일인들은 영국인 화학자 퍼킨(W. H. Perkin)의 발명에 기초한 염료 산업을 개발했고, 거기서 얻어진 유기화학 지식은 1880년대부터 꾸준히 독일 합성 제약 산업을 일으키는 기초가 되어 왔다.

1924년 영국 제약계의 총생산은 1520만 파운드어치였고, 1937년에도 고작 2100만 파운드에 불과했다. 1948년 무렵에는 2차 세계대전 와중이었음에도 영국 제약 산업계는 매년 7300만 파운드어치의 약을 팔고 있었다.

그러나 페니실린이 최초로 발견된 시기에는 영국의 모든 화학 산업이 붕괴 직전이었다. 1920년에 정부는 긴급 조치를 취해야만 했고, 염료 수입 관계 법안이 제정되었다. 하디와 프랫에 의하면 이것은 위협받고 있던 영국 염료 산업의 몰락을 막기 위해 정부가 취한 조치였다.

그리고 이 무렵이 영국 내의 모든 화학 산업들이 자발적인 합병으로 재조직되고 강화되던 시기이기도 하다. 영국에서 가장 큰 화학회사이자 세계적으로도 최고에 속하는 제국화학회사 I. C. I.가 1926년 합병에 의해서 설립되었고, 새로운 회사로서의 면모를 갖춘 실제적인 가동은 1929년에 시작되었다. 그래서 페니실린의 개발에 재정과 후원을 보내 줄 것으로 가장 유력했던 그 회사는 페니실린이 발견된 무렵엔 겨우 설립 과정에 놓여 있었다. 나중에는 페니실린의 생산에 깊이 관여했던 다른 영국 회사들도 바로 이 시기에는 제약회사라고 부르기에 미흡했다. 유명한 글락소(Glaxo)도 당시엔 주로 유아 식품이나 약용 식품 분야에 관여하고 있었다. 디스틸러사(Distillers Company)의 주된 관심은 그 이름에서 보듯이 증류 용매에 제한되어 있었다. 한 가지 희망적인 점은 이들 회사들이 합성 비타민의 제조에 관심을 보이고 있었다는 것인데, 적당한 영양을 위해서는 미량의 비타민이 필수적이라는 케임브리지의 언스트 가울랜드 홉킨스 경(Sir. Ernst Gowland Hopkins)의 연구 결과에 영향을 받았기 때문이다.

사실 1920년대에 세계에서 유일하게 큰 유기화학 공장들이 있는 곳은 라인강 유역뿐이었다. 스위스의 화학 공장들은 바젤 주위에 집중되어 있었고, 그들 중 일부는 현재 세계에서 가장 큰 제약회사에 속한다. 라인 계곡의 좀 더 하류 쪽에는 바이에르(Bayer), 회히스트(Hoechst), I. G. 파벤 산업 등의 독일 회사들이 있었다. 그들의 뒤에는 효과적인 비소화합물을 찾기 위해 에를리히가 쌓아 놓은 누적된 지식과, 여러 해 동안의 실패에도 불구하고 보다 나은 '마법의 총알'을 찾을 수 있으리라 믿고 계속 연구하는 독일 화학자들과 세균학자들이 있었다. 그 '마법의 총알'은 에를리히의 소망이었는데, 염료가 특정한 세균에만

들러붙어 현미경 아래 모습을 드러내게 하듯이 특정 세균에만 붙어서 그 세균만을 파괴해 버리는 화학물질을 의미하는 것이었다. 그래서 1920년대에 생물학적 활성을 가진 물질을 진지하게 찾는 연구를 하는 곳은 라인강 유역뿐이었다.

그러나 1930년대 중반에는 미국에서 현대적 개념의 제약 산업이 시작되고 있었다. 당시에는 치명적이었던 폐렴을 치료하기 위한 대규모의 연구가 불붙고 있었는데, 그것은 폐렴이 발병하기 전에 적당한 백신을 맞기만 하면 치료가 가능하다는 주장을 기초로 한 것이었다. 그리하여 폐렴을 일으킨다고 알려진 32가지의 변이 폐렴균에 대한 백신들이 실험실에서 만들어졌다. 전국 곳곳에 폐렴 환자들로부터 검출된 병균을 규명하기 위한 특수 진단 기관이 2,500개나 세워졌다. 교통경찰들에게 의사로부터 진단 기관에까지 병균을 더 빨리 수송할 수 있도록 조치하라는 정부의 지시는 한동안 화젯거리가 되기도 하였다. 주요 제약회사 중 5개 회사가 백신의 대량 생산을 전담했다. 레덜리(Lederle)는 연구 목적으로 세계에서 가장 큰 토끼 사육장을 건설했다. 그럼에도 불구하고 “1935년 무렵에도 폐렴은 적당한 환경과 간호만 있으면 대개는 나을 수 있다”는 정도가 현실 상황이었다. 이 글은 1967년 윈댐 데이비스(M. P. Wyndham Davies) 박사가 쓴 『제약 산업(The Pharmaceutical Industry)』의 머리말이다.

화학요법의 길을 열고, 미국의 백신 사용을 폐기시켜 버린 돌파구는 1935년 독일에서 나타났다. 그러나 그 돌파구가 페니실린은 아니었다.

결국 실패로 돌아가긴 했지만 백신요법으로 폐렴을 격파하고

자 했던 야심 찬 미국의 계획은 암로스 라이트 경의 학설을 받아들인 가장 큰 규모의 시험이었다. 그러나 그 계획의 실패는 "미래의 의사는 백신으로 예방접종을 해 주는 사람을 의미하게 될 것이다"라는 라이트의 학설이 패배했음을 증명하는 것이었다.

폐렴 백신 계획은 최초의 일반용 화학요법제인 설폰아미드(Sulphonamide), 즉 설파 약의 등장에 의해 무너진 것이다. 물론 그 후에도 더 많은 백신들이 만들어졌고, 소아마비 백신은 아마 후에 만들어진 것들 중에 가장 유명할 것이다. 그러나 진행되는 상황을 간추려 얘기하자면, 세균의 감염에 대해서는 대부분 항생제를 비롯한 화학요법제로 치료를 하고, 효과적인 약이 없는 바이러스의 감염에 대해서만 백신에 의존하게 된 것이다. 아무튼 이 화학요법의 돌파구는 설파 약의 등장으로 인해 활짝 열리게 되었다.

돌파구라는 말이 지나치게 과장된 느낌이 있긴 하지만, 설파 약의 등장을 묘사하기에는 아주 적합한 단어이다. 설파 약이 의학계에 미친 가장 큰 영향은 많은 생명들을 구하게 되었다는 사실 자체가 아니라, 의학계의 상식을 깨 버렸다는 데 있다. 많은 종류의 미생물에 대해 설파 약이 효력이 있다는 사실은 의사들에게 화학요법의 가능성에 대한 마음의 문을 열어 주었다. 또한 설파 약은 의사가 아닌 과학자들에게도 큰 영향을 미쳤다. 설파 약은 항생제의 개발에 필수적이었던 사고방식의 혁명을 일으켰다.

최초의 설파 약은 거대한 I. G. 파벤 산업의 자회사인 독일 바이에르 회사의 연구소장인 도마크 박사에 의해 발표되었다. 그것은 1935년 2월 15일 『독일 의약 주간지(Deutsche Medizinische

Wochenschrift)』에 「세균 감염에 대한 화학요법의 공헌」이라는 제목의 논문으로 실렸다. 그 약은 프론토실이라 불렸고 원래는 그 회사의 화학자들이 개발한 화려한 붉은 금빛의 염료였는데, 세균학자인 도마크에 의해 주목할 만한 치료 효과가 있음이 밝혀진 것이다. 그는 프론토실이 시험관에서는 세균을 죽이지 못하지만, 치명적인 용혈성 연쇄상구균에 감염된 쥐에 주사하면 치료 효과를 나타냄을 발견했다.

설폰아미드의 개발은 환자의 몸에 대한 작용보다 인류의 사고방식에 대해 더 중요한 효과를 가져왔다는 점에서 페니실린 이야기와 통한다. 설파라는 새로운 약이 존재한다는 뜻밖의 사실 발표된 것은 대답하기 어려운 몇 가지 의문을 일으켰다. 왜 발표도 이루어지기 전에 1,500명이나 되는 독일 환자들이 설폰아미드로 치료를 받았을까? 특허를 받을 만한 물질을 발견하기 위해 I. G. 파벤 산업이 일부러 발표를 미루어 온 것은 아닌가?

도마크의 연구 결과는 당시의 기준으로 보아서는 영웅적인 것이었지만, 어떤 자동화된 기기나 컴퓨터의 도움도 없이 수행된 간단한 실험으로 얻어졌다. 그는 시험관 안에서만 새로운 화학물질의 살균 효과를 검사하는 것이 더 경제적이라는 학설을 거부했다. 그는 자신의 실험실에서 어떤 물질이 시험관 속의 세균에는 아무런 영향을 주지 못함에도 동물의 몸속에서는 활성을 가질 수도 있다는 것을 알고 있었다. 아무도 그 정확한 메커니즘은 몰랐고 이런 물질 중에 임상적으로 유용하다고 증명된 것도 없었다. 그러나 도마크는 어떤 기회도 놓치지 않겠다고 결심했기에 그가 가지고 있던 모든 물질들을 살아 있는 동물의 몸속에서 검사해 보았다. 그래서 그는 에를리히가 살바르산을 발견할 때 쓴 방법을 모방하였는데, 재미있게도 에를리히는 매독을 일으키는 나선균을 인공 배지의 시험관에서 기를 만한 적당한 방법이 없었기에 할 수 없이 살아 있는 동물을 이용한 것뿐이었다. 시험관보다는 생체에서 작용하는 이 물질들은 단순히 세균과 체세포를 무차별하게 파괴하는 소독약과 구분하기 위해 도마크와 그의 동료들에 의해 '진짜 화학요법 물질'이라고 이름 지어졌다.

우연히 암로스 라이트 경은 뒤셀도르프 가까이의 루어에 있는 도마크의 광대한 엘베르펠트 연구소를 방문했다가 상당한 충격을 받았다. 라이트는 그가 방문해서 받았던 인상을 세인트메리에 돌아와 차 마시는 자리에서 얘기했는데, 헤어 교수는 "독일인들이 수행한 방법처럼 어둠 속에서 더듬는 듯한 방식으로 새로운 것을 발견하려는 시도는 라이트와 같은 기질의 사람에게는 전혀 어울리지 않는 것이었죠. 라이트는 마치 그것을 불경스러운 것이라도 되는 것처럼 간주하는 것 같았습니다. 그에게 유일한 연구 방법은 주관적인 관점에서 벗어나 대상을 생각하고, 합리적으로 구상된 가설을 실험을 통하여 증명하는 것뿐이었으니까요"라고 회고한다. 이러한 실험실 분위기가 플레밍의 페니실린을 생물학 검사에 적용해 보지 않았던 사실과도 연관이 있는 것이다.

도마크는 비소는 물론 금이나 주석, 안티모니 등의 금속을 포함하는 많은 화합물들을 검사했다. 그러나 어떤 물질도 세균에 활성이 있으면 임상적으로 쓰기엔 너무 유독했다. 그래서 그는 그의 회사 화학자들이 만들고 있는 아조 염료 쪽으로 눈을 돌렸다. 프론토실은 섬유에 좀 더 깊숙이 파고들고, 빛에 의해 더 빨리 색깔이 나타나는 새로운 염료를 찾던 중에 얻어진 것이었다. 그러나 그것이야말로 도마크가 찾고자 하던 성질을 가진 아조 염료 중의 하나였다.

쥐의 복강에 용혈성 연쇄상구균을 주사하고, 30분 후 프론토실을 같은 자리에 주사한 12마리의 쥐는 7일간 계속 생존했다(아무런 처치를 받지 않은 14마리의 쥐는 4일 만에 모두 죽었다). 이것이 도마크의 발견과 첫 논문의 핵심이었다. 그는 또한 새로운 물질의 임상적 사용을 기술한 두 편의 논문도 동시에 발표했다.

도마크의 논문이 발표된 지 9개월 내에 왜 프론토실이 세균에만 작용하고 시험관에서는 작용하지 않는가 하는 문제가 프랑스의 부부 과학자인 자크(Jacques) 박사와 트레포울(Trefouel) 여사에 의해 풀렸다. 그들은 프론토실 분자가 생체 내에서 두 개의 다른 구성 성분으로 쪼개지는데, 그중 하나가 세균을 공격하는 설폰아미드라는 것을 밝혔다. 그들의 연구는 1936년 알버트 풀러(Albert Fuller) 박사가 프론토실로 치료받은 환자의 콩팥에서 설폰아미드가 분비되는 것을 보임으로써 확인되었다. 설폰아미드는 사실 오래전인 1908년 비엔나에서 파울 겔모(Paul Gelmo)가 박사 논문 연구를 하던 중 발견하였다. 당시에는 아무도 그것을 약으로 검사해 볼 생각을 하지 못했지만, 1935년 이전에 이미 발견되었다는 사실은 이 물질이 약으로서는 특허를 받을 수 없다는 것을 뜻하는 것이었다.

페니실린만큼이나 설폰아미드의 이야기에도 많은 아이러니가 있었다. 뒤늦게 알려진 바에 의하면 1919년에 이미 두 사람의 미국인이 설폰아미드의 어떤 아조 유도체가 시험관에서 살균 효과를 가졌다고 주장했다. 그러나 그 활성이 매우 약했기 때문에 그들은 그 물질을 계속 추적하지는 않았다. 겔모는 비엔나 기술대학에서 박사학위를 받았고, 1차 세계대전 이후에는 한 그림물감 공장의 분석화학자가 되었다. 도마크의 첫 환자는 그의 딸인 힐데가르데였는데, 그때 그녀는 뜨개질바늘에 손가락이 찔려 패혈증 증세를 보이고 있었다. 그래서 그녀는 아버지에게 고민스러운 문제를 던져 준 셈이었지만, 도마크는 자신의 연구에 신념을 가지고 있었고 그의 딸은 설파 약으로 무사히 치유되었다.

설폰아미드는 과학계에 오래전부터 알려진 간단한 화학물질이었기에, 독일 회사가 그들의 발견에 대해 ㄴ특허를 따거나 새로운 약에 대해 독점적 권리를 행사할 가능성은 없었다. 이것은 다른 회사의 연구실에 있는 화학자들이 원래의 물질보다 더 활성이 강한 새로운 설폰아미드를 만드는 일에 쉽게 뛰어들 수 있음을 의미했다. 이것은 유기화학 산업의 기초가 부족하여 독일과 미국에 비해 전반적으로 제약 연구가 심각하게 뒤처져 있던 영국에게는 좋은 기회이기도 했다.

연구가 본궤도에 오르기도 전에 설파 약은 의료계 종사자들의 사고에 활력을 불어넣었다. 임상적으로 제대로 사용해 보기도 전에 화학요법에 대한 사고가 그렇게 활개 칠 수 있었다는 것은 놀라운 일이다.

많은 사람들이 1935년과 1936년에 일어났던 그 혁명 같은 사고의 변화에 빠져들었는데, 개중에는 우리가 페니실린 이야기를 추적하면서 만났던 콜브룩, 플레밍, 토플리, 헤어 등도 포함되어 있었다.

암로스 라이트 경은 이미 도마크의 실험실을 방문했지만, 그가 본 것을 좋아하지는 않았다. 그러나 플레밍은 재빨리 이 새로운 주제로 전환했기 때문에, 1937년에서 1940년 사이에 발표된 그의 논문들은 모두 설폰아미드에 관한 것이었다.

독일 밖에서 설폰아미드에 대한 초창기 연구의 대부분을 수행했던 이는 레너드 콜브룩으로, 페니실린 발견 당시 세인트 메리의 라이트 밑에서 일하던 사람이었다. 그 이후로 그는 서부 런던의 퀸 샬럿 산부인과 병원으로 자리를 옮겨 산욕열을 연구하는 팀을 이끌었다. 프론토실과의 직접적인 연관은 산욕열이 용혈성 연쇄상구균에 의해 생긴다는 것으로, 그것은 프론토실의 가치를 처음 증명해 준 바로 그 균이었다. 로널드 헤어는 퀸 샬럿에서 콜브룩과 함께 일하고 있었다. 몇 안 되는 사람들이 여러 사건에서 반복해서 등장한다는 사실은 많은 우연들이 겹쳐 있는 것처럼 보이게 한다. 그러나 우연이라기보다는, 과학의 한 분야를 연구하는 과학자들은 세계를 통틀어서 고작해야 200~300명에 불과하기 때문일 것이다. 같은 분야를 연구하는 사람들은 서로 비공식적으로 매우 빨리 의견을 주고받았고, 그래서 다른 사람의 새로운 동향을 누구보다 빨리 따라갈 수 있는 사람들인 것이다.

설파 약의 뉴스는 파리에서 일하고 있던 클라우드 릴링스턴(Claud Lillingston) 박사가 보낸 우편엽서로 영국의 콜브룩에게 전해졌다. 릴링스턴의 엽서는 도마크의 논문 목록을 주는 정도였고, 엽서를 대신 받은 헤어는 콜브룩이 여름휴가에서 돌아올 때까지 그것을 내버려 두기로 결정했다. 헤어의 생각은 “상표나 달고 조성도 알 수 없는 아무짝에도 쓸모없는 독일에서 온 또 하나의 지겨운 화합물이겠지" 하는 정도였다. "이렇게 생각하는 쪽이 세균 감염 치료제에 대한 개념을 갖지 못한 시대의 사람들에게는 속 편한 것이지요. 모루아가 생각한 것처럼, 우리들이나 예방접종과의 사람들이 화학물질에 대해 적의를 가지고 있었던 건 아닙니다. 그러나 우리는 가끔 말도 안 되는 화합물들을 약으로 생산해야 한다고 주장하던 상업회사들에 진저리가 나 있었거든요" 하고 헤어는 회상했다. 당시 가장 생생하게 남아 있던 실망의 기억으로는 머큐로크롬과 사노크리신(Sanocrysin), 그리고 항바이러스 약의 실패 경험이었다.

그러나 콜브룩은 곧장 왕립의학회 도서관으로 달려가 도마크의 논문을 찾아보았고, 같은 주제에 대해 발표된 다른 두 편의 독일 논문도 찾았다. 1935년 10월에는 바이에르 연구소의 책임자이며, 염료로서의 프론토실을 처음으로 만든 하인리히 호에라인(Heinrich Hoerlein) 교수가 런던에 와서 왕립의학회에서 강연을 했다.

그의 방문 후에야 콜브룩은 건네주기를 몹시 꺼리는 독일인들로부터 그 약을 약간 얻을 수가 있었다. 올바른 과학적 태도로 콜브룩은 도마크의 실험을 반복해서 확인하는 일에 착수했고, 곧 프론토실이 시험관에서는 아무런 효과가 없음을 발견했다.

그래서 그는 라이트의 학교에 있는 모든 사람들이 싫어하는 쥐에 대한 활성 검사를 해야만 했다. 산 채로 해부하는 것을 싫어했기 때문이 아니라, 미생물을 주사해서 동물에 감염을 일으키는 것은 너무 인공적인 과정이어서 자연적인 인간의 감염에 적용할 만한 결과를 얻을 수 없으리라는 당시 유행하던 학설 때문이었다. 그런 자연적인 감염의 원인과 인위적인 병리학은 매우 다른 것으로 생각되고 있었던 것이다.

그리고 첫 시도에서는 라이트의 학설이 정당화되는 것처럼 보였다. 콜브룩은 6종의 용혈성 연쇄상구균을 산욕열에 시달리는 산모로부터 분리해 냈다. 그리고 프론토실은 쥐의 몸속에서 연쇄상구균에 아무런 효과도 보이지를 않았다. 프론토실은 그 무렵에 거의 떨어졌다.

그러나 결정적인 순간에 웰컴 연구소로부터 비슷한 방식으로 프론토실을 연구하던 버틀(G. A. H. Buttle) 박사가 퀸 샬럿을 방문했다. 그는 콜브룩에게 독성이 더 강한 연쇄상구균이 베커넘에 있는 그의 실험실에서 프론토실에 대한 민감성을 보였다고 말했다. 그는 콜브룩에게 그 독성이 더 강한 세균 종을 제공해 주었고, 콜브룩은 당장은 프론토실이 효과를 나타내는 경우도 있다는 사실 정도로 만족해야 했다. 그 뒤 집중적인 검사 결과 프론토실이 정말로 유용하다는 것이 증명되어, 1835년 크리스마스 무렵에 콜브룩은 자신이 대단한 일에 손대고 있다는 것을 느끼기 시작했다.

3주 후 로널드 헤어는 독일 밖에서 프론토실로 치료받은 최초의 사람 중 하나가 되어 보는 불안한 경험을 갖게 되었다. 그는 콜브룩 팀의 일원으로 산욕열을 연구하는 중에 포도상구균으로 오염된 유리 조각에 손가락을 찔리게 되었다. 며칠이 지나지 않아서 그는 감염으로 인해 거의 살아날 가망이 없어 보였고 다시 세인트 메리 병원으로 옮겨졌는데, 연구자로 떠날 때와는 달리 이번엔 환자 신세로 돌아온 것이었다. 콜브룩은 직접 프론토실을 정맥주사와 정제로 투약했다. 그 염료가 그의 체내로 들어가면서 헤어는 몸 전체가 밝은 분홍색으로 변했고, 당시의 기분을 "내가 약으로 인해 죽을까, 아니면 병균으로 죽을까 하는 생각에 기분이 더 묘했지요"라고 회상했다.

헤어는 10일 정도 만에 퇴원했는데, 보통 심각한 후유증을 남기는 감염의 예후로서는 매우 드물게도 감염되었던 손의 기능이 거의 정상으로 회복되었다. 회복기 동안, 헤어의 표현에 따르자면 자기 몸의 밝은 분홍빛이 사라지기도 전에 콜브룩은 진짜 산욕열로 고통받는 산모들에게 프론토실을 사용하기 시작했다.

콜브룩은 어려운 결정에 맞닥뜨렸다. 용혈성 연쇄상구균으로 감염된 인체의 경우 프론토실의 효과를 통계적으로 증명하기 위한 이상적인 방법은, 표본의 반은 약으로 치료하고 나머지 반은 그냥 내버려 두어서 약의 진짜 효과가 다른 요소에 의해 오인되지 않도록 하는 것이다. 과학적인 면으로 보면 산욕열의 경우에는 이러한 대조가 더욱 필요한데, 그것은 이 병이 여러 가지 다른 용혈성 연쇄상구균인 화농균(Streptococcus Pyogenes)에 의해 복잡한 양상으로 발병하기 때문이었다.

그러나 아기를 가진 여자 1,000명 중 2명이 넘는 사망률을 보이고, 설사 죽지는 않더라도 많은 사람들을 병이 나은 후에도 불구자로 만들어 버리는 고통스러운 감염에 어떻게 엄격한 과학적 과정만을 적용할 수가 있겠는가? 악질의 연쇄상구균에 감염된 경우엔 사망률이 25%가 넘었다.

콜브룩은 후에 긴 논쟁을 남기게 되긴 했지만 당시로서는 인간적이라고 할 수 있는 결정을 내렸다. 그의 팀은 병의 예후를 판단하는 경험을 바탕으로(환자들이 들어오는 대로 그 임상적인 조건을 관찰하여) 가장 필요할 것으로 보이는 환자들을 프론토실로 치료하기 시작했다. 헤어의 말을 빌리면 이것은 '과학보다는 감에 더 의존하는' 것이었지만, 콜브룩은 그 누구보다도 산욕열에 대해 풍부한 경험을 가지고 있었다. 그리고 헤어는 곁에서 점점 더 커져 가는 경이로움을 맛보았다. "나는 관찰자에 불과했지만, 곧 하나의 변화가 오고 있음을 알 수 있었다. 이전 같으면 포기해야 했을 환자가 이제는 쉽게, 그리고 전 같으면 질질 끌며 오랫동안 고통받았을 부담도 없이 회복되었다. 결과적으로 1936년 전반기 6개월 동안 이루어졌던 38건의 치료 중에서 사망은 단지 3건뿐이었고, 후반기 26건 중에는 단 한 명의 사망자도 없었다. 연쇄상구균의 감염에 의한 산욕열에 사망률이 단 4.6%라는 건 들어 본 적이 없다." 콜브룩도 다음과 같은 말을 했다. "그 병을 다루어 온 10년 동안 결코 볼 수 없었던 기록이었다."

콜브룩은 그의 임상조수인 마브 케니(Maeve Kenny)와 함께 그들의 경이로운 결과를 1936년 6월 6일 자 『랜싯』지에 발표했다. 그리고 이것은 금세 프론토실에 대한 논쟁을 확산시켰다. 『랜싯』지의 같은 호에 그 결과를 받아들이는 데 최대한의 주의를 촉구하는 편집인의 글이 실리기도 했다. 런던 위생 및 열대병 학교의 토플리 교수는 공공연히 프론토실을 의심했다. 특히 그는 만족할 만한 통계적 자료가 부족함을 비판하였다. 헤어에 의해 '당시 국내 세균학의 대부'라고 묘사되던 토플리는 콜브룩의 비과학적인 연구 방법에 대해 "그가 그런 식으로 일을 했다면 다른 건 더 이상 들어 볼 것도 없다"고 비판했다.

프론토실에 반대하는 쪽이 제기한 주된 반론은, 설명할 수는 없지만 용혈성 연쇄상구균이 그 독성을 갑자기 저절로 잃었을지도 모른다는 것이었다. 이 주장은 결코 우스꽝스러운 것은 아니었다. 2차 세계대전 이전에는 맹위를 떨치던 디프테리아와 성홍열(Scarlet Fever)의 원인균들이 오늘날에는 자연적으로 약화된 것을 좋은 예로 들 수 있다. 이 관점에 대한 또 다른 증거로는 퀸 샬럿에서 불과 8㎞ 떨어진 런던 교외의 햄스테드에 있는 북서 열병 병원에서도 1936년 전반기 산욕열에 의한 사망률이 불과 5.26%로서, 다른 시기에 비해 유달리 낮았다는 사실을 들고 있었다. 콜브룩의 지지자들은 햄스테드에서 받은 환자들은 전문 병원인 퀸 샬럿에 비해 병증이 가벼운 사람들이었다는 것을 들어 반박했다.

논쟁은 콜브룩이 그의 첫 결과를 발표한 지 불과 한 달 후인 1936년 7월에 런던에서 열린 2차 국제 미생물학회에서 정점을 이루었다. 프론토실의 뉴스와 사고 혁명이 사실은 바로 이 회의에서부터 시작되었다고 말할 수도 있다. 그 회의에는 파리의 파스퇴르 연구소에서 트레포울 부부가 어떻게 염료가 약으로 작용할 수 있으며, 또 어떻게 실제로 그 활성물질이 설폰아미드인지를 밝힌 연구 결과를 가지고 참가했다. 그 회의가 열리기 바로 직전에 알버트 플러 박사는 환자들의 소변에서 설폰아미드를 발견함으로써 그것을 확인한 바가 있었다. 그 환자들은 퀸 샬럿에서 콜브룩에게 치료받던 산모들이었고, 플러는 콜브룩 팀의 생화학자였다.

용혈성 연쇄상구균에 대한 논쟁의 날은 1936년 7월 28일이었다. 여기서 미국 존스 홉킨스 병원의 페린 롱(Perrin Long) 박사는 연쇄상구균에 대한 항혈청을 만든 그의 연구에 대해 발표했다. 그의 목표는 암로스 라이트의 연구 전통에 따른 감염에 대비한 백신을 만드는 것이었는데, 그때만 해도 토끼에서 만들어질 그 백신이 놀랄 만큼 비쌀 것임이 예견되는 것이었다. 그날 아침의 마지막 연사는 콜브룩이었다. 그는 혐기성 연쇄상구균에 대해 이야기하기로 되어 있었지만, 마지막 순간에 마음을 바꾸어 프론토실에 대한 결과를 발표했다. 청중들은 그의 성실함에 감명받았지만 그들이 혁명이 시작되는 지점에 서 있다는 것은 그다지 크게 느끼지 못했다.

오후 동안에 헤어는 페린 롱에게 이제 프론토실이 쓰이고 있는데 그 비싼 항혈청으로 무엇을 할 거냐고 물으면서 놀렸다. 롱은 헤어가 무슨 얘기를 하고 있는지 모르는 눈치였고, 곧 그가 콜브룩의 발표를 듣지도 않았음이 드러났다. 그 시간에 그는 함께 볼티모어에서 온 미국인 연쇄상구균 전문가인 하워드 브라운(Howard Brown) 박사가 (영국에선 왼쪽 길로 운행해야 하는 것을 잊는 바람에) 교통사고를 당하여 갑자기 환자가 되어 누워 있는 런던 병원을 방문하고 있었던 것이다. 헤어와 롱의 만남은 극적이면서도 미국적 '정열'을 그대로 보여 주는 것이었다. 롱은 즉시 예정된 유럽 대륙 여행을 취소하고, 존스 홉킨스의 약제과에 프로토실과 설폰아미드라면 뭐든지 구해 놓으라고 전보를 쳤다. 프론토실에 대한 개인적 경험을 들으며 헤어에게 부르봉 위스키 맛을 보여 주고는, 곧바로 집으로 가는 다음 배에 올랐다. 미국에 도착한 롱은 프론토실을 구하기가 몹시 어려웠지만, 최소한 듀퐁에서 유럽 외에는 유일하게 설폰아미드를 만들고 있다는 것을 알았다. 『미국의약회지(Journal of American Medical Association)』 1937년 1호에 롱은 설폰아미드를 써서 감염된 쥐를 치료한 것과 미국에서는 최초인 사람에 대한 치료를 보고하였다. 이것은 단독(Erysipelas)에 걸린 어린이와 산욕열, 그리고 편도선염과 귀의 염증 등 다소 치사율이 낮은 병들에 대한 예들이었다.

설폰아미드에 대한 더 이상의 진보는 그다지 눈에 띄는 것은 아니지만, 꾸준히 계속되었다. 설폰아미드가 어떤 균에 대해서는 효과가 있지만 다른 균에는 그렇지 않다는 사실도 정립되었다. 또 그것은 세균을 직접 죽이는 것이 아니라 세균의 분화에 필요한 요소를 훔쳐 내어 그 생활 주기를 방해함으로써 효과를 나타낸다는 것도 밝혀졌다. 이것은 그 자체로, 소독약같이 도매금으로 묶어 무차별하게 숙주 세포를 죽이지 않으면서 화학물질이 어떻게 세균만을 무독화시키는지를 쉽게 알 수 없었던 당시 과학계의 눈을 틔운 일이었다.

많은 연구 실험실의 화학자들이 설폰아미드에 대한 태도를 바꾸었다. 그들의 접근 방식은 염료화학과 동일했다. 그들은 설폰아미드 분자 골격에 다른 분자나 원자 구조를 바꿔 가며 붙여 나갔다. 그리고 만들어진 물질들이 원래의 설폰아미드보다 약으로서 더 효용이 큰지를 검사해 나갔다. 많은 새로운 설파약들이 이렇게 만들어졌고, 몇 개의 주목할 만한 효능을 가진 설폰아미드가 발견되었다. 가장 성공적인 신약은 영국 회사인 메이&베이커(May&Baker)사에서 일하던 화학자 에윈스(A. J. Ewins) 박사에 의해 만들어졌다.

메이&베이커사는 당시만 해도 국제적인 제약업계의 거인들의 기준으로 보면 대단히 작은 회사였다. 그 회사는 회사 건물 자체가 자리 잡은 런던 서부의 원예업자와 야채 재배 농원 등

농업계와 긴밀한 연관을 가지고 있었다. 그것은 조그만 연구팀을 별도로 만든 최초의 영국 제약회사였고, 에윈스 박사는 1차 세계대전이 막 끝나고 살바르산 외의 유용한 비소화합물을 찾기 위해 연구하던 시기부터 콜브룩과 접촉하고 있었다.

693번째의 성공적인 변형체를 만들기까지 에윈스 박사는 692개나 되는 설폰아미드 유도체를 만들었고, 여기에는 꼬박 3년이란 시간이 필요했다. 그래서 그 새로운 약은 M&B 693, 또는 흔히 M&B라고 불렸다.

전문 용어로 말하면 이것은 설파피리딘, 즉 탄소와 수소, 그리고 질소 원자로 이루어진 육각형 고리인 피리딘이 훨씬 작은 설폰아미드에 붙어 있는 것이었다. 그것은 특히 폐렴균에 대해 유효했고, 전쟁 기간 중에 두 번이나 윈스턴 처칠의 생명을 구한 것으로 짧은 시간에 세계적인 명성을 얻었다. M&B 693의 성공 후에도 메이&베이커사는 같은 방식으로 3,000개의 화합물을 더 합성했지만, 겨우 5~6개 정도만이 유용한 활성을 보였다. 다른 회사들도 다른 변형체들을 만들었고, 새로운 설폰아미드의 생산이 지금도 계속되고 있다.

연구팀을 갖고 있지 않던 다른 회사들도 이 교훈을 놓치지는 않았다. I. C. I.가 그 첫 번째 제약 연구 부서를 정확히 1936년에 만든 것은 결코 우연이 아닌 것이다. 처음에는 겨우 8명의 연구원으로 시작하긴 했지만 말이다.

제약 연구의 활성화는 의심할 여지 없이 설파 약이 가져온 중요한 효과 중의 하나였다. 그러나 사고방식에 대한 그 영향은 더욱 지대했다. 헤어 교수는 그것이 그 혁명기를 거쳐 살아온 사람들에게 얼마나 중요하게 보였는지를 강조한다.

도마크가 현존하는 가장 중요한 의학적 발견의 하나를 이룬 것은 사실이지만, 그것은 심각한 감염에 대한 치료를 가능하게 했기 때문만이 아니라, 성공적인 화학요법제가 어떻게 작용할 것인가를 우리에게 깨우쳤다는 점에서 더욱 중요합니다. 그 결과로 페니실린 역시 또 다른 가능한 신약이 될지도 모른다는 인식이 뿌리내리기 시작한 거지요. 설폰아미드가 그런 가능성을 보여 주지 않았더라면 페니실린 역시 뛰어난 효과에도 불구하고 계속해서 주목받지 못했을지도 모릅니다.

9장
길항 작용

1939년까지 페니실린의 효과는 단지 세균 길항 현상의 한 부류에 지나지 않았다. 이것은 한 가지 형태 미생물의 존재가 다른 미생물의 성장을 방해하거나 중지시킨다는 것을 의미한다. 동물이나 새, 식물들과 같은 동물들 사이에 먹이와 생활 공간을 확보하기 위한 경쟁이 존재하는 것처럼, 세균이나 미생물, 곰팡이의 세계에도 비슷한 경쟁이 존재하는 것이다.

파스퇴르가 처음 세균의 존재를 밝혔을 때부터 2차 세계대전이 시작될 때까지 80년 동안 이 세균 길항 현상을 의학에 이용해 보려는 시도가 여러 차례 이루어져 왔다. 결과적으로 얘기하면 모든 시도가 실패했다. 초기 프랑스 세균학자들은 미생물 간의 길항 현상을 설명하기 위해 항생 작용(Antibiosis)이라는 용어를 사용했는데, 그 단어는 '생물에 대항해서 작용하는'이라는 뜻이었다. 그 단어는 사용되지 않고 묻혔다가 1941년에 미국에서 스트렙토마이신(Streptomycin)을 발견한 셀만 왁스만(Selman A. Waksman)에 의해 부활되었는데, 그는 현재에도 사용되는 항생(Antibiotic)이라는 말을 새로 만들었다. 아이러니컬하게도 원래는 '생물에 대항해서 작용하는'이란 뜻의 그 단어는 최소한 인간의 입장에서는 가장 강력하게 죽음을 막아 주는 약의 대명사로 쓰이게 되었다.

세균 길항에 대한 최초의 논문은 1871년 외과 의사인 조셉 리스터에 의해 과학적인 관찰의 형식으로 발표되었다. 1877년에는 파스퇴르가 그 뒤를 이었다. 그는 주베어(Joubert)와의 공동 연구로, 탄저열의 병균은 그보다 훨씬 전염성이 약한 다른 균이 먼저 존재하는 동물이나 배양액 속에서는 번성하거나 자라지 못한다는 것을 밝혔다. 어떤 의미에서는 여기에 전혀 놀랄 만한 새로운 사실은 없었다. 곤충이나 동물, 식물들이 서로 경쟁하는 것처럼 미생물들도 서로 경쟁한다는 게 전혀 이상하지 않으니까 말이다. 그리고 다윈은 이 경쟁을 단지 설명했을 뿐만 아니라, 어떤 의미에서는 그것을 정당화했다.

파스퇴르는 다른 종류의 세균을 파괴하는 세균을 찾아내는 선구자들 중의 하나였다. 그러나 면역이라는 다른 분야에서 일단 성공을 이루게 되자, 면역과 세균 길항 효과가 모두 감염병균으로부터 필수적인 영양분을 제거함으로써 작용한다고 생각하게 되었다. 물론 이 두 가지는 전혀 다른 메커니즘으로서, 면역은 생체의 자기 면역 메커니즘을 자극하여 작용하는 것이고, 세균 길항은 항생제의 생산으로 작용하는 것이다.

첫 번째 중요한 성공은 1880년대 독일에서 이루어졌다. 연쇄상구균 계통의 세균을 주사함으로써 토끼의 탄저열을 막을 수 있다는 것이 발견된 것이다. 그리고 탄저 독성균(Micrococcus Anthratoxicus)이라는 또 다른 세균은 탄저열 병균의 성장을 방해하는 물질을 생산한다는 것이 발견되었다. 그러나 파스퇴르가 1881년 멜룬에서 공개 실험까지 열어 가며 죽은 탄저열 병균을 이용한 성공적인 면역법을 개발했기 때문에 세균 길항 연구는 더 이상 진행되지 않았다.

그리고 다른 종류의 미생물인 녹농균(Bacillus Pyocyaneus)으로부터도 세균 길항의 증거를 얻었다. 동물에 이 균과 함께 탄저열 병균 주사를 놓으면 약간의 열과 함께 가볍게 앓고는 곧 회복되었다. 녹농균이 알 수 없는 어떤 방법으로 그 동물을 탄저열로부터 보호하는 것 같았다. 1898년에는 두 명의 오스트리아 과학자가 이 발견을 인간에게 적용해 보려고 시도했다. 그들은 많은 양의 세균을 배양액에서 기른 후 살아 있는 모든 균들을 제거하였는데, 그것은 탄저열 병균을 죽이는 것이 녹농균 자체가 아니라 그것이 생성해 내는 어떤 물질이라고 믿었기 때문이었다. 어쩌면 이것이 항생제를 인간에게 사용해 본 첫 시도일지도 모른다. 그 걸러진 용액으로 그들은 다리에 궤양이 생긴 환자를 치료하기 시작했는데, 궤양을 용액에 적신 붕대로 싸고 계속 포화된 상태로 유지시켜 주었다. 그들은 곧 이 용액으로 100건이 넘는 치료를 시행하여 바람직한 결과들을 얻었는데 여기에는 궤양이 너무 악화되어 팔다리를 절단해야 할 것만 같은 경우도 있었다. 그들은 좀 더 큰 규모로 이 용액의 실험을 계속했다.

1년이 지나고 두 명의 독일 과학자들은 녹농균으로부터 탄저열 병균뿐만 아니라 디프테리아 균까지도 녹일 수 있는 능력을 가진 피오시아나스(Pyocyanase)라는 물질을 얻어 냈다고 발표했다. 그 두 결과는 완전히 독립된 것이었기에 유망한 새 물질에 대한 기대는 어느 때보다도 높아졌다. 피오시아나스는 종기에서 임질에 이르기까지 모든 종류의 외부 감염 증상의 치유에 널리 이용되었다. 피오시아나스에 대한 유행적 사용은 최소한 10년이 넘게 계속되어 20세기 초까지 이르렀다. 의사들은 계속해서 좋은 결과들을 보고했지만 사용례는 줄어들었다. 그리고 대량 생산된 제품이 1929년에 체계적으로 재검색되었을 때, 모든 병균에 대해 완전히 불활성임이 밝혀졌다. 피오시아나스의 인기(이 인기는 주로 유럽 대륙에서만 높았다) 하락과 완전한 불활성에 대한 가장 그럴듯한 설명은, 원래의 세균 종이 돌연변이를 일으켜 원래 발견되었던 피오시아나스보다 활성이 약한 물질을 만들어 냈기 때문이라는 것이다. 초창기 페니실린의 경우와 아주 흡사한 단 한 가지 사실은 피오시아나스를 사용할 때 종기나 염증, 궤양 등의 외부에 발라 준다는 것이었다. 이것은 플레밍이 처음 시도하여 실망스러운 결과를 얻었던 것과 정확히 같은 방법이었다. 약을 전신계로, 즉 몸속으로 투여하여 총체적인 기관을 통해 침입해 온 병균을 공격하는 개념은 피오시아나스를 사용하는 누구에게도 아직 떠오르지 않은 것이었다. 그럼에도 불구하고 세균 길항의 중요한 과학적 예로서 피오시아나스를 선호하는 증거들은 모두가 페니실린에 대한 증거만큼이나 강력한 것이었다.

20세기 초에는 곰팡이 역시 항생물질 혹은 최소한 항세균물질을 만들 수 있다는 것이 발견되었다. 1913년에는 아스페르길루스 푸미가투스(Aspergillus Fumigatus)라는 곰팡이가 자라던 배양액이 시험관 내에서 결핵균을 파괴한다는 것이 알려졌다. 그러나 그 액체를 결핵 환자에게 주사했을 때는 성공적인 결과를 얻지 못했다. 1913년보다는 훨씬 더 발달된 기술을 사용하는 현대 생화학 연구의 결과로 아스페르길루스 푸미가투스가 최소한 네 가지 항세균물질, 푸미가틴(Fumigatin), 스피눌로신(Spinulosin), 글리오톡신(Gliotoxin), 그리고 헬볼산(Helvolic Acid) 등을 만들어 낸다는 것이 밝혀졌다.

곰팡이는 19세기 말과 20세기 초에 과학자들에게 매우 흥미로운 주제였다. 즉 이때가 곰팡이들이 처음으로 철저하게 시험된 시기였다. 1905년 런던에서 영국 최고 과학 기관인 왕립학회가 워드 마셜(Ward Marshall) 교수를 초청하여 곰팡이에 대한 당시의 지식들을 망라하는 흥미로운 강연을 열었다. 그의 강의 중에는 페니실륨 곰팡이들에 대한 한 가지 특이한 인용이 포함되어 있었다. 그는 페니실륨 계열과 다른 곰팡이들의 포자를 새끼 고양이의 뇌에 주사하면 즉시 죽게 된다고 지적했다. 아마도 그 유명한 교수는 이탈리아 과학자에 의한 페니실륨 곰팡이와 그 산물에 대한 초기 연구들을 알지 못했거나, 그 중요성을 인식하지 못했던 것 같다.

페니실린의 작용에 대한 첫 번째 과학적 관찰의 기록은 플레밍에 의해서가 아니라, 1896년 이탈리아인 고시오(B. Gosio) 박사에 의해 이루어졌다고 말할 수도 있을 것이다. 그는 북이탈리아 농업 지역의 연구자들과 함께 옥수수 홍반(Pellagra)에 대해 연구하고 있었다. 지금은 이 병이 잘못된 식사 때문이라고 믿어지지만, 고시오는 감염된 옥수수에 의한 것으로 추측했다. 오랜 연구 과정 중에 그는 옥수수 열매를 공격하는 것으로 보이는 많은 좀이나 곰팡이들을 조사했다. 그는 옥수수를 감염시키는 미생물을 15종이나 발견했는데, 그중 가장 중요한 것이 페니실륨 글라우쿰(Penicillium Glaucum)이라고 생각했다. 고시오는 이 곰팡이를 가능한 모든 종류의 액체에서 배양했는데,

그중에는 몇십 년 후 페니실린을 대량 생산하기 위해 페니실륨 곰팡이를 기를 때 사용한 것과 아주 유사한 것도 포함되어 있었다. 그는 연구 과정 중에 그 배양액이 시험관 내에서 탄저열 병균의 성장을 중단시키는 것을 발견했다. 그리고 그는 페니실륨 브레비콤팩툼〔Penicillium Brevicompactum(포자 기관이 매우 짧다는 뜻에서 붙은 이름)〕이라는 다른 페니실륨 변종을 배양했을 때도 비슷한 결과를 얻었다.

물론 고시오에게는 이 일을 계속 진행할 만한 장비도 기술도 없었다. 아마 더 중요한 이유로는 그에게 연구비도 없었고, 어차피 이것이 그의 원래 연구 목적도 아니었다는 점을 들 수 있을 것이다. 그는 페니실륨 곰팡이가 옥수수 홍반을 일으킨다고 생각했고, 페니실륨 곰팡이의 배양액 속에서 찾아낸 유일한 항세균물질은 미코페놀산(Mycophenolic Acid)이었다. 그러나 많은 종류의 페니실륨 곰팡이들이 설사 매우 적은 양이라도 페니실린을 만든다는 사실이 알려져 있고, 고시오가 연구에서 썼던 곰팡이의 정확한 규명에 대해서도 미심쩍은 데가 있기 때문에 그가 실제로 본 항세균 효과는 페니실린의 작용이었을 가능성도 있는 것이다.

15년 후(1913) 아스페르길루스 곰팡이에 관한 첫 연구 결과들이 나온 것과 같은 시기에 두 명의 영국 과학자들은 고시오의 연구를 좇아서 페니실륨 곰팡이로부터 더 많은 미코페놀산을 만들어 냈다. 심지어 그들은 그것을 쥐에게 주사하여 아무런 해가 없음을 보이기도 했다. 아주 가까운 종인 페니실륨 푸베룰럼(Penicillium Puberulum)으로 연구했을 때는 그들이 페니실산이라고 이름 붙인 물질을 만들었다. 이것은 (사람의 소장에서 매우 흔하게 살고 있는) 대장균을 죽인다는 것이 밝혀졌지만, 쥐에게 주사했을 때 치명적인 독성을 나타냈기에 사람에게는 전혀 시도되지 않았다.

또다시 15년이 지나서야 비로소 의학 연구 문헌에 페니실륨 곰팡이에 대한 중요한 발표가 다시 나타났다. 1928년 쓰인 그 논문의 저자는 물론 알렉산더 플레밍 박사였다. 그리고 그는 페니실륨 곰팡이가 자라던 배양액의 항세균 활성을 관찰했을 때 이전에 있었던 어떤 연구도 모르고 있었다고 말했다. 1945년에 그는 이전에 있었던 세균 길항에 대한 많은 연구에 대해 감사를 보냈지만, "이전의 어떤 연구도 페니실린의 탄생에 영향을 주지는 못했다"고 주장했다.

페니실린이 널리 알려진 후에 벨기에 리게대학의 세균학 교수인 앙드레 그래티어(André Gratia) 박사는 1920년대, 아마도 1924년쯤에 포도상구균이 포함된 배양접시에서 페니실륨 노타툼의 작용을 보았던 것을 기억해 냈다. 그래티어는 브뤼셀의 파스퇴르 연구소 별관에서 그의 동료인 사라 대스(Sara Dath) 박사와 방대한 규모의 곰팡이 검사에 종사하고 있었다. 세균 접시에 오염된 곰팡이 포자의 조건이 플레밍의 경우와 매우 비슷했는데, 그 부화 과정 역시 비슷했다. 자라나는 곰팡이 주위의 세균 억제 영역이 있는 것조차 플레밍의 경우와 비슷하게 보였다. 그러나 그래티어와 대스는 다른 계통의 연구에 1차적인 관심이 있었기 때문에 그 현상에 대한 간단한 기술밖에 남기지 않았다.

그래티어는 종종 그의 놓쳐 버린 기회에 대해 이야기했고, 강의 시간에 그의 학생들에게 특이한 생물 현상을 완전히 이해하는 데까지 추적하는 것에 실패한 사람의 예로 자신을 들곤 했다. 플레밍이 영광을 얻은 것은 그가 관찰한 것에 대하여 뭔가 조치를 취했다는 점에서였다. 그건 바로 곰팡이를 보존하고 배양했으며, 그 활성을 연구하고 다른 과학자들의 지식과 이익을 위해 그의 결과를 발표했다는 사실이다.

한편, 오스트레일리아 시드니의 뉴사우스 리넨 협회에서 일하던 세균학자 그리그 스미스(Grieg Smith)는 1930년대 중반 방선균(Actinomycetes)이라고 불리는 한 계열의 토양 세균이 전통적인 세균 길항에 의한 항세균 활성을 나타내는 것을 알아냈다. 그의 발표는 미국에서의 연구에 불을 붙여, 왁스만으로 하여금 악티노마이신(Actinomycin)을 거쳐 스트렙토마이신을 발견하는 데까지 이르게 하였다. 이 계통의 연구는 페니실린과는 별개로 진행되었고, 그 자체로도 이렇게 중요한 개발들이 다른 두 장소에서 동시에, 그리고 독립적으로 수행되었다는 점에서 아주 재미있는 예로 꼽힌다.

옥스퍼드에서 최초의 항생제인 페니실린을 개발하여 세상에 내놓을 수 있게 이끈 연구 계획들도 처음에는 순수과학 연구인 자연 현상으로서의 세균 길항 연구로 시작되었다. 그 연구를 시작한 사람들은 옥스퍼드대학 윌리엄 던 병리학교의 병리학 교수로 임명된 하워드 플로리와 그가 새로 끌어들인 생화학 전문가 언스트 보리스 체인 박사였다.

10장
페니실린의 승리

옥스퍼드의 플로리와 체인이 처음부터 페니실린을 생산하는 일에 착수한 것은 아니었다. 대학에 재직하고 있는 다른 우수한 학자들처럼 그들도 일류 연구를 수행하고 싶어했다. 그들 시대의 의학과 생화학 지식의 일반적인 주류에 걸맞는 새롭고 재미있는 결과들을 만들어 내고 싶었던 것이다.

그러나 그들은 돈이 부족했다. 그들의 연구를 계속 밀고 나가는 데 필요한 기술적 지원이나 기구, 장비들을 마련할 여유가 없었다. 이것은 언제나 대부분의 과학자들이 겪는 상황이다. 그래서 그들은 옥스퍼드 사람들이 주로 매달리는 일상적인 재원 외에, 뭔가 큼직한 외부 재원을 끌어들일 만한 매력적인 연구 계획을 수립하기로 했다.

페니실륨 노타툼 곰팡이에 의해 만들어지는 것으로 알려진 항세균물질에 대한 연구는 세균 길항 분야의 한 항목에 불과한 것이었다. 그래서 그들은 다른 항세균물질에 대해서도 거의 같은 비중으로 관심을 가지고 있었다. 게다가 세균 길항에 대한 연구는 단지 그들의 원래 계획의 절반에 지나지 않았고, 같은 비중을 다른 반쪽에 두고 있었다. 그들은 목록에 페니실린도 포함시키기로 결정했지만 그것은 순전히 페니실린의 정체를 잘못 판단했기 때문이었다. 그들은 페니실린이 효소나 단백질일 거라고 생각했다. 만약 처음부터 페니실린이 작고 간단한 분자인 줄 알았더라면 애초에 연구 대상으로 고려조차 하지 않았을 것이다. 그들은 그것이 유용한 약이 되리라고는 생각하지도 않았고, 연구 과정에서 상당히 후반기에 이르러서조차 1차적인 목적은 그 경이로운 효과를 일으키는 메커니즘을 알아내는 것이었다.

동기야 어쨌든 옥스퍼드대학의 과학자들은 결국에는 최초의 항생제인 페니실린을 세상에 내놓는 데 결정적인 네 가지 업적을 이루었다. 그들의 네 가지 업적은 다음과 같다.

1. 불과 수십 년 전만 해도 인류의 가장 무모한 꿈이었던 감염증을 치료할 수 있는 유용한 임상약인 페니실린을 밝혀냈다.
2. 페니실린을 인간에게 사용해도 안전한 상태까지 분리하고 정제하였다.
3. 최초로 인간에게 페니실린 임상 검사를 수행했고, 그 과정 중에 많은 목숨을 구했다.
4. 페니실린을 상업적인 규모로 만들 수 있는 방법을 발견해 냈다. 그들은 상당한 양의 약을 직접 만들었고, 전쟁 중인 미군과 영국군이 사용할 페니실린의 조기 생산을 위해 영국과 미국 제약회사 양쪽 모두에 그 기술을 제공하였다(페니실린 이야기에 유일한 미국인들의 공헌인 심층발효에 의한 페니실린 생산법은 1945년에 이르러서야 확립되었다).

처음 두 업적은 대학에서 다루기에 적합한 연구였다. 세 번째 것은 다소 한도 밖의 일로 생각된다. 네 번째 업적은 당시 대학 연구 종사자의 일반적인 활동에서 매우 이례적으로 벗어난 일이었다. 이것은 오늘날까지도 '순수' 학문의 기준으로 볼 때 다소 보수적인 옥스퍼드대학에서 있었던 일이라는 점에서 더욱더 유별난 일이었다. 플로리와 체인의 연구 중에 가장 높이 살 부분은 인간이 발견한 가장 강력한 약이 될 수도 있는 중요한 무엇인가가 그들의 수중에 있음을 알았을 때 그들 원래의 역할과 고유 분야를 기꺼이 버렸다는 사실이다.

옥스퍼드의 연구에 있어 플로리가 특히 크게 인정받아야 할 이유는 다음과 같은 점이다. 그는 과학적인 연구를 통해 그의 동료들을 이끌기만 한 것이 아니었다. 그는 전쟁 중의 영국에서는 제공받을 수 없었던 재정적 도움을 얻기 위해 미국으로 달려가기도 했고, 스스로 정부위원회에 뛰어들어 생산이 안정적으로 시작될 수 있도록 헌신적으로 노력하기도 했다. 그는 자신의 행위가 '살인 행위'라고 투덜대는 불신자들의 얘기를 들으면서도 북아프리카 전장으로 달려가 그 새로운 약의 시험 기간 동안 사용법을 지도하기도 하였다.

정설처럼 되어 버린 페니실린 신화에 의하면 2차 세계대전의 발발 혹은 그 위협이 새롭고 더욱 강력한 항세균물질을 찾도록 플로리와 체인에게 우선적인 동기를 제공했다는 것이다. 플로리와 체인 두 사람은 언제나 이 사실을 부정했다. 그러나 단지 북아프리카 전쟁의 부상자들을 치료해 보았을 때 약효가 엄청났기에 페니실린이 세계에 영향을 미치게 되었을 뿐이며, 전쟁의 시작과 페니실린으로 이어진 연구의 시기적 일치는 우연에 불과하다는 이야기는 당사자들의 주장에도 불구하고 언뜻 믿기에 어려운 것이 사실이다.

1968년 4월 20일 자 『네이처(Nature)』에 실린 플로리 경의 사망 기사에 다음과 같은 글이 실렸다. "1939년 전쟁의 발발과 함께 부상자들의 세균 감염을 치료할 수 있는 물질에 대한 잠재적인 중요성 때문에 그가 많은 관심을 보였을 것으로 생각되지만, 플로리는 이것이 결코 '전쟁 시의 특수 연구'가 아닌 순수과학이었다고 주장했다." 그러나 동료 과학자들조차 페니실린처럼 짧은 기간 동안에 중요한 결과를 만들어 낸 그 연구가 단지 '순수과학'이라는 것을 인정하기는 쉽지 않았을 것이다. 페니실린에 대한 초기 작가들의 더 극적인 설명은 소콜로프(Socoloff)의 책에서 발췌한 다음 글에서 찾아 볼 수 있다.

> 항세균제가 존재할 것이라는 생각은 아직 뜬구름 잡는 소리였다. 그건 아직 대중적인 생각이 아니었고, 의학계에서는 의붓자식 취급을 당했다. 그러나 몇몇 과학자들이 관심을 가지기 시작했다. ……
>
> 전쟁이 임박했다. 강력한 항세균물질의 필요성은 긴급하고 실제적으로 중요하게 되었다. 페니실린이 가능성이 있을까? 이런 질문이 플로리의 실험실에서 제기되고 상세히 토의된 것은 너무도 자연스러운 일이었다. 그러고 나서 플레밍이 발견하여 보관하고 있던 그 곰팡이를 다시 배양해 보기로 결정했다.

다른 이들은 페니실린을 연구하기로 한 '그 중대한 결정'은 플로리와 체인의 '굳은 의지'에 의해 이루어졌다고 자신 있게 주장한다. 그러나 진실은 단지 플로리와 체인의 기억에 의해서만 밝혀진 것은 아니었다. 그 신화가 사실이 아니라는 문서상의 증거들도 있다.

전쟁이 플로리와 체인을 페니실린으로 돌아서게 한 동기가 아니었기에, 페니실린이 전쟁 기간 중에 약으로 모습을 드러낼 수 있었던 것은 순전한 행운이며 우연이었다. 운으로만 돌릴 수 없는 사실은 페니실린이 재빨리 생산 체제로 들어갔다는 것이었다. 우연히 그 강력한 항세균제가 전쟁 중에 나타나자, 대서양 양쪽의 의학인들과 관리들은 재빨리 그것이 무엇을 의미하는지를 알아챘고, 평화 시라면 결코 가능하지 못했을 속도로 그 물질의 대량 생산을 추진했다.

그러나 옥스퍼드에서 보여 준 증거에 의하면 페니실린을 최초의 항생제로 만든 것 역시 순전한 우연이었다. 1938년에는 다른 항생제가 존재한다는 증거들이 많이 있었다. 다른 과학자들 특히 미국의 르네 듀보(Rene Dubos)와 셀만 왁스만은 이미 이 방향을 모색하기 시작하고 있었다. 옥스퍼드 사람들이 운이 좋았던 것은, 전혀 의도하지 않았지만 유일하게 독성이 없는 항생제에 대한 단서를 쥐게 되었다는 점이다.

어떻게 해서 페니실린이 옥스퍼드에서 발견되었는지를 설명하기 위해서는 그곳 사람들이 어떻게 그 일에 참가하게 되었는지를 알아야만 한다.

하워드 플로리는 오스트레일리아인으로 명석한 학자였다. 그는 1898년 9월 24일 남오스트레일리아 수도인 애들레이드에서 태어났으며, 애들레이드의 세인트 피터 대학에서 교육받으며 과학, 그중에 특히 화학에 대해 일찍부터 흥미를 나타내었다. 그러고 나서 애들레이드 대학에서 박사학위를 받았다. 1922년에는 옥스퍼드의 모들린대학에 로드(Rhodes) 장학생으로 와서 생리학을 전공했다. 병리학으로 바꿔 보라는 찰스 셰링턴 경

(Sir. Charles Sherrington)의 제안에 따라 1924년에는 케임브리지대학으로 옮겨 병리학 공부를 시작했다. 1925년에는 록펠러 재단의 지원으로 1년간 미국에서 지내고는, 다시 자유연구원(Freedom Research Fellow)으로 런던 병원에서 임상 경험을 쌓았다. 1929년에 다시 케임브리지로 돌아와 셰필드의 병리학 교수로 임명된 1931년까지 그곳에 계속 머물렀다. 빠른 승진과 경력으로 그는 1935년 에드워드 멜런비 경에 의해 옥스퍼드의 윌리엄 던 병리학교로 발탁되었다.

그의 명석함과는 관계없이 여기까지는 거의 정해진 과정이었다. 뒤에 이룬 업적에 대한 중요한 암시는 세 가지 정도가 있었다. 플로리는 그의 첫 번째 부인이 된 에델 리드(Ethel Reed)를 애들레이드 학생 시절에 만났다. 그건 그들이 결혼하기 몇 해 전이었고, 그는 조용한 사람이었기에, 이것이 아마도 훗날의 도전과 추진력에 대한 첫 단서가 되었을 것이다. 그리고 둘째로는 많은 사람들을 만나고 여러 다른 실험실들을 방문할 수 있었던 1년간의 미국 생활이 있었다. 그러나 가장 큰 수확은 필라델피아의 펜실베이니아에서 몇 개월을 보내며 뉴턴 리처드(A. Newton Richard) 박사와 깊은 우정을 쌓은 것이었다. 세 번째 흥미로운 사실은 플로리가 1922년 플레밍이 발견한 라이소자임에 관심을 갖게 되었다는 것인데, 그는 케임브리지에 머무는 동안 이 물질에 대한 연구를 시작했다. 처음에는 혼자서 일을 하다가 골드스워디(N. E. Goldsworthy)와 합류했다. 셰필드로 갈 때까지도 그는 이 주제와 거기에 관련된 연구에 계속 흥미를 가지고 있었다.

겨우 37살의 나이인 플로리를 옥스퍼드의 병리학 교수로 선택한 것은 명백히 정책적인 것이었다. 생명체의 동적인 움직임에 관심이 있고 어느 정도 임상의학의 경험을 가진 생리학자를, 다른 대학에서는 운영하지 않는 연구 과제를 위해 끌어들인 것은 상당한 심사숙고 끝에 결정된 선택이었다. 거의 같은 시기에 다른 오스트레일리아 생리학자가 런던의 대학병원에 비슷한 경로로 교수에 임명되었다. 옥스퍼드에 플로리가 임명된 사실은 『네이처』에 실린 그의 사망 기사에, '영국 병리학 역사에 획을 긋는 사건'이라고 묘사되고 있는데, 이것은 그가 페니실린을 발견했기 때문이 아니라 런던에 온 또 다른 오스트레일리아 사람의 임명과 연관된 것이었다. "그들은 영국과 영연방 병리학과의 교수법과 연구법의 새로운 형태를 낳았다"고 『네이처』는 평했다.

영국에서는 그러한 결정을 누가 내리는지가 미국에서처럼 분명히 드러나지 않는다. 기득권층이 누구이든 간에 뭔가 해야 할 일은 조용히 결정된다. 이것은 어떤 특정한 위원회나 기관에서의 공식적인 결정이 아니고, 대개 해당 분야 내부와 주위 사람들 간에 교감되는 의견의 움직임이다. 이 경우에는 그 결정에 대한 배후 인물이 매우 진보적이고, 세계 의학 연구의 권위자이며 의학연구심의회의 책임자인 에드워드 멜런비 경이었다. 그러나 중요한 점은 새로운 제도를 운영하리라고 기대되는 플로리가 영향력 있는 여러 사람의 지지를 얻어 옥스퍼드로 옮겼다는 것이다. 그가 해야 할 일은 새로운 형태의 병리학과를 만드는 것이었다. 그리고 그것은 그가 하고 싶었던 일과 정확히 일치하는 것이었다. 그는 오늘날에는 영역 간 협동 연구라고 알려진 분야에 뛰어들기로 결정했다. 세균학, 화학병리학,

그리고 생화학이 한곳에 모아져서 최신 미세 조작 기법을 생리학에 이용하게 된 것이다.

당시 영국에서 페니실린 문제를 푸는 데 필요한 전문적 지식이 한곳에 모인 것은 아마도 옥스퍼드가 유일한 곳일 텐데, 재미있게도 이러한 구성이 전혀 페니실린을 고려해서 이루어진 것은 아니었다. 그래서 운이 따랐다고 한다면, 이것이 모든 행운 중에서 가장 큰 행운이었을 것 같다.

언스트 보리스 체인의 경력은 전혀 달랐다. 1906년 베를린에서 화학회사를 경영하던 러시아인 아버지와 독일인 어머니 사이에서 태어났으며, 1933년 나치가 권력을 잡았을 때 국외로 도망가야 했던 독일계 유태인 과학자 중 하나였다. 그 무렵 그는 의사 자격을 따고, 생화학 공부를 시작하고 있었다. 그는 영국으로 건너와서 새로운 경력을 쌓아야 했다. 런던에서 잠시 일을 하다가, 케임브리지 생화학연구소의 프레더릭 가울랜드 홉킨스 경(Frederick Gowland Hopkins) 밑에서 연구를 하게 되었는데, 그는 최초로 음식에서 비타민의 중요성을 확립한 사람이었다. 그가 영국인들이 대륙에서 건너온 젊은 천재들에게 기대되는 모습과 닮았다는 것이 체인에게는 여러모로 편리한 일이었는데, 사실 그는 아인슈타인처럼 생겼다. 그는 말도 잘했고 외향적인 사람으로, 보수적이면서 영국인에 가까운 플로리와는 대조적이었다.

체인은 캐나다나 오스트레일리아로 가서 새 직업을 구해야겠다고 생각하고 있었기에, 플로리로부터 옥스퍼드 영구직을 제안받았을 때 몹시 기뻤다. 가울랜드 홉킨스는 그의 연구에 매우 감명받았기 때문에 체인에게 그런 일을 맡기는 데 크게 영향을 미쳤다. 그리고 체인의 일은 윌리엄 던 병리학교의 생화학 연구를 확립하는 일과 관계가 깊었고, 플로리로부터 어떤 개인적 연구라도 자유로이 할 수 있다는 약속을 받았다. 그러나 플로리는 라이소자임이 주목할 만한 가치가 있다고 제안했다.

일단 체인이 옥스퍼드의 플로리에게 합류한 뒤로, 그는 케임브리지에서 시작했던 것과 같은 선상에서 연구를 계속했다. 그는 어떤 뱀독 속의 신경성 물질을 조사했고, 그 독에 의하여 손상을 입는 것이 효소의 일종인 뉴클레오티다제이며, 희생자의 몸속에서 호흡계를 조절하는 활동을 연결해 주는 중요한 역할을 맡은 효소를 방해하여 작용한다는 것을 증명했다. 체인의 말에 따르면, "그래서 처음으로 단백질의 성질을 가진 자연의 독이 작용하는 활동 방식을, 효소가 호흡 사슬의 중요한 요소에 작용한다는 식의 생화학적 용어로 설명할 수 있게 되었다"고 한다.

효소는 체내의 전문적인 기술자들이다. 각 효소는 생체 내에서 일어나는 화학반응 중 단 한 가지 일만을 담당한다. 신체 구성 세포들과 음식을 에너지로 만드는 과정, 호흡, 산소를 에너지로 만드는 과정, 원치 않는 부산물을 처리하는 작업 등에 수천 가지의 화학반응이 존재한다. 어떤 효소들은 몸으로 들어오는 음식물같이 복잡한 분자들을 더 간단한 분자들로 쪼개 나간다. 다른 효소들은 단순한 분자들을 연결해서 몸의 구조를 이루는 길고 복잡한 분자로 만드는 일을 한다. 효소는 기본적으로 단백질이고, 그것은 우리 몸을 이루는 구성 물질과 같은 기본 단위로 이루어져 있음을 뜻한다. 이 기본적인 단위는 20종류의 아미노산들이다. 효소와 모든 단백질은 이 20개의 기본

구성 물질들로 이루어진 긴 사슬이다. 수백의 아미노산이 배열된 순서가 한 단백질로부터 다른 단백질을 구분하는 기준이 된다. 그러나 동시에 다른 형태의 아미노산 간에 인력이나 척력이 작용하기 때문에 배열 순서에 따라 각각의 긴 사슬이 꼬이거나 접혀서 3차원 구조를 이루는 방식도 결정한다.

오늘날에는 효소가 어떻게 작용하는지를 결정하는 중요한 요소가 접히거나 꼬여서 생긴 3차원 모양이라는 것이 상식이다. 그래서 효소는 활성 부위에 갈라진 틈을 가진 모양을 이루고 있고, 이 틈이 기질이 딱 맞게 결합하는 것으로 보인다. 효소의 모양이 그 작용 방식에서 중요하다고 하는 이 가설은 라이소자임의 완전한 구조가 규명되면서 다시 한 번 증명되었다. 그러나 이러한 사실이 전혀 알려져 있지 않았던 1936년에 체인의 연구는 효소화학에 관한 이 현대적 가설의 초석이 되었다.

뱀독의 연구를 재빨리 끝내고(그것 자체로도 훌륭한 과학적 업적이었다) 체인은 플로리가 제안한 라이소자임으로 방향을 바꾸었는데, 로드 장학생이었던 젊은 미국인 레슬리 엡스타인(Leslie A. Epstein)의 도움을 받았다. 플레밍이 눈물과 콧물, 그리고 계란 흰자위를 비롯한 많은 물질에서 라이소자임을 발견한 것이 1922년이었다. 그는 또한 그것이 엄청난 수의 미크로코쿠스 리소데이크티쿠스를 빠르게 녹인다는 것도 보였다. 체인은 1971년에 다음과 같이 회고했다. “플로리가 라이소자임에 관심을 가진 것은 그것이 나타내는 항세균력 때문만은 아니었고, 라이소자임이 십이지장의 분비에도 나타난다는 사실 때문이었습니다. 플로리는 그때 그것이 자연 면역 메커니즘에 작용하며 특히 위궤양의 원인에 관계할 것이라고 생각했던 것 같습니다." 체인은 라이소자임이 효소의 일종으로 보였기 때문에 관심을 가진 것이었다. 1년 내에 그는 그것이 실제로 효소이며, 그 작용은 다당류라고 불리는 분자 구조를 깨뜨린다는 것과 그것이 다당류를 포함하고 있는 미생물의 세포벽을 파괴함으로써 공격한다는 사실을 밝혔다.

이 일은 1937년 말 이전에 끝이 났고, 논문을 쓰기 위해 문헌을 읽던 중에 체인은 자연 물질에 의해 세균이 파괴되거나 분해되는 현상을 기술한 논문들을 찾을 수 있었다. 그는 한 가지 형태의 세균이 다른 균을 분해하는 몇 가지 보고된 예를 발견했다. 그러나 그는 세균이나 곰팡이, 스트렙토마이세스나 효소에 의해 생성되는 자연 물질이 실제로 다른 균을 죽이기보다는 성장과 분열을 방해한다는 보고를 더 많이 발견하였다. 그래서 그는 "어느 정도는 우연히 미생물 길항 현상이라는 주제와 마주치게 되었다"면서 다음과 같이 말했다.

그러나 그 방해 물질의 화학적 또는 생물학적 성질에 대해 알려진 것이 아무것도 없다는 사실을 알고 나니, 도전해 볼 가치가 있는 분야로 보이더군요. 무수한 토의 끝에 플로리와 나는 미생물에서 만들어지는 항세균물질에 대해 화학과 생화학뿐만 아니라, 생물학적으로도 체계적인 연구를 해 보기로 결정했습니다. 내가 맡은 부분은 이 물질들을 분리하고 화학적, 생화학적 특성을 연구하는 것이었고, 플로리는 그 생물학적 특성을 연구하는 일을 맡기로 했지요.

체인은 1938년 초, 세균 길항에 대한 광범위한 과학 논문 검색을 끝냈다. 그 과정에서 그는 문헌에 나타난 가장 충격적인 세균 저해 작용에 대한 기록 중 하나인 플레밍의 1929년 논문도 읽었다.

플로리와 체인을 페니실린으로 이끈 사실들을 간단하게 정리해 놓으면 마치 사고의 논리적인 전개가 있었던 것처럼 보이기 쉽다. 플로리는 라이소자임에 관심이 있었는데 그것은 플레밍의 첫 번째 항세균 발견이었다. 플로리는 체인을 그 일에 투입한다. 체인은 라이소자임 문제를 해결하고 플레밍의 두 번째 항세균 발견을 추적한다. 그러나 실제 상황은 달랐다. 플로리는 항세균물질로서의 라이소자임에 관심이 있었던 것이 아니라, 그 생리적 현상에 관심이 있었던 것이다. 체인은 단지 일상적인 논문 검색 과정 중에 플레밍의 발견과 마주쳤을 뿐이었다. 거기에는 페니실린에 대한 어떤 목표도 없었고, 미생물 길항을 다루는 보다 광범위한 계획이 있었을 뿐이다.

그러나 바로 이 무렵(1937년 말과 1938년 초)에 플로리의 마음을 괴롭히는 전혀 다른 문제가 있었는데, 그것은 과학과는 전혀 관계없는 돈 문제였다. 그의 학과는 은행에 500파운드나 빚을 지고 있었는데, 당시의 옥스퍼드 과학자들에게는 상당한 금액이었다. 체인은 당시 플로리가 더 이상의 장비나 물자는 유리관 하나조차 더 이상 사지 못하도록 명령한 것을 뚜렷이 기억하고 있었다.

첫 번째 자금 신청은 의학연구심의회에 제출되었지만 거절당했다. 당시 영국 과학자들에게 잘 알려진 것처럼 작은 기관에 매년 조그만 지원을 요청하는 일은 과학자들을 질리도록 만들었고, 엄청난 시간 낭비였다. 중장기의 계획과 큼직한 재정 지원이 필요했던 플로리는 미국에 있던 시절부터 알게 된 록펠러 재단으로 마음이 쏠렸다.

플로리는 1938년 후반기쯤에 처음으로 록펠러 재단의 문을 두드렸다. 그 재단에서는 장기간 연구를 위한 신청이라면 의학적 성격이 아닌 생화학적인 쪽이 더 유리하다는 것이 알려져 있었다.

마침 그 무렵 록펠러의 대표들이 유럽 여러 나라를 돌면서 연구 지원에 대한 검토를 하던 중이었다. 체인은 플로리로부터 장기간의 생화학 연구 계획을 짜 보라는 부탁을 받았다. 그는 체계적인 미생물 길항 연구를 절반 정도 포함하는 계획을 수립했다. "나는 그 계획에 미생물에 의해서 생성되는 항세균물질에 관한, 몇 년은 걸릴 법한 목표를 포함시켰다"고 체인은 회고했다.

그 연구 계획 검토는 전쟁이 시작된 지 두 달 후인 1939년 11월 20일에 결정되었는데, 이는 세계에서 가장 훌륭한 대학 중의 하나와 세계에서 가장 부유한 재단의 계약이었다. 그날 플로리는 정식 연구 제안과 지원 요청을 록펠러 재단에 보냈다. 언스트 체인 경의 호의로 본 저자는 이전에 발표되지 않았던 그 연구 제안 전문의 사본을 얻을 수 있었다. 그것은 플로리가 워런 위버(Warren Weaver) 박사에게 보내는 편지로 시작된다.

저는 밀러 박사가 최근에 옥스퍼드를 방문하던 동안에, 우리가 록펠러 재단의 대표들에게 우리 과에서 좀 더 깊은 생화학 연구를 수행할 수 있도록 요청하는 연구 계획서를 준비하고 있다고 말한 바 있습니다. 그 글은 그가 여기 있는 동안에 마무리되지 못했지만, 밀러 박사는 그 글을 완성하여 프랑스에 있는 그에게 보내면 정식 경로로 인정되어 접수될 것이라고 약속했습니다. 그러나 요즘의 우편 통신이 다소 불확실하기에 사본 한 부를 뉴욕에 있는 당신에게

> 보내는 게 좋겠다고 충고하더군요. 그래서 그에게 보내는 것과 같은 사본을 당신에게도 부칩니다.

전쟁이 확산되면서 부상자를 위한 치료제를 찾는 일이 매우 급박해졌다. 그건 제인 오스틴(Jane Austen, 영국의 소설가, 1775~1817)을 생각나게 하는 표현이었다. 전쟁에 대해서는 직접적으로는 언급하지 않으면서, 단지 우편 배달의 불확실성이란 표현으로 상황을 전달하는 것이었다.

밀러 박사에게 보내는 플로리의 편지에는 원조를 바라는 공식적인 요청이 더 자세하게 기술되었고, 그 원조는 생화학 연구 계획을 '확장하고 가속시키는 데 쓰일 것'임을 명확히 했다.

> 이 계획은 지금까지 연구 재원과 연구 인력의 부족으로 인해 부진을 면하지 못해 왔는데, 예를 들면 보조 기술자 한 명이 네 사람의 과학자를 도와야 할 정도였지요. 연구에 필요한 기구 하나를 구하는 데 수개월씩 걸리기 일쑤였구요. 외부 기관의 이사들과 비교적 적은 돈 때문에도 회의를 해야 하고, 그나마 그런 회의가 자주 열린 것도 아니었습니다. 전쟁의 발발과 함께 이 물질적인 어려움은 줄어들 줄 모르고 있지만, 그나마 다행히 학과의 필수적인 연구 활동은 문제없이 진행 중이고, 대부분의 연구 기구들도 손상되지는 않았습니다.

아마 전형적인 옥스퍼드의 모습대로 국가는 전쟁 중이었어도 필수적인 연구는 '상대적으로 거의 방해를 받지 않았던 것' 같다. 플로리는 계속해서 그가 생화학의 중요성과 '다른 생화학적 문제뿐만 아니라, 효소에 매우 뛰어난 천부적 재능'을 가진 체인을 데리고 있다는 사실을 부각시켜 써 나갔다. "제안된 연구는 그 이론적 중요성뿐만 아니라, 치료 목적으로 사용될 실용적 가치가 있을 것으로 기대한다"고 편지를 마무리 지었다. 여기에서 당시 플로리의 생각을 엿볼 수 있는데, 그것은 이론적 생화학 연구의 중요성이 우선이고, 그것이 치료 목적으로 전환될 수도 있다는 것이다.

그 재정 지원 요청은 그 학과에서 최근에 이루어진 6가지 가장 중요한 업적들을 기록하고 있다. 첫째로 매우 적은 수의 세포를 포함한 조직에서의 대사나 호흡, 에너지 교환 등을 연구하는 데 쓰이는 미세 호흡계를 만든 것이다. 이것은 플로리의 개인적 관심 중 하나였으며, 그는 또한 이 기구를 보통 세포와 암세포의 행동을 비교하는 데 이용했다. 그다음으로는 뱀독과 라이소자임이 목록에 올랐다. 4번, 5번으로 매겨진 다른 두 개의 항목은 이 이야기와는 전혀 관련이 없다. 끝으로 이른바 '확장요소(Spreading Factor)'와 점막을 파괴하는 효소의 관계를 기술하고 있다. 9쪽 정도 더 계속되는 내용은 최근 3년간의 연구 결과들과 발표된 논문들의 중요한 부분들을 다루고 있다.

이 지원서의 핵심인 생화학 연구 계획은 그다음에 기술되어 있다. 그리고 이 계획의 단지 절반만이 페니실린을 포함하고 있다. 이 중요한 절반의 제목은 「용균 효소를 통한 세균 길항 현상에 대한 화학적 연구」였다. 나머지 절반은 위에서 언급한 확장 요소, 일명 점막 분해 효소(Mucinase) 연구에 할애되고 있었다. 지원서의 이 부분은 플로리의 요청으로 체인이 작성한 것이었다. 그것은 우선 세균 길항을 요약하면서 시작되었고, '많은 세균 길항의 예' 중에서 세 가지가 선택되었다. 첫째로 콜레라, 탄저열, 디프테리아 균을 파괴하는 물질을 만들어 내는 녹농균, 둘째는 결핵균, 연쇄상구균, 장티푸스 등의 성장을 중단시키는 물질을 만드는 섭틸리스(B. subtilis), 그리고 곰팡이인 페니실륨 노타툼은 겨우 세 번째의 마지막 예로 쓰였다.

지원서 편지에는 왜 자신들의 학과가 그 계획에 뛰어들어야 하는지를 정당화하는 내용이 담겨 있다.

> 세균으로부터 만들어지는 그 물질들이 길항적으로 다른 균에 작용하는 것이, 최소한 다른 미생물을 실제로 파괴할 때에는 라이소자임과 방식이 유사하다. 라이소자임은 효소의 일종으로 옥스퍼드에서 연구되어 그 작용이 밝혀졌다. 다른 길항 물질들도 비슷하게 같은 류의 효소인 듯하다. 그래서 그것들은 세균에 특이하여, 오직 세균만을 공격하므로 동물의 몸에는 독성이 없는 것 같다. 그래서 그것들은 치료제로 응용될 높은 가능성을 가지고 있을 것으로 보인다.
>
> ......
>
> 세균에서 만들어지는 항세균 길항 물질의 가능한 실용적 중요성이라는 관점에서, 병원균들에 대해 용균 및 살균력을 가진 물질을 주사로 투여할 수 있을 만큼 정제된 형태로 얻는 것을 목적으로 그 현상의 화학적인 기초를 체계적으로 연구할 것을 제안한다.

그리고 그 글은 그들이 이미 페니실린 곰팡이와 녹농균에서 생성되는 물질들을 정제하는 일을 이미 시작했다고 밝히고 있다. 체인이 쓴 나머지 부분은 점막 분해 효소에 대해 제안된 연구의 상세한 내용을 포함하고 있었다. 거기엔 또한 플로리 교수와 가드너 교수가 생물학적 연구와 동물 실험을 할 수 있으리라는 언급도 들어 있었다.

그러나 체인의 요약에서도 그가 연구의 우선순위에 대해 플로리와 같은 생각을 가지고 있음을 분명히 알 수 있다. 그 연구는 넓은 범위에 걸친 현상에 대한 폭넓고 체계적인 것으로서, 실용적인 무엇인가를 만들기 이전에 그 화학적인 기초를 마련하기 위한 것이었다. 그렇지만 이 지원서가 쓰인 지 1년도 안 되어서 그들은 화학적 기초보다는 환자를 치료할 충분한 양의 페니실린을 얻는 데 더 관심을 갖게 되었다.

지원서에서는 플로리가 록펠러 재단으로부터 지원받아야 할 예산의 상세한 내용을 기술하는 연구 시간과 조건에 대해 더 많은 부분을 할애했다. 그는 1년에 모두 320파운드의 임금이 필요한 두 사람의 기술 전문가와 250파운드의 기계공 한 사람에 대한 지원을 요청했다. 당시엔 전문직인 생화학자조차 연봉 600파운드밖에 받지 못할 형편이었다. 150파운드짜리 고속 원심분리기를 포함해서 5파운드짜리 전압-전류계와 10파운드짜리 얼음분쇄기도 포함되었다. 페니실린 이야기의 주인공(플로리)은 대학 정구팀이 시합을 여는 옥스퍼드 공원의 한쪽 끝에 있는 플로리 실험실의 아름다운 숲에 대해서도 언급했다. 그러나 정작 '페니실린 분리'에 필요한 15파운드짜리 '조그만 라타피(Latapie) 분쇄기'에 대해서는 아무 언급이 없다.

그러나 오히려 록펠러 쪽에서 53파운드나 나가는 '큰 라타피 분쇄기'가 필요할 거라고 제안하기까지 했다. 결과적으로 록펠러 재단은 1년에 5,000파운드씩 5년간 제공하기로 했고, 체인은 "우리에겐 엄청난 은총인 것 같았다"고 말했다.

군인들의 생명을 구하기 위한 항세균 약을 만드는 경쟁적 연구라는 묘사를 체인 교수는 강하게 부정했다. "전쟁을 위한 페니실린을 만드는 경쟁도 그 밖의 누군가와의 경쟁도 거기엔 없었습니다. 만약 다른 누군가가 그 주제에 대해 연구하고 있었더라면 나는 아예 흥미도 갖지 않았을 텐데, 그 분야가 내 흥미를 끌었고, 록펠러의 지원은 연구를 위해 가장 절실한 부분이었지요. 우리들은 단지 실험실에 곰팡이 배양을 가지고 있었기에 우연히 페니실린 쪽으로 발길을 돌리게 되었을 뿐입니다."

그러면 그것들은 어떻게 이루어졌나

옥스퍼드의 연구는 잘못된 첫걸음으로 시작되었다. 뱀독과 라이소자임이라는 두 가지 중요한 과학적 성공을 거둔 직후라 체인과 플로리 두 사람 모두 그 항세균물질이 틀림없이 효소일 거라고 생각했다. 그리고 그들은 페니실린 역시 효소라고 믿을 만한 합리적인 이유도 가지고 있었다. 그 뒤 꼭 30년이 지나고, 체인은 한 토론회에서 페니실린에 대해 말했다.

내가 처음으로 플레밍의 논문을 보았을 때, 나는 플레밍이 계란 흰자위의 라이소자임과는 달리 다양한 그람 양성균에 작용하는 곰팡이 라이소자임을 발견한 거라고 생각했습니다. 또한, 곰팡이의 라이소자임에 성장이 방해받는 이 모든 병원균들의 세포벽은 효소가 작용할 공통된 기질을 함유하고 있을 가능성이 있었고, 그 가설상의 공통 기질은 분리해서 규명해 볼 가치가 있을 것 같았지요. 그러기 위해서는 당연히 그 효소를 정제하는 작업이 필요했지만, 이전의 연구 경험으로 비추어 볼 때 별다른 어려움이 없을 것으로 보였습니다. 그 당시 나는 효소 자체보다는 추정되는 효소의 기질을 연구하는 데 더 흥미가 있었던 거죠. 우리가 효소를 다루고 있다는 생각은 1932년에 레이스트릭과 그의 동료들이 쓴 논문으로 더 강해졌는데, 거기에는 페니실린이 추출 과정에서 매우 불안정함이 보고되어 있었기 때문입니다. 그들은 산성화된 페니실린 함유 배양 수용액을 에테르로 추출하여 증류시키면 활성이 사라졌다고 보고했지요. 나는 그 결과를 활성단백질이 에테르에 의해 변성되었기 때문이라고 해석했는데, 그런 일은 라이소자임에서 흔하게 일어나는 일이기도 합니다. 그러나 내 연구 가설이 완전히 틀렸다는 것이 첫 번째 실험으로 증명되고 말았지요.

그러나 몇 년이 지나 밝혀진 바에 의하면 체인은 적어도 한 가지 점에서는 옳았다. 비록 페니실린이 효소는 아니었지만, 그것에 의해 공격받는 세균의 세포벽에는 페니실린이 작용하는 공통적인 특정 물질이 존재했다. 그러나 그것은 라이소자임처럼 세포벽의 물질을 깨뜨리는 것이 아니라, 그 물질이 성공적으로 세포벽을 만들어 내는 것을 방해하는 것이었다.

록펠러의 지원이 대규모 연구를 가능하게 해 주기 전에도 플로리와 체인이 계획한 체계적인 세균 길항 연구가 조그만 규모로나마 시작되고 있었다. 1939년 초 그들은 세 가지 다른 물질을 가지고 시작하기로 결정했다. 녹농균에 의해 만들어지는 피오시아나스, 플레밍의 페니실린, 그리고 방선균류로 불리는 많은 종의 곰팡이로부터 만들어지는 물질이 그것이었다. 이 중 마지막 연구는 옥스퍼드에서는 시작도 못 했지만 훗날 다른 연구자들에 의해 유명한 항생물질로 등장하게 되었다.

피오시아나스의 연구가 먼저 이루어졌는데, 그것은 독일에서도 연구되어 대륙에서는 시험적인 임상 연구에 사용되기도 했다. 곧 체인은 이 미생물에서 두 가지 물질을 추출했지만, 첫 번째 동물 실험에서 맹독성을 나타냈다. 그럼에도 불구하고 피오시아나스 연구는 페니실린과 나란히 계속 진행되었다.

연구가 시작되던 시점에 윌리엄 던 병리학교는 플레밍의 페니실륨 노타툼 표본을 보유하고 있었다. 이것은 좀 이상하게 보이는 우연의 일치인데, 왜냐하면 체인은 분명 플레밍의 연구를 문헌 검색으로 우연히 찾았기 때문이었다. 그러나 경로야 어쨌건 그 곰팡이를 보유하고 있었다는 사실이 광범한 세균 길항 조사의 출발점 중 하나로 페니실린을 선택하게 했음은 틀림없다. 옥스퍼드에 있던 그 곰팡이를 보유하고 있었던 것은 플로리의 전임자인 조지 드라이어(Georges Dreyer) 교수 덕분이었다. 그는 플레밍의 발견이 있을 무렵에 세균파지(Bacteriophage)에 관해 연구하고 있었는데, 그는 페니실린이 세균파지의 일종이 아닐지 의심하여 플레밍으로부터 표본을 얻어 둔 것이었다. 세균파지는 세균에 감염하여 세균을 죽이는 바이러스의 일종이다. 드라이어는 페니실린이 세균파지 같은 것이 아니라는 것을 알아채고는 곧 그 연구를 중단했지만 곰팡이는 그대로 보관되고 있었다.

체인은 레이스트릭의 논문에서 쉽게 다룰 수 있는 합성된 채펙-독스 배지에 포도당을 첨가하면 곰팡이를 기를 수 있다는 사실을 알았다. 1939년 초의 대부분은 어떻게 하면 페니실륨 곰팡이가 페니실린을 생산할 수 있도록 기를 것인가를 배우는 일로 보냈다. 체인은 셰필드의 파인 박사를 실망에 빠뜨렸던 빠른 돌연변이에 의한 곰팡이 변종의 문제에 부딪혔다. 피오시아나스의 연구는 1939년 여름휴가까지 매우 빨리 순조롭게 진행되었다. 체인은 벨기에에서 휴가를 보냈지만, 전쟁이 발발하기 전에 서둘러서 돌아와야만 했다.

노먼 히틀리(Norman G. Heatley) 박사가 이 이야기에 등장한 것은 전쟁의 발발 때문이었다. 그 역시 플로리가 케임브리지에서 옥스퍼드로 데려왔다. 히틀리의 전공은 미세 기술을 이용하는 것이었다. 그는 새로운 장치를 만들고 작동하는 데 선구자이자 매우 뛰어난 솜씨를 가진 사람으로서, 옥스퍼드에는 미세 호흡계 연구를 위해서 옮겨 왔다. 1939년 여름에 히틀리는 그의 직업을 바꾸어 1년간 코펜하겐대학에서 경험을 쌓을 계획이었다. 그는 9월 12일에 덴마크로 떠날 예정이었고, 전쟁으로 그 여행이 취소되었을 때 가방까지 꾸려 놓은 상태였다. 그래서 그는 옥스퍼드에 계속 머물렀고 곧 플로리로부터 체인을 도와달라는 부탁을 받았다. 그는 1940년 초부터 일을 시작했고 곰팡이 배양과 기본적인 검사, 페니실린의 효능과 강도를 측정하는 일을 떠맡았다.

히틀리는 의심할 여지 없이 페니실린 이야기 전체에 걸쳐 참여한 사람 중의 하나이다. 오스트레일리아 사람인 플로리의 힘과 러시아-독일계의 유태인인 열광적인 체인과는 대조적으로 부드럽고 겸손한 히틀리는 거의 사람들의 눈에 띄지 않았다. 그는 완연한 영국 중산층 사람으로 공립학교에서 케임브리지에 이르는 전형적인 경력을 가지고 있었다. 그는 아직도 옥스퍼드의 윌리엄 던 학교에서 일하고 있고, 그의 뛰어난 점은 여전히 겸손한 데 있었다. 1970년 『일반미생물학 잡지(Journal of General Microbiology)』에 실린 플로리 경의 사망 기사는 영국인들이 좋아하는 보수적인 3인칭 문체로 쓰여 있는데, 여기에는 페니실린 생산의 초기에 기여한 히틀리와 그의 연구에 대해 다음과 같이 기술한 글이 포함되어 있다. "그의 장점은 즉흥성이었는데, 보통은 연구가들에게 그다지 가치가 없는 일이겠지만, 전시 상황하의 부족한 것투성이인 조건에서는 유용하다는 것이 증명되었다." 이 사망 기사의 끝에 가서야 독자는 이 글의 저자가 히틀리 자신임을 알 수 있다.

히틀리가 곰팡이를 기르고 배양접시에서 표준 미생물에 대한 페니실린의 강도를 검사하는 일을 맡은 덕분에 체인은 그 물질을 정제하고 분리하는 일에 집중할 수 있었다. 그는 곧 충격을 받았다. 페니실린은 효소가 아니었다. 그 활성물질은 쉽게 셀로판 여과지를 통과했고, 그것은 효소와 같은 거대분자가 아님을 나타냈다. 그것은 작고 비교적 간단한 분자임에 틀림없었다. 체인은 말했다.

내 아름다운 가설이 공기 중으로 날아가 버렸기에 처음에는 실망했는데, 단백질이라는 가정하에서나 설명할 수 있었던 페니실린의 불안정성 문제는 여전히 남아 있었습니다. 그 당시에는 그 정도로 불안정한 항세균물질이 알려진 바가 없었기에 어떤 구조 때문에 그렇게 불안정한가를 알아내는 것이 매우 재미있는 과제가 되었지요. 우리가 화학적으로 매우 유별난 물질을 다루고 있음이 분명했고, 그래서 그 연구는 계속해 볼 만한 가치가 있었던 거죠. 단지 다루는 문제의 성격이 달라졌을 뿐이었습니다. 강한 항세균성을 가진 효소의 분리와 활동 메커니즘을 연구하는 대신 강한 항세균력과 심한 화학적 불안정성을 가진 작은 분자의 구조를 밝히는 것으로 바뀐 거죠.

여전히 페니실린은 불안정하여 걸핏하면 사라지곤 해서 플레밍과 그의 동료들을 당혹스럽게 했다. 레이스트릭으로 하여금 흥미를 잃게 한 것도 그 불안정성이었다. 최초로 체인의 주목을 끈 것도 그 불안정성이었는데, 왜냐하면 그 불안정으로 인해 그것이 효소라고 생각했기 때문이다. 페니실린이 효소가 아니라는 사실이 밝혀졌을 때 그 불안정성은 매우 특이한 일이어서 체인의 호기심을 자극했고, 그는 순전히 과학적 흥미로 계속 페니실린을 추적했던 것이다.

체인은 일반적인 방법으로 곰팡이 즙으로부터 페니실린을 추출하려 시도했다. 불순물은 남기면서 페니실린만 얻기 위해 물 층에서 다른 용매로, 그리고 다시 물 층으로 페니실린을 이동시켰다. 그러나 그는 조금 다른 각도로 시작했다. 그가 그 물질의 불안정성에 매혹되었기 때문에, 다른 pH에서의 안정도를 검사하는 것으로부터 시작했다. 곧 pH 5~8 사이에서만 안정하다는 것이 밝혀졌고, 이것은 산과 염기의 중간인 중성에 가까운 매우 좁은 구간이었다. 그래서 페니실린을 한 용매에서 다른 용매로 옮기는 방법은 그 범위 한계에 가까운 산성도에서 이루어졌다. 체인은 그 전체 혼합물을 0℃로 유지하면 페니실린의 불활성화를 늦출 수 있다는 것을 발견했고, 자주 염기를 첨가해 주어서 산성도를 중성에 가깝도록 조절해 주었다. 이로써 그는 레이스트릭의 에테르 단계를 넘어 대부분의 활성을 물로 다시 풀어내는 데 성공했다. 그러나 이 단계에서 여전히 페니실린이 파괴되지 않는 상태를 유지하면서 건조시키거나 결정을 만드는 일은 해낼 수가 없었다.

마침내 그는 동결건조법을 시도했다. 물을 얼린 상태로 진공을 걸어 말리는 이 기술은 근래에 와서는 음식물, 특히 채소를 보관하는 데 매우 일반적인 방법으로 쓰이게 되었지만, 체인이 페니실린에 시도하기 전에는 실험실에서나 사용하는 방식으로 알려져 있었다. 그러나 1940년이 되기 직전에 대형의 동결건조기는 혈청을 건조하는 데 쓰기 위해 케임브리지에 도입되었다. 어쨌든 체인은 약간의 건조된 갈색 가루를 얻을 수 있었다. 그러자 놀랄 만한 일이 두 가지 생겼다.

이 건조된 갈색 가루 속의 페니실린이 파괴되었는지 살아남았는지를 보기 위한 일상적인 검사에서, 갑자기 그것이 100만 배로 묽게 한 상태로도 강한 항세균 작용을 가지고 있다고 판명되었다. 그들은 놀랍게도 100만 방울의 물에 단 한 방울만 섞어도 세균의 성장을 중지시킬 수 있는 물질을 대하게 된 것이다. 이것은 당시 알려진 가장 강력한 설폰아미드보다 20배나 더 강한 것이었다.

체인에 의하면 그때까지도 그저 일상적인 과정으로 '아무런 낙관적인 기대도 없이' 그 가루가 독성이 있는지 알아보기 위해 쥐에게 투여하였다. 놀랍게도 최소한 쥐에게는 엄청난 양인 20㎎이나 투여되었을 때도 아무런 해가 나타나지 않았다. 이 검사가 행해진 날 플로리와 가드너는 다른 일로 나가 있었다. 체인은 공식적으로는 자신의 실험실 연구원이 아니지만 바로 위층에서 일하던 존 반(John M. Barnes) 박사와 그 실험을 했다. 플로리는 그 독성 검사 얘기를 듣고 몹시 놀라서, 20㎎의 페니실린을 다시 만드는 것이 결코 쉬운 일이 아닌 줄 알면서도 그 실험을 직접 반복해 보았다. 다시 한 번 페니실린이 무독하다는 것이 증명되었다.

독성 검사에서 살아남은 이 쥐들은 이상한 현상을 보였다. 쥐들의 소변 역시 원래 만들었던 페니실린 용액처럼 진한 갈색으로 변했다. 그 소변을 조사해 본 결과 세균에 매우 강한 활성을 가지고 있음이 발견되었다. 체인이 회상했다. "이것으로부터 우리는 페니실린이 쥐의 몸을 통과하면서 그 활성을 잃지 않으며, 그 항세균 작용은 체액 속에서 일어나는 것이라고 결론지었습니다. 이것은 화학요법이란 관점에서 매우 유망한 것으로 보였지요."

이것이 페니실린 역사에서 결정적인 순간임은 의심할 여지가 없다. 이것이야말로 자연에서 생성된 물질이 생체 내로 투여되어, 혈액을 타고 순환하면서 감염균을 격파하는 항생물질의 개념이 인류의 마음에 새겨진 순간이었다. 만약에 우연히라도 페니실린이 효소였더라면 결코 화학요법의 가능성을 갖지 못했을 것이다. 효소와 같은 이종 단백질은 몸으로 들어가면 격렬한 면역 반응을 일으키기 때문이다. 그리고 여기엔 설폰아미드의 전례가 중요하게 작용했다. 설파 약은 과학자들로 하여금 플레밍이나 체인처럼 외부에서 쓰는 소독약으로 적용하는 것이 아닌, 생체 내에서 작용하는 화학물질을 생각해 낼 수 있게 해 주었기 때문이다. 그래서 플레밍이나 레이스트릭은 실패했던 실험, 즉 페니실린이 실용적인 화학요법제로 쓰일 수 있는가에 대한 결정적인 실험이 드디어 수행된 것이다. 이 순간부터 페니실린 이야기는 정확한 날짜들이 알려지기 시작했다.

최초의 항생제인 페니실린은 1940년 5월 25일부터 생체 실험에 쓰이기 시작했다. 이날은 토요일이었고, 전시에도 영국에서 토요일은 휴일이었기에 토요일에도 연구가 계속되었다는 것은 그 흥분이 매우 강렬했음을 보여 준다. 그러나 여전히 그것은 아직도 과학적인 흥분이었을 뿐이고, 감염된 전쟁 부상자들의 치료를 위한 것으로는 생각되지 않았다. 우선 흰쥐 여덟 마리의 복강에 치명적인 양의 연쇄상구균을 주사하였다. 1시간 후 그중 두 마리에는 10㎎의 페니실린을 한 번 주사하였다. 다른 두 마리의 쥐에는 5㎎씩 페니실린을 2시간 간격으로 세 번 주사하였다. 이 쥐들은 4시간 후에 다시 5㎎의 페니실린 주사를 맞았다. 평범한 산문체로 쓰인 실험 노트에는 다음과 같이 실험 결과가 기록되어 있다. "페니실린을 맞지 않은 쥐들은 감염 후 13시간에서 16시간 반 만에 모두 죽었지만, 페니실린을 맞은 쥐들은 모두 건강하게 살아남았다. 적은 양을 주사한 두 마리는 2일과 6일 후에 죽었지만, 다른 두 마리는 앓은 흔적도 없었다."

이 실험은 플로리 자신이 직접 수행하였다. 그 토요일 밤 실험실을 떠날 때쯤 그는 이미 실험 쥐들로부터 페니실린의 효과를 예감하고 있었다. 페니실린을 맞지 않은 대조 실험의 쥐들은 이미 병을 앓고 있었고, 치료받은 쥐들은 매우 좋아 보였다. 히틀리는 실험실을 떠나지 않고 네 마리의 대조군 쥐들이 다 죽을 때까지 거의 밤새 지키고 있었다. 이것이 바로 '감염으로부터 13시간에서 16시간 반 사이'에 죽었다는 정확한 기록이 남을 수 있었던 이유이다. 그가 일요일인 5월 26일 새벽 3시 45분에 실험실을 떠날 때, 적은 양의 약이 투약된 두 마리의 쥐는 털이 푸석해지며 다소 상태가 안 좋아지기 시작했지만, 많은 양이 투여된 다른 두 마리는 상태가 아주 좋았다. 페니실린은 대량의 균에 대해 방어 수단이 될 수 있음이 증명된 것이었다. 히틀리는 그날 아침에 자전거를 타고 집으로 가다가 수위에게 제지당해, 이른 새벽에 옥스퍼드 거리에 서성거리는 이유를 설명해야 했던 일을 아직도 기억하고 있다.

몇 시간 자고 난 뒤 히틀리는 실험의 진행을 살펴보기 위해 다시 실험실로 돌아왔다. 거기엔 이미 플로리와 체인이 와서 네 마리의 죽은 쥐와 살아 있는 치료된 쥐들을 보고 있었다. 흥분으로 얼굴까지 붉어진 체인은 말없이 양 손바닥을 위로 하고 어깨를 으쓱해 보이는 것으로 대답을 대신했다. 플로리도 "매우 유망해 보이는군요"라고 말하기만 했다. 그러나 그는 말보다 행동이 더 빨랐다. 히틀리는 플로리의 사망 기사에 다음과 같이 썼다. "실험이 다 끝나기도 전인, 실험 시작 26시간 만에 가능한 모든 수단을 동원하여 페니실린 생산을 늘릴 계획을 세운 것은 플로리다운 추진력이었다."

그 흥분과 기쁨의 순간에 그들 중 아무도 알아차리지 못한 큰 문제점은 그들이 쥐에게 시험한 그 물질이 대부분은 '페니실린'이 아니라는 사실이었다. 그것은 99%의 불순물과 단지 1%의 순수한 페니실린이었다.

페니실린의 효능과 유용성을 증명한 이 쥐 실험에 직접적으로 참여한 사람이 최소한 3명은 더 있었다. 이들은 아서 가드너 교수와 그의 동료인 진 오유잉(Jean Orr-Ewing), 그리고 플로리의 기술조교인 제임스 켄트(James Kent)였다. 그리고 이 무렵에는 가까운 다이슨 페린스(Dyson Perrins) 화학연구소의 에드워드 에이브러햄(Edward P. Abraham) 박사가 체인의 화학적 연구를 돕기 위해 와 있었다.

8마리의 쥐를 이용하여 페니실린이 강력한 화학요법제가 될 수 있음을 증명한 5월 25일로부터 세상에 그 소식이 알려지기까지는 고작 3개월밖에 걸리지 않았다. 플로리와 체인, 그리고 그의 동료들(히틀리, 가드너, 오유잉, 마거릿 제닝스, 그리고 고든 샌더)이 『랜싯』지에 세계를 뒤흔든 첫 번째 논문인 「화학요법제로서의 페니실린」을 발표한 것은 1940년 8월 24일이었다.

쥐 실험이 있었던 1940년 5월 26일 일요일 아침에 플로리는 즉시 페니실린의 생산을 늘리기로 결정했다. 체인은 1971

년, 왜 이런 결정이 내려졌는지에 대해 설명했다.

이 실험은 본질적으로 페니실린의 화학요법의 가능성을 열어 보인 것이었습니다. 그 뒤에 따르는 일들은 어쨌든 일상적인 과정이었던 거죠. 페니실린에 민감한 다른 병원균에 대해서도 실험을 확대해야 했고, 그러기 위해서는 더 많은 페니실린이 필요했습니다. 페니실린의 약물학적 연구도 필수적이었고, 여기에도 많은 양이 필요했거든요. 그리고 무엇보다도 화학적인 연구가 더욱 필수적이었는데 여기도 상당한 양의 페니실린을 필요로 했어요.

『랜싯』지에 실린 논문에는 더 많은, 그리고 더 순수한 페니실린을 얻기 위한 이 노력에 대해서는 거의 언급하지 않았다. 단지 불순물이 섞인 물질로 수행한 예비 실험인데도 효과들이 대단히 인상적이었다고 강조했을 뿐이었다. 그 논문은 페니실린 연구의 동기와 기원에 대해 담담하게 기술하며 시작되고 있다.

최근에 화학요법 효과에 대한 관심이 거의 전적으로 합성된 설폰아미드와 그 유도체들에 집중되고 있다. 그러나 아직도 자연에서 생겨나는 물질들과 연관된 다른 가능성들도 있다. ……

우리 실험실에서 있었던 라이소자임의 연구에 이어 세균과 곰팡이로부터 만들어지는 항세균물질의 화학적, 생물학적 특성을 체계적으로 연구하는 것이 화학요법 면에서 대단히 유익하리라고 믿는다.

플레밍과 레이스트릭의 연구 결과도 당연히 언급되었는데, 최소한 그 논문들이 페니실린 분리의 실패에 대해서 기록하고 있었기 때문이다. "지난 10년간 시도되었던 방법들이 기대에 비해 상당한 비율로 페니실린을 얻고 빠른 효능 검사의 길을 우리들에게 열어 주었다. 그리하여 곰팡이 배양액으로부터 물에 쉽게 녹는 갈색 가루가 얻어졌다. 갈색 가루와 그 용액은 상당 기간 동안 안정적이었고, 비록 순수하지 못했는데도 불구하고 그 항세균력은 대단한 것이었다."

계속하여 논문은 집쥐와 고양이를 대상으로 한 독성 검사를 다루어 나갔다. 그리고 다음으로는 페니실린의 약물학적 활성 검사로 호흡과 심장 박동, 혈압에 미치는 영향과 소변에서 다시 검출된다는 사실, 쥐의 신장에 약간의 손상을 주는 징후가 보이지만 혈구, 특히 백혈구에는 장기간 관찰해도 해가 없다는 것 등을 기술하였다. 그리고 나서 배양접시에서 어떤 균을 죽일 수 있는가 하는 항세균 활성 검사가 기술되어 있었다. "페니실린은 즉시 세균을 죽이는 것이 아니라, 분화를 방해하는 것으로 보인다"고 쓴 것은 또 하나의 놀라운 일로서, 1960년대 후반 헤어 교수가 페니실린이 배양접시에서 세균을 죽인다고 쓴 플레밍의 최초 관찰에 의문을 제기하기 전에는 아무도 그런 사람이 없었기 때문이다. 페니실린에 영향을 받는 많은 균들이 플레밍의 최초 목록에 더 추가되었는데, 특히 부상자들의 감염에 가장 무서운 가스괴저의 원인균인 클로스트리디아(Clostridia)가 주목할 만하다.

마침내 '치료 효과'에 대해 다룬 부분에 이르렀는데, 각각에 48마리에서 75마리까지의 생쥐를 이용한 5가지의 대규모 실험이 보고되어 있다. 포도상구균과 연쇄상구균, 그리고 클로스트리디아 등의 세 가지 중요한 위험균들이 실험에 이용되었다. 모든 경우에 페니실린으로 처리된 생쥐들은 세균으로부터 보호되는 것으로 보였다. 모든 실험에서 페니실린으로 처리되지 않은 쥐들은 단 한 마리를 제외하고는 모두 죽었고, 다른 실험을 통틀어서 겨우 네 마리만 살아남았다. 모든 경우에 페니실린으로 처리된 생쥐는 많은 수가 살아남았고, 가장 성공적인 경우에는 25마리 중 24마리가 살아난 예도 있었다.

그 논문은 매우 확고한 결론으로 끝을 맺었다. "그 결과는 매우 명확하여, 페니실린이 시험관에서 검사된 미생물 중 최소한 세 가지에 대해서 생체 속에서도 활성을 가진다는 것을 보였다. 이제 시험관 검사에서 페니실린 용액으로 억제되는 미생물이라면 생체 내에서도 작용할 거라고 유추할 수 있을 것이다. 페니실린은 현재 사용 중인 어떤 치료물질과도 관계가 없어 보이고, 특히 가스괴저와 관계되는 염기성 미생물에 대해 현저한 활성을 가지고 있다."

5월 25일에 8마리의 생쥐로 했던 최초의 실험은 논문에 포함되어 있지 않았고, 그 결정적인 주말의 기록은 단지 기억과 히틀리의 실험 공책에서 얻은 것이었다.

그 논문은 겨우 석 달도 못 되는 기간에 얻은 결과를 담고 있다는 것을 고려하면 매우 훌륭한 것이었다. 그러나 1940년 5월부터 8월까지의 이 석 달은 위협이 되고 있던 독일군들 때문에 더욱 인상적이었을지도 몰랐다. 이때 윌리엄 던 병리학교에서 실험을 주도하던 플로리, 체인, 히틀리, 가드너 그리고 제닝스 박사 등은 옷 속까지 곰팡이로 얼룩져 있었다. 만약 독일인들이 침입해 온다면 누군가는 캐나다나 미국 등 어디론가 피신하여 그들의 옷에서 곰팡이 포자를 분리해서 연구를 계속할 수 있었을 것이다. 그 곰팡이 자국은 희미한 갈색이어서 눈에 띄지도 않았을 테니까 말이다.

11장
영웅적인 날들

1940년 후반과 1941년 초는 페니실린의 영웅적인 날들이었다. 믿을 만한 켄트의 주장에 의하면 거기엔 단 8명의 과학자(플로리, 체인, 가드너, 히틀리, 제닝스, 샌더, 에이브러햄 그리고 오유잉)와 두세 명의 기술자들이 있었다. 이것이 '옥스퍼드 팀'의 전부였다.

그러나 이 옥스퍼드 팀 구성원들은 그것이 팀이라고는 전혀 생각하지 않았다. 사실 옥스퍼드 팀은 오늘날 구성되는 과학팀의 개념과는 다소 거리가 멀었다. 최소한 그들 중 6명은 전적으로 페니실린에만 매달려 있지 않았다. 그 모임은 팀보다도 훨씬 미묘한 것이었는데, 그것은 필요할 때 달려와 자기 분야의 일을 해내는 전문가의 모임이었으며, 그 연결고리는 플로리였다. 페니실린 연구가 끝난 뒤 그것을 팀이라고 부른 것은 플로리였는데, 그가 '팀의 노력'을 강조한 것은 그 모든 공로를 자신이 차지하게 되는 것을 피하기 위한 것일지도 몰랐다.

예를 들어, 히틀리는 팀의 노력이라는 것이 사실은 플로리 자신의 몫이라는 것을 명확히 했다.

한때 플로리는 페니실린 연구 과제를 해낼 만한 전문가들을 우연한 기회에 그의 학과 주위에 두고 있었던 평범한 생리학자일 뿐이라고 묘사되기도 했지요. 그는 스스로 화학이나 생물학에 전문적인 지식이 부족하다고 얘기할 만큼 겸손한 인물이지만, 그를 알고 있는 사람이라면 그가 자신의 전공 분야가 아닌 영역에서도 예리한 비평이나 제안을 할 수 있다는 걸 인정할 겁니다. 그는 반복해서 그 결과가 팀의 산물이라고 강조했고, 가능한 모든 공로를 팀의 다른 이들에게 돌릴 만큼 양심적이었지요. 그러나 그는 지난 몇 년간 다양한 분야의 전문 연구원들을 의도적으로 받아들여 새로운 실험실의 기반을 닦았습니다. 그가 옥스퍼드에 부임하던 1935년경에는 거의 아무도 알아주지 않았지만, 여기에는 철저한 기초과학 연구를 통해서만 의학이 발전할 수 있다는 그의 신념이 크게 작용한 거지요.

실질적인 연구 면에서만 보더라도 그의 공헌은 압도적이고 결정적인 것이었습니다. 단 한 가지 실험도 헛되이 버려지지 않았고, 이 초기의 동물 실험은 인간의 치료에 대한 계획을 세우는 데 튼튼한 기초를 제공했어요. 그런 기초가 없었다면 최초로 페니실린 치료를 받은 환자 6명의 기록은 제대로 해석조차 할 수 없었을 테고, 페니실린을 의학계에 소개하는 과업은 차질을 빚고 기약 없이 연기되었을 겁니다.

연구가 중요했던 만큼 팀의 지휘자로서 플로리의 역할은 누구도 대신할 수 없는 것이었습니다. 어떤 이는 그의 인간미와 집중력, 그리고 부드러우면서도 건설적인 비판을 높이 평가하지요. 그는 자신의 창의력과 책임하에 용감하고 재빠르게 어떤 결정이든 내렸습니다. 그러나 한편으론 끊임없이 그의 동료들과 상의를 했고, 그들이 최선이라고 생각했던, 또는 토의 끝에 최선이라고 유도된 방식으로 각자 맡은 일들을 추구할 수 있도록 실질적으로 완전한 자유를 부여했죠. 팀이라는 개념으로서의 회의는 거의 없었지만 많은 비공식적인 토론에서 플로리는 끊임없이 연구 과정의 경과를 재평가할 수 있었고, 즉시 계획의 수정안을 내놓곤 했습니다. 돌아보면 실패도 많았지만 치유책이나 대안이 제시되지 못한 경우는 거의 없었습니다. 그의 겸손하면서도 강력한 지도력이 얼마나 놀랄 만큼 효과적이었는지는 단지 18개월간의 연구로 최초의 임상 실험이 완료되었다는 사실로도 알 수 있지 않겠어요?

임상 실험에 참여했던 체인 교수와 찰스 플레처(Charles Fletcher) 교수도 현재 통용되는 일반적인 팀의 개념보다는 히틀리의 '전문가 모임'이라는 관점에 동의했다.

플로리는 페니실린과 다른 항생제에 대한 많은 논문을 발표했다. 그의 논문은 조리 있고, 깔끔하게 결론이 유도되어 명쾌하다는 장점이 있었다. 그러나 그는 보수적이었으며, 특히 개인적인 일에 대해서는 더욱 그랬다. 그는 개인적인 느낌을 밖으로 내보이지 않으려고 노력했는데 함께 일하는 동료들은 몰라도 최소한 학교 바깥의 외부 세계에 대해서는 그랬다. 그는 자신에 대해 전설 같은 것을 만들어 내는 부류의 사람도 아니었고, 주위에 어떤 과장된 이야기들이 떠돌아다니는 것도 싫어했다. 그의 사망 기사에 쓴 히틀리의 한마디가 그 점을 강조하고 있다. "동료들에게 용기를 북돋아 주고 고취시키며, 과제를 효과적으로 지도하는 등 플로리 자신이 담당했던 결정적인 기여들도 정작 연구 결과를 발표할 때에는 밖으로 드러나지 않도록 조심할 만큼 겸손하였다." 페니실린이 화학요법제라는 사실과 처음으로 사람을 치유한 내용을 담은 1940년과 1941년의 역사적인 논문은 순전히 철자순으로 배열된 저자들의 이름으로 발표되었다. 첫 번째 논문에서는 플로리가 체인에 이어 두 번째였고, 둘째 논문에서는 에이브러햄, 체인, 플레처에 이어 네 번째에 플로리의 이름이 실렸다. 거기에는 그가 교수라든가 팀의 지휘자라는 어떤 표시조차 없었다.

그 팀이 전문가들의 모임이라는 특성 때문에 많은 일들이 동시에 행해졌다. 페니실린의 생산을 늘리려는 시도는 5월 25일 실험 이후에 바로 시작되었으며, 1941년까지 계속되었다. 동시에 더 높은 순도를 얻기 위한 체인과 에이브러햄의 화학 연구도 계속되었다. 가드너와 플로리의 생물학적 검사도 마찬가지로 진행되었으며, 앞선 두 분야의 진행 속도에 따라 인간에 대한 첫 임상 검사로 돌입했다. 그리고 동시에 플로리는 이 유망한 새로운 물질의 생산과 검사를 담당할 상업적 회사를 영국에 세우기 위한 가능성을 살펴보고 있었다. 그러나 산업계의 거부로 인해 생산을 맡은 사람들에게 부여된 압력은 더 커지기만 했다.

그러나 생산 부서의 작업은 계속되었고, 그들이 페니실린을 만들어 냄에 따라 플로리와 가드너는 생쥐에 대한 검사를 반복 확인하며 다른 종의 미생물에 대해서도 연구를 확장해 갔다. 그러나 1941년 초까지는 아직 인간에 대한 시도는 엄두를 내지 못하고 있었다. 첫 번째 환자는 암으로 죽어 가던 이름이 밝혀지지 않은 여성 지원자였다. 치료 목적의 시도는 전혀 없었고, 단지 페니실린을 인간에게 주사했을 때 어떤 일이 생기는가를 보기 위한 것이었다.

그 주사는 당시에 젊은 수련의로서 누필드 연구생으로 일하고 있던 찰스 플레처가 맡았다. 그는 10㎎의 페니실린을 환자에게 주사했다. 이것은 조심스럽게 계산된 양이었다. 20㎎이 쥐에게 전혀 해가 없었으므로, 쥐에 비해 크기가 3,000배쯤 되는 인간에게 100㎎은 분명히 안전해야만 했다. 그러나 여전히 환자에게 오한이 나타났다. 이것은 유행성 독감에 걸린 것 같은 증상으로, 몸이 떨리고 갑작스런 발열을 동반했다. 이것은 나쁜 소식으로, 무엇을 의미하는지는 명백했다. 페니실린에는 아직 불순물이 남아 있어 이것들이 열을 일으키는 것이었다. 그 불순물들은 곰팡이 자체에서 유래된 단백질일 수도 있고, 그 대사물 혹은 배지에 첨가된 포도당의 산물일 수도 있었다.

그 실험은 1941년 1월 17일에 수행되었다. 그것은 역사적인 사건이었기에, 그 정확한 날짜를 알아 둔다는 것은 의미가 있다. 얘기가 조금 빗나가지만 페니실린 이야기에서 이 시기를 찾아낸 것은 역사가들에게는 하나의 행운이었다. 플로리 여사가 그 정확한 날짜를 조사하기 시작한 것은 그 실험이 있은 지 몇 년 후의 일이었다. 자연히 그녀는 임상 실험을 수행했던 찰스 플레처에게 물어보았고, 그는 임상 일지를 찾아보겠다고 약속했다. 그러나 페니실린 시험에 대한 모든 자료 중에 그 날짜에 대한 기록은 어디에도 없었다. 그래서 그는 병원의 환자 병상 일지를 찾아보자고 제안했다. 물론 그 환자가 죽은 지는 몇 년이나 되긴 했지만 기록은 남아 있었을 텐데, 그들이 당시에 너무 흥분해 있어서 누락한 탓인지 페니실린 주사의 경우에는 남은 기록이 없었다. 그러나 플레처는 그때 있었던 환자의 오한을 기억했고, 환자의 체온 기록을 찾아보았다. 그리고 거기서 누가 봐도 명백한 갑작스러운 체온 상승 기록을 찾을 수 있었다. 그렇게 하여 그 역사적인 날짜가 발견된 것이다.

옥스퍼드 사람들에게 정말 걱정스러운 것은 사람에게 독성 반응을 일으킨 것이 페니실린 자체일지도 모른다는 또 다른 가능성이었다. 다행히 에이브러햄은 이미 페니실린 가루에 대한 크로마토그래피 분리를 시작하고 있었다. 크로마토그래피는 여러 복합물질을 종이나 흡착물로 채워진 기둥으로 흘러내리게 함으로써 각 성분이 분리되도록 하는 기법이다. 복합물의 각 구성 성분들은 분자 크기나 무게, 용해도에서 차이가 있으므로 각기 다른 속도로 원주를 따라 흘러내린다. 결국 각 성분은 크로마토그래피에 사용된 흡착물질의 성질에 따라 띠 형태로 분리될 수 있다. 에이브러햄은 알루미나 가루를 채운 긴 유리관에 용액을 흐르게 하여 페니실린을 분리해 냈다. 이 관에서 분리된 띠들 중 어디에 페니실린이 들어 있는지 검사하여, 페니실린이 포함된 부분만을 모아서 토끼에 주사했을 때 발열물질이 제거되었음을 확인할 수 있었다. 이것은 히틀리의 말을 빌리자면 '모든 이에게 안도의 숨을 쉬게 해 준 일'이었다.

세심한 분리 작업 결과 원래 얻었던 페니실린 가루가 사실은 30가지의 다른 물질을 포함하고 있었다는 것이 밝혀졌다. 크로마토그래피에 의한 추가적인 정제는 이때부터는 페니실린 생산의 일상적인 부분이 되었다. 그리고 그때 인간을 치료하는 데 쓰기 위해 크로마토그래피로 정제된 페니실린조차도 역시 몇 가지 불순물을 가지고 있었는데, 이 불순물들이 독성을 가지지 않은 것은 행운이었다.

옥스퍼드 팀과 윌리엄 던 학교의 연구원들 중 몇몇 사람이 페니실린 생체 실험에 자원했다. 플레처는 여러 가지 다양한 방법으로 그들에게 페니실린을 주사했고, 토끼에서와 같은 결과를 얻었다. 그들은 이제 인간에게도 무독한 물질을 갖게 된 것이다. 이 자원자의 소변과 혈액 검사로 약을 투여했을 때 혈중 페니실린 농도가 얼마나 되며, 얼마만큼의 페니실린이 신장을 통해 배설되는지 등이 밝혀졌다. 또 이 단계에서 가벼운 외부 감염 환자에 대한 실험도 있었는데, 플로리는 우선 다래끼로 고생하는 환자를 페니실린으로 치료해 보았다.

완전한 정제와 정식 임상 실험에 쓸 만한 충분한 페니실린을 축적하는 데는 또 몇 달이 걸렸다. 이제 페니실린은 히틀리의 생산 부서에서 소량의 노란색 가루로 만들어져 냉장고에 보관되었다. 플로리는 페니실린을 치료에 쓰는 가장 좋은 방법이 정맥주사라고 생각했다. 경구 투여 가능성은 제고할 가치가 없어 보였는데, 산에 대한 불안정성으로 인해 입으로 투여된 페니실린이 환자의 체내로 흡수되기도 전에 위에서 파괴되어 버릴 것으로 생각했기 때문이다. 그러나 적절한 치료에 필요한 충분한 양의 페니실린을 축적하기 전에 문제가 생겼다. 워낙 절망적인 상태여서 완전히 검사가 끝나지 않은 약이라도 써 봐야 할 만큼 위급한 환자가 발생한 것이다.

그것은 옥스퍼드의 경찰관인 알버트 알렉산더였는데, 처음에는 입 가장자리의 장미 가시에 긁힌 상처 정도로 대수롭지 않은 상처로 앓고 있었다. 불행히도 그 가벼운 상처에 포도상구균 아우레우스(Staphylococcus Aurews)가 감염되었고, 몇 주 후에는 연쇄상구균까지 첨가되었다. 그는 레드클리프 병원에서 최선을 다한 치료를 받았지만, 아무것도 그 감염을 막을 수는 없었다. 치료를 시작한 지 두 달 후 의사들은 그를 포기했다. 그들은 최신 설폰아미드인 설파피리딘으로 치료를 했고, 악화된 농양 고름은 뽑아냈다. 그는 한쪽 눈을 잃었고, 폐까지 영향을 받기 시작했다.

1941년 2월 12일, 플레처 박사는 그를 페니실린으로 치료하기 시작했다. 400㎎을 처음에 주사한 후 3시간마다 100㎎을 정맥을 통해 한 방울씩 투여했다. 그 효과는 놀랄 만한 것이었다. 24시간 이내에 환자의 상태는 명백히 호전되었다. 그 효과는 '800㎎의 페니실린을 24시간 이내에 투여했을 때 놀랄 만한 향상'이라고 기록되어 있다. 열은 내려가기 시작했고, 농양은 더 이상 번지지 않았으며, 눈으로의 감염도 중단되었다. 다음 날에도 페니실린 치료는 계속되었고, 상태는 계속 호전되었다. 그러나 페니실린은 24시간마다 1g의 속도로 사용되었고, 이미 그들이 충분한 양을 보유하고 있는지가 의심스럽게 되었다.

플레처 박사는 그 경찰관의 소변을 모아서 페니실린을 다시 추출하기 위해 다시 실험실로 되돌려 보내기 시작했다. 사흘 후에 그 경찰관은 그의 소변에서 다시 얻은 페니실린으로 첫날 맞은 것과 같은 양을 투여받았다. 그 환자는 많은 수혈도 받고 있었고, 페니실린이 유지되는 동안엔 호전이 계속되었다. 4일째부터는 음식을 먹기도 했고, 열은 완전히 내렸다. 그러나 5일째 되는 날까지 그들은 가지고 있던 모든 저장량과 소변에서 회수한 페니실린 전부를 그에게 투여했다. 이젠 더 이상 투여할 페니실린이 남지 않은 것이다. 10일 동안 그 경찰관은 반쯤 치료된 감염에 대항해서 견뎌 내는 것 같았지만, 결국 포도상구균과 연쇄상구균에 이기지 못하고 3월 15일에 죽었다. 플로리는 이 사건을 '버림받은 예'라고 부르며 애통해했지만, 페니실린의 놀라운 가치가 확인되는 계기가 되었다. 치료를 시작할 때 충분한 양의 페니실린을 가지고 있다고 확신했기에 한편으로 이것은 또다른 문제를 안겨 주었다. 그 문제는 물론 공급에 비해 수요가 너무 크다는 것이었다.

그래서 이번엔 어린아이들을 대상으로 치료함으로써 페니실린 공급에 대한 압박을 경감해 보고자 했다. 최소한 크기에 있어서, 어린아이들은 사람과 생쥐의 중간쯤에 해당한다고도 볼 수 있으니까 말이다. 어린아이들을 치료하는 데는 다 자란 어른보다는 적은 양의 페니실린이 필요할 것이었다. 그러나 경찰관의 예에서 페니실린이 워낙 빨리 방출되기 때문에 혈중 페니실린 농도를 적절히 유지하는 일은 마치 '밑 빠진 독을 채우는 것'과 같다는 사실도 알았다.

그 경찰관의 비극이 있은 뒤 석 달 동안 다섯 명의 환자가 더 치료되었는데, 그중에 네 명이 어린이였다. 그들의 감염은 모두 치유되었고, 그 결과는 페니실린의 효과가 기적적으로 보이게 하기에 충분했다. 일반인들은 쉽게 기적적이라는 단어를 쓰지만, 과학자나 의사들에겐 상당히 조심스럽고 사용하기 어려운 말이다. 조용하고 과장기가 없기로 유명한 히틀리조차 "페니실린의 반응은 거의 기적적이었다"고 말하기를 주저하지 않았다. 그리고 페니실린의 치료 효과를 눈으로 확인하게 된 의사들은 늘어 갔고, 기적이라는 단어는 거듭해서 사용되었다. 아무도 말 그대로 그것이 기적이라고 생각한 것은 아니었지만, 속수무책이던 이전의 경험에 비추어 볼 때 페니실린의 효과가 너무나 놀라웠기에 자연히 나타난 반응이었다.

이때 치료받은 네 명의 아이들 중에 가장 심하게 앓은 경우는 해면정맥동혈전이라고 알려진 병으로 뇌 속에 감염된 피가 엉기는 것이었다. 당시 이런 상태는 예외 없이 가망 없는 것으로 간주되었다. 더욱이 눈이 밖으로 심하게 돌출되면서 비참한 외모로 만들어 버리기도 하는 병이었다. 페니실린으로 치료를 받기 시작할 때 그 소년은 의식조차 없었지만, 며칠 내로 회복되어 가고 있었다. 그런데 회복 중에 아이가 갑자기 죽어 버렸다. 사후 부검 결과 감염 초기의 압력으로 약해져 있던 뇌 내 동맥의 파열이 사인이었다. 그 죽음 자체는 비극이었지만 냉정하게 의학적, 객관적인 눈으로 보면 그 사후 부검으로 인해 모든 감염 흔적이 없어지고 내부 병소가 완전히 깨끗해졌다는 것을 명쾌하게 알 수 있었다. 사실 환자가 살아난 경우에는 인체의 자연 방어력이 병을 이긴 것이라든지, 다른 어떤 우연한 요소로 회복된 거라는 식의 논쟁의 여지가 남은 데 비하여 이 사후 부검은 의학자들에게 페니실린이 감염을 직접 치료했음을 결정적으로 보여 주는 증거가 되었다.

이때 치료된 다른 두 아이의 경우는 엉덩이뼈의 감염과 허파의 감염이었다. 엉덩이 감염이 생긴 소년에 대한 보고서에 플로리는 "환자의 일반적 상태가 많이 호전된 뒤에 소량씩이라도 페니실린 치료를 계속했다"고 썼다. 이 다섯 경우 중 유일한 성인은 치료 초기엔 지름이 10㎝나 되는 농양 때문에 치료를 받았는데, 4일 만에 회복되고 있었고 12일 만에 퇴원했다.

그 정도 수의 임상례로는 통계학적으로 새로운 사실을 증명하기에는 부족한 게 분명했다. 그러나 그 일을 하고 있던 사람들을 감명시킨 것은 기적적인 효과였다. 인간의 치료를 보고하는 또 한 편의 논문이 『랜싯』지에 발표되었다. 이 논문은 첫 번째 저자의 이름을 따서 '에이브러햄 1941'이라고 불렸다. 체인, 플레처, 플로리, 가드너, 히틀리와 제닝스가 공동 저자였다. 「페니실린에 대한 또 다른 관찰들」이란 논문의 제목은 축약된

소론이었다. 이 단계에서 중요한 일은 옥스퍼드 사람들이 지금까지 있었던 가장 뛰어난 의학 발견 중 하나가 그들의 손에서 이루어지고 있다는 사실을 확신하고 있었다는 것이다.

이제 되돌아보면 그들의 확신이 옳았다는 사실에 동의할 수 있다. 그러나 훗날 스튜어트 교수는 당시의 상황을 다음과 같이 평했다.

> 그 결과는 각기 독립적인 것으로서 믿을 만한 것이었고, 독성이 없다는 사실은 빠른 치료 효과만큼이나 인상적인 것이었습니다. 임상적 시도가 통계학과 관료적인 문제가 된 오늘날의 기준으로 보면, 쥐에 대한 약간의 독성 검사와 6건의 임상례, 그것도 그중 2명은 죽은 결과를 바탕으로 엄청난 노력이 계속되었다는 것은 다소 우스꽝스러운 일로 보이는 것이었죠. 만약 그 독성 검사가 기니피그에 적용되었더라면, 페니실린은 임상에 쓰여 보지도 못했을 겁니다. 현재의 법률이 적용되었더라면 페니실린은 살아남을 수 없었음이 분명하지요.

이건 정말로 영웅적인 날들이었다. 여기에는 히틀리를 비롯한 정말 몇 안 되는 사람들이 페니실린 생산에 쏟아부은 수고와 노력을 빼놓을 수가 없다. 그들은 도서관의 책장이나 환자용 변기, 그리고 원래는 농축된 음료수를 나르기 위해 고안된 유리병 등 다양한 즉흥적 작품들을 만들어 사용하였다.

전쟁의 발발로 덴마크에서 연구할 기회를 잃게 되었던 히틀리는 처음에는 곰팡이 기르는 일을, 다음에는 검사와 측정 방법을 고안해 냈고, 마침내는 페니실린 생산 전체를 담당했다. 곰팡이를 기르는 일은 채펙-독스 배지에서 시작해서 다양한 배지가 실험되었다. 글루타민, 글리세롤, 펩톤, 티오글리콜산 등을 첨가해 보았지만 큰 효과는 없었다. 온도와 산소, 곰팡이 포자를 배지에서 부화시키는 방법 등의 변화도 마찬가지로 그다지 큰 향상을 가져오진 못했다. 유일하게 효과가 있었던 것은 빵효모의 첨가였다. 채펙-독스 배지에 가해진 효모는 곰팡이 성장 속도와 페니실린 생성량에 확실한 증가를 보여 주었고, 이 배양액은 옥스퍼드 팀의 연구에 계속 사용되었다. 한 가지 주목할 점은 첨가하는 효모의 양에 관계없이 얻어지는 비율의 향상이 일정하다는 것이었다.

히틀리의 다음 공헌은 다 자란 곰팡이를 그대로 두면서 페니실린을 수확하는 방법을 개발해 낸 것이었다. 다 자란 곰팡이는 새 배양액이 공급되기만 하면 페니실린을 계속 생산해 내기 때문에, 배양액만 교체하여 새 곰팡이가 자라는 데 걸리는 시간을 절약하게 된 것이다. 히틀리는 배양액 표면에 자라는 곰팡이 아래에 압축된 멸균 공기를 불어 넣어, 페니실린을 포함한 배양액이 흘러넘치게 하는 간단한 수동 조작 기구를 고안했다. 그리고 새로운 배양액이 유입되면 곰팡이는 플라스크에 가득 찬 새 배양액 꼭대기에 계속 눌러앉아 있게 되는 것이었다. 그는 마침내 12번의 연속적인 배양액 교체로 곰팡이를 길러 낼 수 있었고, 총생산 시간의 1/3을 절약하는 효과를 얻을 수 있었다. 더욱이 많은 양의 유리 기구 세척과 멸균 과정까지도 줄어들어 향후 최소한 2년 동안 옥스퍼드에서 표준 방식으로 사용되었다. 그러나 마침내는 건물 구석구석을 오염시키며 곰팡이들이 극성을 부리는 바람에 결국 폐지될 수밖에 없었다.

'컵-접시 검사법'도 이 시기에 개발되고 있었다. 어떤 의미로 보면 이것은 플레밍의 도랑 검사법의 한 가지 변형이었지만,

더 정확하게 페니실린의 강도를 정량할 수 있는 개선된 방법이었다. 이것은 플로리가 자신의 연구 계획의 일부로 시작한 것을 뒤에 히틀리가 보완한 것이었다. 컵-접시 검사법에도 아가가 입혀진 보통의 배양접시가 사용되었다. 접시 위에 밑 빠진 작은 컵을 놓고 페니실린을 주입하고, 나머지 아가 위에는 검사 미생물로 사용되는 세균을 배양시켰다. 부화기에서 적당한 시간 동안 두었다 꺼내면 그 접시는 작은 컵 주위에 원형으로 빈 공간을 제외하고는 흰색이나 노란색 세균으로 덮여 있게 된다. 깨끗한 영역의 반지름을 측정하면 컵 속에 든 페니실린의 강도를 측정할 수 있다. 값은 일정했지만, 옥스퍼드에서 임의적으로 정한 페니실린 용액이 농도 기준으로 쓰였다. 그리하여 페니실린의 '옥스퍼드 단위'라는 것이 만들어진 것이다. 그것이 객관적인 비교 대상이 아니었기에 당시의 옥스퍼드 단위가 실제로 얼마만 한 농도였는지는 단지 추측된 값으로 짐작할 뿐이다. 오늘날 보통 사용되는 간편한 100만 단위(메가)는 이전의 옥스퍼드 단위와는 상당한 차이가 있을 것임에 틀림없다.

여하튼 페니실린을 만들고 측정하는 일은 옥스퍼드 팀 연구에서 매우 초기부터 잘 정립되어 있었다. 단지 그 약을 추출하고 정제하는 것이 남아 있는 큰 문제였다.

체인은 분리 전의 페니실린을 포함한 배양액을 약간 산성화시켜 에테르에 섞는 방법으로 시작하였는데, 그러면 페니실린은 에테르에 포획되고 많은 첫 번째 불순물들은 배지에 남게 되었다. 그러나 이 단계에서 산성화에 의해 페니실린이 파괴되는 것을 막을 수 있는 유일한 방법은 0℃ 부근까지 냉각시키는 것뿐이었다. 히틀리가 시도했던 것처럼 이 방법을 대량 규모에 쓰기 위해서는 과 설비의 일부인 냉장실을 이용해야만 했다. 그리고 에테르와 배양액을 혼합하기 위해서는 누군가가 냉장실에 들어가서 큰 유리병을 흔들어 줘야만 했다. 작업을 하다 보면 페니실린뿐만 아니라 연구원들도 함께 0℃로 냉각되었다. 머플러, 장갑, 외투, 장화, 양모로 된 모자 등이 히틀리와 체인이 구할 수 있는 연구원들의 당시 복장이었다. 그 작업을 위해 특별히 고용된 이들은 '페니실린 걸'이라고 불렸는데, 옥스퍼드 대학 윌리엄 던 병리학교에서 기술원으로 일한 최초의 여성이라는 점에서 역사에 남을 만하다.

처음에 그들은 잘 섞인 혼합물을 만들기 위해 배양액과 에테르 병을 심하게 흔들어 보았다. 그러나 이전에 겪어 본 것처럼 귀찮은 거품 부유물이 함께 생성되었다. 그래서 그들은 병을 부드럽게 굴리는 방법으로 개선했는데, 이것은 생산의 어려움을 극복하는 데는 도움이 되었지만 연구원들이 냉장실에 머무는 시간이 더 길어졌다.

동시에 히틀리는 자동 추출 장치를 개발하는 일도 하고 있었다. 도서관 책장이 사용된 것이 바로 여기였다. 그 책장들은 튼튼한 떡갈나무로 만들어졌고, 바퀴가 달린 이동식이었다. 최종 모형은 세 개의 큰 병이 책장 윗면에서 아래로 매달려 있는 모양이었다. 하나에는 분리되지 않은 배양액이, 다음 병에는 에테르가, 그리고 세 번째에는 산이 채워져 있었다. 먼저 차갑고 산성화된 혼합물을 만들기 위해 배양액과 산을 얼음으로 냉각한 시험관에 부었다. 이 혼합물은 큰 나선형의 유리관에 부어졌고, 에테르가 압력을 받아 나선형 유리관 바닥으로부터 위로 투입되었다. 그래서 밀도가 낮은 에테르는 위로 올라가며, 배양액으로부터 페니실린을 추출해 내게 되는 것이다. 결과적으로 페니실린이 풍부해진 에테르는 U 자 사이펀을 통해 모아지는 반면, 원치 않은 배양액은 바닥으로 유출되었다. 그 모든 기구들은 수작업으로 만든 장치였기에, 만약 세 병 중 어느 한 병이라도 미리 표시해 둔 눈금보다 액체의 높이가 내려가는 경우에는 경보 장치가 벨을 울리고, 새 액체를 공급하도록 되어 있었다.

그다음에 히틀리는 페니실린 용액을 중성 상태로 만들면, 페니실린이 에테르로부터 다른 용매인 아세트산아밀로 역추출되리라는 착안을 하게 되었다. 페니실린이 중성 pH에서 더 활성이 크다는 사실을 고려한다면 당연할 것 같기도 하지만, 히틀리의 말을 빌리면 '엄청나게 뇌가 삐걱거린' 후에야 이 착안이 떠올랐다고 한다. 체인은 처음에 그것이 제대로 되지 않으리라고 반대 의견을 내놓으며, 자신의 생각을 증명해 보일 요량으로 그것을 시도해 보았다. 그러나 실제로 새 방법은 히틀리의 의견대로 제대로 작동했다. 그래서 궁리 끝에 아예 처음부터 에테르 대신 아세트산아밀을 주 용매로 사용해 보았더니, 그 역시 성공적이었다. 아세트산아밀은 곧 여러 가지 부가적인 장점이 있다는 것이 밝혀졌다. 우선 인화의 위험성이 적었고, 에테르보다 배양액에 섞여 유출되는 양도 더 적었다. 사실 광택제인 니스와 비슷한 그 냄새를 참을 수 있기만 하면 다른 면에서는 모두 훨씬 나았다. 또 다른 개선으로는 최초의 산성화 단계에서 인산을 사용하게 된 것이었다.

그 자동 추출 장치는 1941년에 완성되었는데, 히틀리는 1940년에 비해 생산을 1,000배나 늘릴 수 있었다. 비록 그 장치는 한 시간에 고작 12ℓ밖에 처리하지 못했지만, 1941년 한

해 동안은 그 정도로 만족해야만 했다.

한편 배양기도 1940년 안에 개선이 이루어졌다. 히틀리는 원추형의 유리 플라스크에 곰팡이를 기르고, 부화기나 실험용 압력가마에 플라스크를 쌓는 것이 공간적으로 낭비라는 것을 알았다. 곰팡이는 배양액 표면에서만 자라므로, 표면적은 넓고 깊이는 1.5㎝ 정도로 줄여 차곡차곡 위로 쌓을 수 있는 용기가 필요했다. 그는 우유병의 옆면, 빵 접시, 사각형의 비스킷 통, 심지어는 환자용 변기까지 시험해 보면서 몇 주일을 보냈다. 그렇지만 만족스럽지가 못해 마침내 그는 새로운 용기를 설계했다. 부화기와 압력가마의 크기를 고려해 볼 때, 깊이는 6.3㎝ 정도, 긴 쪽은 26.3㎝, 짧은 쪽은 21.3㎝쯤 되는 직사각형 용기를 구상해 보았다. 용기 바깥 면은 표면이 거칠어서 잘 쌓이고 미끄러지지 않아야 했고, 내부는 깨끗이 씻고 살균하기 편하게 표면이 매끄러워야 했다. 마지막으로 한쪽 끝에 약간 위쪽으로 붙은 꼭지가 달려 있어야만 했다. 이 꼭지는 페니실린을 함유한 배양액의 추출과 신선한 새 배양액이 곰팡이 밑으로 주입되기까지 공기로 대체시켜 주는 데 쓰일 것이었다. 그러나 조사해 보니 전시 상황하에서는 유리로 된 그런 용기를 얻기가 거의 불가능하다는 것을 알게 되었다. 폭격에 시달리고 정부 주문이 밀려 있는 공장에 용기를 만들게 하려면, 최소한 6개월은 걸릴 지경이었다.

이 막다른 상황에서 문제를 해결한 것은 플로리였다. 그에게는 대부분의 영국 도자기 공장들이 집중되어 있는 도자기 공업의 수도인 스톡-온-트렌트에서 일반의로 개업한 친구가 있었다. 그는 이 의사 친구에게 필요한 물건의 그림을 보내고, 그런 물건을 만들어 줄 만한 공장이 주위에 있는지 알아봐 달라고 부탁했다. 그 의사는 곧 버슬림에 공장을 가지고 있는 제임스 맥인타이어 회사를 알게 되었고, 플로리에게 그가 원하는 용기를 만들 수 있음을 전보로 알렸다. 히틀리는 다음 날 즉시 출발했지만, 공습 때문에 여행은 매우 지체되었다. 그가 그 도자기 지방에 도달한 것은 10월 31일 아침이나 되었을 때였다.

그러나 도공들도 그를 기다리며 놀고 있지는 않았다. 그가 도착했을 때 세 개의 점토로 된 용기의 원형 틀이 만들어져 있었고, 히틀리가 원하는 모양을 정확히 얘기해 주자 모형 제작자가 칼로 최종형을 만들어 냈다. 세 개의 시범 용기는 굽고 유약 처리가 된 후 11월 18일에 옥스퍼드에 도착했는데, 대단히 만족스러웠다. 약속한 대로 12월 23일까지는 174개의 용기가 만들어졌고 히틀리 역시 인수 준비를 갖추었다. 그는 유개 차량을 한 대 빌리고 기름을 얻어서(정확히 어떻게 했는지는 기록에 남아 있지 않지만) 맥인타이어 도자기 공장에 12월 22일 밤에 도착했다. 용기를 싣고 옥스퍼드로 돌아온 히틀리는 그의 조수들과 짐을 풀고 용기를 씻고, 배양액을 채우며 압력가마에서 살균하는 일로 바빴다. 1940년 크리스마스는 그 용기에 곰팡이 포자를 심는 일로 날이 저물었다.

히틀리와 페니실린 걸들이 생산 작업에 박차를 가하는 동안, 체인과 에이브러햄이 지휘하는 화학자들 역시 영웅적으로 노력하고 있었다. 어떤 의미에서 그들은 두 가지 다른 수준에서 일을 했다. 그들은 곰팡이 즙으로부터 생물학적 실험이나 초기 임상 실험에 사용될 수 있을 만큼 페니실린을 정제하는 기술을 개발해야 했다. 또, 한편으로는 학문적으로 항생물질의 연구와 분자 구조를 밝힐 수 있을 만큼 완전히 '순수한' 페니실린을 만들어 내는 데 노력의 초점이 맞추어졌다. 화학자라면 단지 치료 효과가 있는 정도의 순도로는 만족하지 못할 것이다. 그것이 정확히 어떻게 구성되어 있으며, 어떤 원자가 분자 내의 어디에 자리 잡고 있는지 알아야만 하는 것이다. 이런 완전한 지식을 얻고서야 진지하게 보다 나은 생산 방법과 약이 어떻게 사람을 치료하는지를, 마침내는 더 이상 살아 있는 곰팡이에 의존하지 않고도 페니실린을 합성할 수 있는 방법까지 제시할 수 있는 것이다.

순수화학의 수준에서 페니실린의 불안정성은 더 까다로운 문제를 안고 있었다. 처음에는 이 불안정성을 페니실린 염을 만들어서 극복하려고 시도해 보았다. 즉 화학자들이 황산구리를 결정으로 만드는 것과 같은 종류의 방법으로 결정을 만들기 위해 금속과 결합시키려고 시도한 것이다. 그들은 갈색을 띤 페니실린 용액에 구리, 아연, 카드뮴, 수은, 납, 니켈, 심지어는 바로 그 당시에 전혀 다른 방면의 비밀스러운 연구 주제였던 우라늄까지 첨가하려고 시도했다. 그러나 이 모든 금속들은 간단히 페니실린의 활성을 파괴해 버렸다. 그다음엔 퀴닌(Quinine), 신코닌(Cinchonine), 아크리딘(Acridine), 프로플라빈(Proflavine) 같은 유기염기를 시험해 보았지만, 모두 실패였다. 그다음엔 케톤과 알코올을 시도해 보았으나 역시 성공하지 못했다.

화학반응을 통해 다른 물질과 결합하여 추출하는 화학적 방법이 실패하자 물리적 방법이 시도되었다. 농축 페니실린 즙을 물로 희석시켜 크로마토그래피 하는 방법이 사용된 것이다. 행운은 일어나지 않았다. 에이브러햄의 제안으로 이번에는 페니실린이 에테르에 들어 있던 단계에서 흡착제가 채워진 관으로 흘려 내려 보았다. 이번에는 뭔가 일어났다. 혼합물 속의 다른 물질들이 흡착력의 차이에 의해 관을 따라 아래로 다른 거리에 들러붙는 알루미나 가루에, 4개의 완전히 다른 색깔 띠가 나타났다. 관 속의 가루들을 주걱으로 조심스럽게 퍼냈을 때, 제일 윗부분의 갈색 띠에는 거의 페니실린이 포함되어 있지 않았다. 활성을 측정해 보았을 때, 80%의 페니실린이 연한 노란색을 띤 두 번째 띠에 농축되어 있었다. 짙은 갈색과 자줏빛을 띤 관의 바닥 가까이에 있는 두 개의 띠는 불순물만을 포함하고 있었다. 그래서 두 번째 띠의 노란색 가루만을 취하여 완충 용액에서 반복해서 씻어 페니실린을 녹여 내고, 불순물을 제거할 수 있었다.

이때가 페니실린을 최초로 사람에게 시험하여 오한을 관찰하고, 여전히 유독한 불순물이 남아 있음을 확인했던 무렵이었다. 그래서 화학자들은 크로마토그래피를 '임상' 약에 적용하여 플로리와 플레처가 성공적인 인체 실험을 계속하기에 충분할 만큼은 정제할 수가 있었다. 그러나 화학자들은 항생물질의 순수 연구를 위해서는 정제를 계속해야만 했다.

이 단계에서의 생산은 다음과 같았다. 첫째로 곰팡이 즙을 어는점 바로 위까지 냉각시켜 인산으로 산성화시킨다. 이 혼합물이 아세트산아밀에 첨가되면 페니실린이 아세트산아밀로 넘어간다. 추출된 2ℓ의 아세트산아밀에 1ℓ의 물을 넣고 혼합물을 잘 흔들어 주고, 산성도를 낮추기 위해 알칼리를 첨가한다. 그러면 페니실린은 물 층으로 이동하고, 가만히 내버려 두면 혼합물은 물과 아세트산아밀의 깨끗한 두 층으로 분리된다. 불순물만이 아세트산아밀에 남겨져 제거될 뿐만 아니라, 페니실린도 원래의 2ℓ에서 1ℓ로 농축되는 효과도 있었다. 페니실린이 추출된 1ℓ의 물 층에 다시 새로운 2ℓ의 페니실린 함유 아세드산아밀 용액을 섞는다. 여기서도 아세트산아밀에 들어 있던 페니실린은 물로 이동하고 농축과 정제는 더욱더 진행된다. 이 과정이 10번 반복되면 20배의 페니실린 농축이 이루어진다.

이 페니실린 수용액을 숯가루를 통해 거른 것이 다음 단계였다. 그러고 나서 크로마토그래피를 수행하기 위해서 페니실린을 에테르 용액으로 뽑아내는 것이다. 그 수용액은 4℃까지 냉각되고 다시 산성화되어 1/3ℓ의 에테르와 혼합되었다. 이 조작을 세 번 반복해서 물 1ℓ 속의 페니실린은 모두 1ℓ의 에테르로 옮겨진다. 그다음에 크로마토그래피를 실시하는 것이다.

페니실린을 포함한 노란색으로 물든 알루미나 가루층은 산과 알칼리의 중간 상태인 버퍼 용액으로 네 번 씻어 내는 7시간 반의 과정으로 들어간다. 이 과정 후에 페니실린은 6ℓ의 용액에 녹여지게 된다. 이것을 냉각하고 다시 산성화시켜 2ℓ의 에테르와 혼합하였다. 이 과정을 새 에테르로 갈면서 세 번 반복한다. 그러고 나서 이 혼합물은 알칼리로 다시 중성화되고, 1/5 부피의 물이 첨가된다. 이 단계에서 노란색 색소는 에테르에 남고, 페니실린은 물 층으로 농축되어 들어간다.

추가적인 정제를 위해서는 다시 한 번 크로마토그래피를 이용한 정제가 필요하였다. 그래서 냉각, 산성화, 에테르로의 역추출의 모든 과정이 다시 반복되었다. 이번엔 좀 더 작은 관을 따라 흘려 내려보내고, 완충액으로 씻고, 에테르로 회수한 다음 다시 물로 추출한다. 그리고 이제 바륨을 첨가하고 물을 증류시켜 오랫동안 두면 페니실린의 바륨염을 결정으로 얻을 수가 있었다. 그것은 실제로는 노란색을 띤 가루로서, 그 노란색은 색소와 불순물이 여전히 존재함을 말해 주는 것이었다.

당시에 시도할 수 있는 유일한 일은 똑같은 작업을 모두 다시 반복하는 것이었다. 페니실린의 바륨염을 물에 녹이고, 페니실린을 아세트산아밀로 추출해 낸다. 결국 체인과 에이브러햄은 위에서 언급한 것 외에 세 번 더 크로마토그래피를 수행하였다. 이 결과 그들은 최종적으로 ㎎당 500단위의 페니실린을 얻을 수 있었는데, 최초에는 ㎎당 0.5단위로 시작했던 것과 비교해 보면 큰 진전이었다. 최종적인 페니실린의 바륨염을 얻기 위해서는 여전히 동결건조법을 써야만 했다. 이 기법은 단지 순수화학 연구를 위한 과정에만 적용되었고, 임상 검사를 위한 초창기 약을 생산하는 데는 이 단계까지 쓰지는 않았다. 그렇지만 아직도 페니실린의 신화는 약으로서의 페니실린을 가능하게 한 것이 오직 동결건조 기법이었다고 주장한다.

체인과 에이브러햄은 이 모든 일을 1941년에 이루었다. 그리고 비록 그때는 몰랐지만, 그들은 여전히 반쯤 불순한 페니실린을 가지고 있었다. 순수한 페니실린의 결정이 만들어져 X-선 회절 기법으로 화학식과 분자 구조가 확실하게 분석된 것은 1945년에나 이르러서야 가능했다. 그 무렵에는 페니실린이 미국에도 건너가서, 페니실린의 최종 화학적 규명에는 영국 화학자들만큼이나 미국의 화학자들도 기여하였다.

최종 정제 공장은 윌리엄 던 병리학교의 동물 사체 부검소에 세워졌다. 이 특별한 건물은 언젠가는 병리학 연구를 위해 물소나 코끼리의 사체 부검이 분명히 필요하리라는 가능성에 대비해 전 세대 사람들이 남겨 준 것이었다. 1942년에 고든 샌더 박사와 제임스 켄트는 비록 아직은 그 생산량이 미흡하긴 했지만, 그래도 세계 최초의 페니실린 공장을 그 건물 안에 꾸몄다. 생산 공정은 도서관 책장을 기초로 하여 세워진 것과 본질적으로는 같았지만, 곰팡이 즙과 아세트산아밀을 신중하게 혼합하고 다음 단계에 원심분리기를 사용하는 등 약간의 보완이 있었다. 그리고 아세트산아밀 대신에 클로로포름을 사용하는 추가 정제 과정이 도입되었다. 그 공장에는 현대의 화학 공장에서는 거의 찾아 볼 수 없는 설비들이 동원되었다. 거기엔 가정용 욕조, 우유 냉각기, 우유 젓는 통, 그리고 청동 우편함도 있었다. 펌프질에는 수족관의 물을 순환시키는 데 쓰는 펌프를 이용했다. 그럼에도 불구하고 이 공장은 3시간 만에 160 ℓ의 곰팡이 즙을 처리할 수 있었다. 그러고 나면 원심분리기의 그릇에 낀 끈적거리는 물질들을 손으로 제거하기 위해 잠시 멈춰야 했다. 그 공장에서 생산해 낸 짙은 적갈색 용액은 임상이나 실험용으로 쓰기 위해 크로마토그래피를 거쳐야 했다.

나는 옥스퍼드의 윌리엄 던 병리학교에서 1940년, 1941년, 그리고 1942년에 있었던 일들을 묘사하는 데 다소 극적인 '영웅적'이라는 단어를 사용했다. 우선 이때는 전시로서, 161㎞ 남쪽과 동쪽에서는 치열한 공중전이 벌어지고, 밤낮으로 영국의 마을과 도시들이 폭격을 받던 시기였다. 교외에 많은 자동차 공장이 있었는데도 옥스퍼드는 운 좋게 심한 폭격을 면할 수 있었다. 그러나 그 연구에 참여하고 있던 과학자들은 배급 음식을 타기 위해 긴 줄에서 차례를 기다려야 했다. 그들은 화재 감시 당번 순서가 자주 돌아오는 것을 환영했는데, 이런 날에는 실험실에서 밤에도 일을 할 수 있었기 때문이었다. 욕조와 우유 젓는 통, 도서관 책장들은 단지 대체할 만한 물건들이 주문되거나 제작될 수 없었기에 사용된 것들이었다.

그런 상황하에서 옥스퍼드의 과학자들은 기적의 약을 발견해 낸 것이다. 아무도 이전에는 다양한 감염으로부터 인간의 생명을 구하는 기적의 약을 발견하지 못했다. 전시 상황의 어려운 조건은 제쳐 두더라도 당시엔 중요한 발견을 실험실에서 공장으로 이전하는 것을 도와주는 아무런 행정적인 체계도 없었다.

플로리와 그의 사람들은 개척을 하고 있었다. 첫째로는 화학요법이라는 것이 존재함을 보임으로써 이룬 철학의 개척이었다. 그들은 새로운 약을 어떻게 환자에게 투여해야 할지도 알아내야 했기에, 화학과 임상의학의 새로운 분야도 개척해야 했다.

이 시점에서 플로리가 내린 생애 최대의 결단은 이런 극적인 배경과는 상반되는 것이었다. 그는 개척만이 최선은 아니라고 판단했다. 그는 전시하의 영국이 그의 경이로운 발견을 개발하는 데 적합한 장소는 아니라고 판단하고, 미국의 도움을 구해야만 한다고 결정한 것이다.

12장
페니실린의 생산

플로리는 어떻게 그런 중대한 결정을 내렸는지에 대해 아무런 해명도 남기지 않았다. 그에게 미국으로 가도록 요청한 내각이나 정부 기관의 기록도 보이지 않는다. 그는 단지 의학연구심의회 비서인 에드워드 멜런비 경과 그 일을 상의했다. 그리고 록펠러 재단이 페니실린을 포함한 '세균 길항제' 연구에 관한 최초의 재정 지원을 도와준 워런 위버 박사와 개인적으로 여행 경비를 마련했다.

미국으로 가고자 하는 그의 목적이 처음부터 대규모 생산에 있었던 것은 아니었다. 히틀리는 다음과 같이 회상했다.

> 실험실에서의 생산은 단숨에 많은 양으로 증가될 수는 없었기에, 일단 초보적인 임상 증거를 얻자 플로리는 록펠러 재단의 후원을 업고, 당시 전쟁에 개입하기 전인 미국에 임상적 가치라도 제대로 평가받을 수 있을 만큼의 페니실린이라도 생산하고 싶어 했습니다. 체계적인 임상 시험 없이는 어떤 회사도 대량 생산을 꺼릴 테니까요. 표면적으로는 플로리가 4월 중순에야 록펠러 재단과 접촉한 것처럼 보였지만, 기본적인 절차는 비밀리에 이미 끝내 놓고 있었던 것 같아요.

히틀리가 놓친 것이 있다면, 1941년 언젠가 플로리가 페니실린의 군사적 가치를 깨달았다는 점이다. 전쟁 부상자들의 치료용으로 쓸 페니실린의 언급은 겨우 이 단계에 와서나 나타난 것이다.

페니실린 연구를 처음부터 지원해 왔다는 주장을 다 믿기는 어렵지만, 영국 의학연구심의회도 플로리를 지원하고 있었다. 그 책임자인 에드워드 멜런비 경은 플로리를 옥스퍼드에 임명하는 데 크게 기여하였고, 계속해서 플로리를 지지하며 조언을 아끼지 않은 후원자였다. 1941년 초에 독일이 스위스의 주선으로 페니실린을 얻으려 한다는 정보가 플로리에게 입수되었다. 그는 그 사실을 멜런비에게 알리면서, 자신의 군사적인 관점을 표현했다. “스위스인들이 페니실린에 접근하여, 그들을 통해 행여 페니실린이 독일로 흘러들어 갈지도 모른다는 사실이 매우 걱정스럽습니다. 제 의견으로는 국립 형태수집연구소(National Type Collection Laboratories)에 페니실륨 노타튬의 견본을 적국과 연결이 가능한 누구에게도 유출하지 못하도록 지침을 보내는 것이 필요하다고 생각됩니다. 또한 플레밍을 비롯한 곰팡이 소유자들에게도 협조문을 보내는 데 당신도 동의하시리라 믿습니다.”

멜런비는 그것이 걱정할 바가 전혀 아니라고 안심시키는 답장을 보내며 다음과 같이 첨부했다. “누가 뭐래도 당신이 훨씬 앞서 있고, 아무도 당신과 경쟁할 수 있을 것 같지 않소.” 그러나 멜런비는 플로리의 편지가 마음에 걸렸는지, 다시 그에게 편지를 보냈다. “친애하는 플로리. 당신과 이 문제를 상의한 후에 페니실린 생산이 계속되기 위한 유일한 길은 당신과 히틀리가 미국으로 가는 것이라는 결론을 내렸소. 이것은 중요한 의학적 과제이며, 당신이 영국 공장에서 페니실린을 만들지 못할 것은 불을 보듯 뻔해요. 나는 당신이 미국으로 가서 그곳의 공장을 이용하는 것이 필수적인 일이라고 생각하오."

플로리 역시 순수화학에 대한 집중적인 연구와 보다 나은 생산 방법의 개발을 위해서도, 대량의 페니실린 생산이 필수적이라고 생각한 듯하다. 1941년 6월, 냉동건조된 플레밍의 곰팡이를 짐 속에 넣고, 플로리와 히틀리는 중립국인 포르투갈의 리스본으로 가는 비행기에 올랐다. 6월 28일 리스본에 도착한 그들은 다음 비행기 편을 구하지 못해 사흘을 머물러야 했는데, 관광 도시에서의 뜻하지 않은 휴가도 곰팡이들이 열에 의해 상하지 않을까 하는 걱정으로 그다지 편안할 수가 없었다. 겨우 비행기를 구한 그들은 아조레스와 버뮤다를 거쳐 7월 3일에 뉴욕에 도착할 수 있었다. 곰팡이에 대한 걱정으로 하루가 급한데, 하필 다음 날은 미국 독립기념일(7월 4일)이라 대부분의 사무실과 실험실이 문도 열지 않는다는 것을 알았다. 그래서 도착 첫날 플로리는 서둘러 록펠러 재단을 방문해서 알랜 그래그 박사에게 페니실린의 실험 결과를 얘기할 수 있었다. 히틀리는 이 중요한 연구의 소개가 '조용하고도 사실적'이었다고 회상했다.

독립기념일에는 코네티컷, 뉴헤븐에 있는 존 풀턴(John F. Fulton) 박사 부부를 만나러 갔다. 풀턴 부부는 오랜 친구였고, 전쟁 초기에 영국으로부터 공습을 피해 피신했던 플로리의 아이들을 친절하게 돌봐 주기도 했다. 휴일이 끝나자마자 풀턴 박사는 국립연구원 의장인 친구 로스 해리슨(Ross Harrison) 박사에게 플로리를 데리고 갔다. 해리슨은 도움이 될 거라며 진균학자인 찰스 톰 박사를 추천했는데, 그는 바로 10년 전에 레이스트릭의 요청으로 플레밍의 곰팡이가 페니실륨 노타튬임을 규명한 바로 그 사람이었다. 톰은 7월 9일 워싱턴에서 플로리를 만나서 바로 미 농무성의 퍼시 웰스 박사에게 플로리를 소개했다. 이 회동에서 페오리아와 일리노이에 있는 미국 농무성의 북부 지역 연구소에 매우 큰 발효 장치가 이제 막 설치되었으므로, 페니실린의 개발을 촉진하는 데 적임지라는 제안이 나왔다.

웰스는 바로 페오리아에 전보를 쳐서 플로리가 도착할 때까지 발효접시를 준비하라고 연락했다. 그리고 7월 14일 플로리와 히틀리가 페오리아에 도착했는데, 그곳은 장차 페니실린 생산의 중심이 될 곳이었다.

페오리아는 두 영국 과학자에게 낯선 곳이었다. 그들이 그곳에 도착했을 당시는 발효 구역만 완성되었을 뿐 아직도 건설 단계에 있었다. 그렇지만 그것은 영국에서는 꿈도 꾸지 못한 규모의 시설이었다. 좀 더 큰 시각으로 본다면, 그것은 루스벨트의 뉴딜 정책의 일부였다. 그 연구소가 관심을 가지는 분야는 중서부와 북서부 지방의 농산물들이었는데 가장 중요한 것은 옥수수였다. 남부에는 비슷한 연구소가 목화를 연구하기 위해 세워지고 있었다. 페오리아의 지휘자는 오빌 메이(Orville May) 박사였고, 발효 부문의 책임자는 로버트 코길(Robert D. Coghill) 박사였다. 플로리와의 첫 대담에서 전격적인 협력을 약속하면서, 코길은 '심층발효'의 가능성을 얘기했다. 후에 페니실린의 대량 생산에 중요한 역할을 하게 된 심층발효법의 착안은 이때 처음 등장한 것이다. 코길 역시 플로리만큼이나 감명을 받았음에 틀림없다. 그 첫 만남에 대한 코길의 기억은 다음 한마디로 요약된다.

그들은 우리를 감동시켰다.

우선 해결해야 할 문제는 냉동건조된 플레밍의 곰팡이를 다시 살려내는 것이었다. 곰팡이들은 영국 과학자들의 가방에 든 시험관 안에서 리스본, 뉴욕, 그리고 워싱턴의 더운 여름 열기 속에서 두 주가 넘도록 끌려다녔던 것이다. 히틀리는 회상했다. "처음엔 영국을 떠난 후 마주했던 높은 온도에 그것들이 죽어버리지 않을까 몹시 두려웠죠." 천천히, 그리고 어렵게 어렵게 그것들은 다시 발아하게 되었고, 페오리아의 광대한 시설 속에 신선한 배양들이 자리 잡게 되었다. 그러고 나서 페오리아 소속의 생화학자인 앤드루 모이어(Andrew J. Moyer) 박사가 히틀리와 함께 일하기 시작했다. 페니실린 활성 측정법 등을 포함하여 옥스퍼드에서 개발되었던 기술들을 전해 주기 위해 히틀리는 미국의 연구소에서 6개월간 머물러야 했다.

당시 페오리아에는 사용 가능한 신선한 효모가 없었다. 곰팡이로부터 생성되는 페니실린의 비율을 높이기 위해서는 합성 채펙-독스 배양액에 신선한 효모가 중요한 첨가제가 되었다는 사실을 독자들은 기억할 것이다. 모이어는 효모 대신 옥수수 추출액을 시험해 보았는데, 운이 좋게도 효모보다 페니실린 생산을 더욱 증가시켜 준다는 사실이 밝혀졌다. 옥수수 추출액은 옥수수로부터 전분을 분리하는 과정에서 생긴 부산물이기도 했다. 원래 이 부산물은 공장 내에서 곰팡이들의 온상이 되어 골치를 썩이던 쓰레기였다. 그러던 것이 뜻밖의 효과로 유용하게 쓰일 수 있는 자원이 된 셈이다. 그러나 모이어의 귀중한 발견은 문제도 함께 일으켰다. 왜냐하면, 영국 쪽 시각에서 보면 모이어가 페니실린 이야기의 주요 악당 중에 하나로 등장할 만한 짓을 저질렀기 때문이다.

당시 모이어와 히틀리는 페니실린 계획에 함께 참여하고 있었다. 히틀리는 록펠러 재단으로부터 지원을 받고 있었는데, 그것은 그가 플로리와 미국으로 왔을 때 처음 맺은 계약의 일부였다. 물론 모이어는 페오리아의 일원이었고 록펠러와 페오리아 간에도 계약이 맺어져 있었는데, 의례적으로 연구의 결과는 공동으로 발표하고 특허권도 공유하게 된다는 내용이었다. 그러던 중 히틀리가 며칠 정도 실험실을 떠나 있다가 돌아와 보니, 모이어는 곰팡이로부터 페니실린의 비율을 보다 더 높여놓았다. 많은 첨가 영양분들이 꽤 광범위한 계획하에 시험되었고, 마침내 락토오스가 또 하나의 매우 유용한 배지 구성물이라는 것이 밝혀졌다. 그러나 히틀리가 모이어의 새 생산물을 점검하려 하자, 모이어가 옥수수 추출액에 첨가하여 얻은 성공에 대해 말하기를 꺼린다는 것을 눈치챘다. 여하튼 그들은 공동으로 논문을 썼다. 모이어는 히틀리가 옥스퍼드로 돌아가기 직전에 그에게 논문의 마지막 교정본을 보여 주었다. 히틀리는 마지막으로 몇 개의 사소한 부분을 수정해서 모이어에게 넘기고는 곧 영국으로 돌아왔다. 전쟁이 끝난 후 히틀리는 모이어가 자기 이름만으로 그 논문을 발표한 것을 알았다. 이 논문은 모이어가 페니실린의 생산 방법에 대해 등록한 세 개의 특허에 대한 근거가 되는 것이었다. 이 특허들의 핵심은 옥수수 추출액과 락토오스를 페니실린 곰팡이를 키우는 배양액으로 사용한 것에 관한 것이었다. 이 특허들은 13674, 13675와 13676호로 대영제국 특허국에 등록되었고, 페니실린이라는 단어를 사용한 최초의 중요 특허였다. 곧이어 페니실린 생산에 대한 많은 특허들이 뒤를 이었는데, 당시 영국과 미국의 회사들에 의해 등록된 그 특허들은 지금에 와서는 대부분이 경제적인 가치가 없는 것들이다.

플로리가 페니실린에 대한 영국 내 특허권을 미국에 '도둑'맞고, 미국 산업계가 영국 과학자들의 발명을 가로채 특허와 판매로 수백만 달러를 벌었다는 신화는 바로 이 모이어의 특허에서 유래되었다. 그러나 그 신화는 완전히 틀린 것이다. 아이러니한 것은 모이어가 이 특허들로 동전 한 푼 번 적이 없다는 것이다. 그는 단지 페오리아의 고용인이었으므로, 페니실린의 연구에서 생긴 어떤 특허도 그 연구를 지원한 페오리아와 록펠러 재단 간에 균등하게 나눠지도록 되어 있었다. 그 규칙은 고용자들이 외국의 특허에 등록하는 일에 대한 내용을 담고 있지는 않았기에, 모이어는 그 틈을 노려 미국이 아닌 영국의 특허권을 청구했던 것으로 보인다. 그런데도 그의 상관들은 이 사실이 밝혀지자 화를 냈고 코길의 압력으로 미 정부, 특히 농무성이 관여하여 비공식적인 방법으로 그가 이 특허권으로 어떤 보수도 얻지 못하도록 조치했다.

후에 모이어는 페닐아세트산을 배양액에 첨가했을 때 곰팡이가 벤질 곁가지를 가진 형태의 페니실린을 만들어 낸다는 사실을 발견했다. 이것은 페니실린 G라고 불리는 벤질 페니실린이었고, 오랫동안 임상용으로 사용되었던 페니실린이다. 모이어는 이 발견으로는 꽤 많은 돈을 벌었다. 여하튼 모이어는 페니실린 역사에 꺼림칙한 자취를 남기게 된다. 그렇지만 히틀리는 그가 개인적으로 매우 친절했고 자신에게 도움을 주던 사람이라고 기억했다. 그러면서도 그는 "내가 만났던 사람들 중에 가장 격렬한 반영국주의자였고, 고집 세기로 유명한 네덜란드 혈통의 미국인이었다"고 말한다.

사실 페니실린을 써서 환자를 체계적으로 치료한, 즉 신체 내의 균을 죽이기 위해 약을 주사한 방법은 플로리와 히틀리가 미국에 도착하기 이전에, 또한 옥스퍼드의 경찰관이 치료를 받았던 것보다도 더 이전에 미국에서 이루어진 적이 있었다. 『랜싯』지에 옥스퍼드 팀에 의해 발표된 최초의 논문은 1940년 8월 미국에 도착했다. 5주 내에 컬럼비아대학의 마틴 헨리 도슨(Martin Henry Dawson) 박사는 뉴욕의 장로교 병원에서 페니실린 주사로 환자를 치료하기 시작했다. 그의 연구팀은 페니실린을 화학적으로 추출하는 칼 마이어(Karl Meyer)와 미생물학을 하는 글라디스 호비(Gladys Hobby) 박사로 구성되어 있었다. 그들이 사용했던 곰팡이 포자는 1930년대에 페니실린을 연구하던 미국인 개척자 로저 레이드 박사에게서 얻은 것이었다.

도슨 박사는 사례가 많지는 않지만 일단 걸리면 치명적이었던 심방 내막염을 상대로 '성전'이라고 부를 만한 힘겨운 싸움을 계속하고 있었는데, 그가 페니실린을 주사한 첫 환자가 바로 이 병으로 고통받고 있던 에런 알스톤이라는 사람이었다. 치료는 성공하지 못하여 환자는 죽었고, 도슨 박사는 약의 정제가 부족했고 효능도 낮았다고 결론지었다. 도슨은 더 많은 페니실린을 만들고자 옥스퍼드의 체인에게 편지를 써서 체인이 가지고 있는 곰팡이 종을 청했다. 곰팡이는 즉시 옥스퍼드로부터 보내졌지만, 미국에 도착해서는 전혀 페니실린을 만들지 못했다. 그래서 도슨은 순전히 로저 레이드의 배양에 의존해서 컬럼비아대학의 강의실에 수백 개의 병을 쌓아 놓고 옥스퍼드 팀과 거의 유사한 생산 과정을 시작하였다.

그러나 페니실린을 충분히 얻지 못하여 이후 네 번에 걸쳐 심장 내막염 환자의 치료를 시도했다. 하지만 그다지 좋은 결과를 얻을 수는 없었다. 차라리 그는 포도상구균에 의한 감염에서 보다 나은 결과를 얻었다. 1941년 5월 도슨, 호비 그리고 마이어는 미국 임상연구회의 모임에 연구 결과를 보고했다. 그의 논문에 대충 손으로 쓴 요약에서 그는 결론지었다. "페니실린은 매우 큰 잠재적 중요성을 가진 화학요법제로 보인다."

이 무렵 도슨은 자신의 근육이 천천히 힘을 쓰지 못하게 되는 근무력증 증상이 점점 심해지고 있다는 것을 알고 있었다. 그는 1945년에 죽을 때까지 계속 일했지만, 그의 병은 연구의 효율을 계속 떨어뜨렸다. 그는 미국에서는 처음으로 페니실린의 사용을 주장한 사람이었지만 주요한 줄기에서는 빠져 버린 것이다.

미국, 특히 미국의 산업계에 페니실린의 대량 생산을 설득해야 하는 일은 플로리의 몫으로 남았다. 플로리는 북미 대륙의 가장 큰 화학 및 제약회사를 방문했다. 몇몇 회사[미국의 릴리(Lilly), 머크(Merck), 샤프와 돔(Sharpe and Dohme), 레덜리, 스퀴브(Squibb), 파이저(Pfizer), 이스트먼(Eastman) 그리고 캐나다의 코노트 연구소(Connaught Laboratories)]는 흥미를 보였지만 당장은 머크만이 긍정적으로 반응했고, 그다음에 스퀴브, 파이저가 뒤를 이었다. 플로리가 산업계에 접근했을 때 직면했던 초기의 어려움은 헤어 교수가 잘 설명하고 있다. 전문가들의 세계가 얼마나 좁은 것인가는 헤어 교수가 그때 하필 토론토의 코노트 연구소에서 일하고 있었다는 사실에서도 엿볼 수 있다. 코노트는 공식적으로는 토론토대학에 속해 있었지만 사실은 상업적 생산을 위한 실험실이었다. 주로 피츠제럴드(J. G. Fitzgerald) 박사의 힘으로 코노트는 자체 의학 연구를 재정적으로 지원할 수 있는 백신을 생산하고 있었는데, 방법적으로는 세인트 메리 병원에서 했던 고전적 방식이었으나 규모는 신세계에 걸맞게 엄청나게 컸다. 1936년부터 그곳에 자리 잡고 있던 헤어는 플로리의 방문을 솔직하고 겸허하게 기술하고 있다.

1941년 8월, 나는 죽은 피츠제럴드 박사의 후임으로 코노트의 책임자가 된 디프리스(R. D. Defries)의 사무실로부터 갑작스런 부름을 받았습니다. 그는 나에게 하워드 플로리 교수와 히틀리 박사를 소개하면서, 그들이(내가 들어 봤을지도 모르는) 페니실린이라는 물질에 대해 연구하고 있다고 귀띔하더군요. 플로리는 그때 엄청난 얘기들을 했는데, 그것은 그들이 접시 그릇에서 어떻게 곰팡이 즙을 만드는 데 성공했으며, 체인이 어떻게 그것들을 환자에게 쓸 수 있을 만큼 충분히 정제하였는지, 또 포도상구균 감염으로 거의 죽어 가던 6명의 환자를 페니실린만으로 치료했다고 하는 등의 이야기였습니다.

그러고 나선 페니실린을 대량으로 생산하라고 우리를 설득하기 위한 것이 방문의 주목적이라고 얘기하더군요. 그러나 우리가 대량 생산이라는 것이 무엇을 의미하는지 정확히 이해했을 때, 그 문제는 결코 만만한 것이 아님을 알았습니다. 곰팡이를 기르기만 하는 데도 방이 여러 개 필요하겠더군요. 그리고 당시 쓰이는 정제 방법들은 대규모 생산에 적용하기에는 어려워 보였고요. 플로리의 논문을 손에 들고서 우리는 화학자들에게 자문을 구했습니다. 화학자들이 우리에게 어떤 방법으로 페니실린을 만들 거냐고 묻기에 적당한 용기에서 곰팡이를 키워서 만들 거라고 했더니, 그들은 우리를 비웃으며 우리가 엄청난 시간과 돈과 정력을 그렇게 하찮은 일에 쏟고 난 뒤쯤이면 화학자들이 그것을 합성하는 법을 알아낼 거라고 장담하더군요. 따라서 우리는 플로리에게 그 일을 받아들일 수 없다고 말할 수밖에 없었습니다. 물론 그들은 실망했고, 그가 결코 우리를 용서했으리라고 생각지는 않아요. 그러나 사실 그는 많은 걸 바라고 있었지요. 중요한 바람 중 하나가 대규모 생산을 위한 방법의 발전이었고, 두 번째 바람은 페니실린의 가치를 증명하는 것이었죠. 플로리가 우리를 만나러 왔을 때는 단지 포도상구균에 대해서만 시험해 본 정도였습니다. 다른 미생물에는 어떻게 작용할지 전혀 알 수가 없지요. 우선 나부터도 한 종류 균에 대해 치료 효과를 가진 약품이 다른 종에도 같은 효과를 낼 거라고 생각하는 것이 얼마나 위험한 추론인지 잘 알고 있었으니까요. 그것은 비소 화합물들이 나에게 가르쳐 준 교훈이기도 합니다.

그러나 1941년 8월 7일, 플로리는 미국에서 돌파구를 찾아내고야 말았다. 그는 필라델피아에 있는 펜실베이니아대학의 약학 교수인 리처즈(A. N. Richards) 박사를 만나러 갔다. 리처즈 박사는 마침 과학연구개발국의 의학연구위원회 의장이기도 했지만, 15년 전 플로리가 록펠러 재단의 지원으로 미국으로 왔을 때 함께 왔던 인연도 중요하게 작용했다. 플로리는 리처즈로부터 "페니실린의 생산을 촉진할 수 있는 가능한 모든 것을 알아봐 주겠다"는 약속을 받았다. 그리고 리처즈는 그의 약속을 충실히 지켰다.

플로리는 1941년 9월 옥스퍼드로 돌아가긴 했으나, 리처즈의 원조로 10월 2일 미 의학연구위원회는 페니실린의 생산에 우선권을 부여하는 데 동의하였다. 우연히도 버니바 부시(Vannevar

Bush) 박사가 과학연구개발국의 책임자 권한으로 이 모임의 의장을 맡았다. 6일 뒤 그는 정부 대표들과 네 개의 큰 제약회사 간의 회의를 소집하였다. 이 회의에서 최소한 머크는 정부 후원 하의 페니실린 연구와 생산 계획에 참여한다는 사실에 동의했다. 10월 20일에는 페니실린에 대한 기술 회의가 열렸는데, 머크와 톰 박사, 그리고 페오리아에 있던 최근의 연구자들에 의한 보고가 참고되었다. 이 모임에서는 좀 더 빠른 속도로 이 일을 추진할 것과 의학연구위원회에 의한 8,000달러의 추가 지원이 결정되었다. 12월 17일에 있었던 다음 회의에서는 페오리아의 연구소와 제약회사(이 단계에서는 주로 머크)들에서 나온 연구 결과는 모두 의학연구위원회로 결집되도록 합의하였다. 플로리가 7월 초 뉴욕에 도착했던 이후에 많은 일이 성취되었고, 이 모든 것은 멀리 떨어진 옥스퍼드에서 있었던 여섯 가지 사례의 임상 결과를 바탕으로 한 것들이었다.

그러나 그것은 1941년 12월로, 진주만 공격이 일어났던 것과 같은 달의 일이었다. 미국은 전쟁으로 휩쓸려 들어갔고, 플로리가 그의 임상 연구를 확장하기 위해 원했던 페니실린은 미국의 해안을 떠나지 못했다. 그럼에도 불구하고 이제 대서양의 양쪽에서 페니실린의 생산은 동시에 시작되었다.

미국에서의 생산

모든 페니실린 생산의 기초는 페오리아에서 개발된 연구의 결과였다.

처음에 모이어와 히틀리가 배양액에 옥수수 추출액과 락토오스를 첨가하여 플레밍의 곰팡이로부터 페니실린을 얻는 비율을 향상시킨 바 있었다. 옥스퍼드에서 히틀리는 ㎖당 2단위(당시 그 자신이 설정했던 기준으로서의 옥스퍼드 활성 단위) 정도의 페니실린을 생산하였지만, 모이어와의 협력으로 ㎖당 40단위까지 증가시킬 수 있었다.

그러나 동시에 페오리아의 미생물학자인 케니스 래퍼(Kenneth B. Raper) 박사는 페니실린을 생성할 수 있는 페니실륨 곰팡이들을 검색하기 시작했다. 그 결과 자신의 수집물 중에서 NRRL 1249 B2(NRRL은 북부 지역 연구소의 머리글자들로서, 페오리아 연구소를 말함)라고 명명된 종이 플레밍의 종보다 더 많은 페니실린을 생산한다는 것을 발견하였다.

여기에 자극받아 보다 광범위한 검색이 시작되었다. 미군 수송사령부의 도움을 얻어 지구상 구석구석으로부터 채취된 토양 표본들이 래퍼의 연구소로 보내졌다. 이 엄청난 수의 표본들로부터 그는 어느 정도 양 이상의 페니실린을 만들어 내는 종을 고작 몇 개 정도 분리해 낼 수 있었다(이런 점으로 보더라도 페니실린 신화에서 패딩턴 거리의 먼지로부터 플레밍의 방으로 날아든 포자가 얼마나 특별한 종이었던가를 다시 한 번 생각해 볼 수 있다).

그러나 우습게도 실제로 래퍼가 환호를 올린 종은 바로 그의 부근에서 발견되었다. 불쌍하게도 '곰팡이 매리'라는 별명이 붙은 그의 조수 매리는 정기적으로 페오리아의 시장에 나가서 과일 쓰레기나 그 밖에 어디에서건 그녀가 구할 수 있는 모든 종류의 곰팡이를 모아 오고 있었다. 어느 날 그녀가 썩은 멜론을 가지고 돌아왔는데, 그 속에서 NRRL 1951 B25라는 종이 분리되었으며, 곧 그것은 이후 세계에서 생산되는 페니실린 대부분의 기원이 되었다. NRRL 1951 B25는 플레밍의 종인 페니실륨 노타툼이 아니고 페니실륨 크리소제눔이었는데, 그 종의 특별한 장점은 심층발효에서 용액 속에 잠긴 채로도 쉽게 자랄 수 있다는 것이었다. 이 곰팡이는 이전에 발견된 어떤 곰팡이보다도 많은 양의 페니실린을 만들어 내었다. 이 무렵 발효 부문 책임자인 로버트 코길 박사는 모든 부분에서 옥스퍼드 팀만큼이나 효율적이기는 하지만 전혀 다른 성격의 과학 연구팀을 구성했다. 페오리아에서의 연구는 광대한 자원을 쏟아부어 문제를 해결하면서 더욱더 효율적인 페니실린 생산 방법을 개발하는 데 주력하였다. 케니스 래퍼 박사가 모은 수백 종의 페니실륨 곰팡이들은 조수인 도로시 알렉산더(Dorothy Alexander)에 의해 키워졌고, 페니실린 생성 정도는 슈미트(W. H. Schmidt)에 의해 매일 하루 10시간씩 쉬지 않고 진행되었다. 코길을 중심으로 하여, 조지 워드(George E. Ward) 박사는 심층발효 기술에 기여하였고, 프랭크 스토돌라(Frank H. Stodola) 박사와 와첼(J. L. Wachtel) 박사는 즙으로부터 페니실린을 보다 더 효율적으로 회수하는 새로운 방법에 대해 연구했다.

그러는 동안에 코길은 스탠퍼드대학, 위스콘신대학, 미네소타대학과 뉴욕 콜드 스프링 하버의 카네기 연구소들과 일련의 공동 과제를 수행하고 있었다. 코길의 말을 인용한다.

> 목표는 보다 더 많은 페니실린을 생산하는 곰팡이 종을 손에 넣는 것이었는데, 자연상의 곰팡이를 분리하거나 빛이나 X-선, 화학물질을 이용해서 돌연변이를 일으키기도 했지요. 검사에 사용된 수만의 변종 중 높은 비율로 얻어지는 종들을 상당수 얻었는데, 그중 가장 뛰어난 것은 카네기 연구소의 데메렉(Demerec) 박사에 의해 X-선으로 처리되어 만들어진 페니실륨 크리소제눔 NRRL 1951

B25의 돌연변이체였습니다. X.1612라고 알려진 이 유기체는 현재 페니실린 산업에서 매우 널리 쓰이고 있으며 예전 같으면 경이적인 비율로 간주될 양의 페니실린을 만들어 내는데, 시험 가동 공장에서는 ㎖당 500단위를 생산했고, 실제 산업체의 대형 발효기에서도 ㎖당 300단위가 넘는 안정된 비율이 얻어졌습니다.

다시 말하면 새로운 옥수수 추출액의 배지와 인위적으로 만들어진 곰팡이로 옥스퍼드에서 얻었던 것의 250배나 많은 페니실린을 생산할 수 있었다는 것이며, 이 모든 것은 플로리가 미국에 간 지 불과 몇 개월 만의 일이었다. 후에 위스콘신대학의 연구원들이 자외선으로 만들어 낸 돌연변이체가 보다 나은 결과를 낳았고, 배양액 1㎖당 900단위에 이르는 것이었다. 이것은 WIS. Q. 176이라고 불렸다. 코길 박사가 이 내용을 발표한 것이 일반에게는 최초로 공개된 연구 결과였다. 그것은 1945년『화학과 공학 뉴스(Chemical and Engineering News)』에 발표되었는데, 코길은 여전히 별도의 단락에 "여기에 쓰인 바와 같이 페니실린의 화학은 아직 비밀로 분류되고 있다"고 썼다.

여기서 1941년 이후 페니실린은 전쟁 물자의 하나로, 군인들이나 조종사들의 목숨을 구해서 다시 전투에 내보내는 놀라운 약이 될 수 있었다는 사실을 상기해야 한다. 페니실린에 대한 이 엄격히 군사적인 관점은 대량 생산에 들어갔을 때에도 오랫동안 유지되었다.

1941년 12월의 전쟁 발발은 북미 대륙의 페니실린에 대한 산업계의 관점을 완전히 바꿔 놓았고, 영국의 플로리에게 보내 주기로 했던 약속도 흐지부지되고 말았다. 스퀴브사가 머크와의 협동 연구에 참가했고, 페니실린 생산에 대한 정보에 관심을 가진 다른 모든 회사들에게도 이용할 수 있도록 하자는 데 합의했다. 또한 그들이 생산한 페니실린은 의학연구위원회에 모두 넘겨서 광범위한 임상 검사에 쓸 수 있도록 승인받은 의사와 병원들에 나눠 주기로 했다. 페린 롱(Perrin H. Long)의 지휘하에 국립연구회가 위원회를 발족했을 때, 1942년 1월 초의 모임에서 최소한 행정적으로는 이러한 시도들이 이미 착수되고 있었다. 새로운 약의 첫 번째 임상 시도는 플로리가 성공을 거두었던 포도상구균에 대해 시행되었다.

머크와 스퀴브는 1942년 2월 합의에 도달했다. 3월까지는 임상 검사를 시작할 수 있을 만큼 충분한 양의 페니실린을 확보할 수 있었다. 이러한 성과는 스튜어트 교수의 다음 언급을 뒷받침한다.

> 미 정부뿐만 아니라 회사들의 믿을 수 없을 만큼 신속한 협동 연구가 치료 목적으로 쓸 수 있는 페니실린 생산의 열쇠가 되었다.

산업적 규모로 생산된 페니실린으로 치료받은 첫 미국인 환자는 예일의 한 교수 부인이었다. 1942년 3월에 그녀는 산욕열과 온몸에 퍼진 패혈증으로 사경을 헤매고 있었다. 설폰아미드로 시도한 치료는 이미 실패한 후였다. 머크 회사에서 만들어진 페니실린이 정맥주사로, 즉 혈관 속으로 직접 주입되었다. 그리고 이전에 영국에서 그랬던 것처럼 미국에서도 '기적적인' 페니실린의 결과가 관측되었다. 그 환자는 현저하게 빠른 속도로 회복되었다.

그러나 그다음 석 달 동안 미국에서 생산한 페니실린은 고작

10명을 더 치료할 수 있을 정도의 양에 불과했다. 그래도 치료 효과는 한결같이 고무적이었고, 페니실린의 생산도 천천히 늘어 갔다. 1943년 말까지는 200개 사례가 넘는 치료에 사용되었고, 페니실린은 혈액 독성의 포도상구균과 연쇄상구균 외에도 사용되기 시작했다. 임질이 대표적인 예인데, 1942년 말 위원회에 보고된 성공률은 100%였다.

도슨 박사와 글라디스 호비가 일하고 있던 메이요 클리닉과 컬럼비아대학 같은 명망 높은 의료 기관들에 의한 임상 성공 보고가 증가하면서 페니실린에 대한 선호도 역시 꾸준히 높아졌다. 페니실린이 사용된 경우에 나타난 유일한 실패 요인은 투여량이 너무 적었기 때문인 것으로 보였다. 코길 박사의 유일한 관심은 "페니실린이 생산의 어려움을 극복하는 데 드는 엄청난 비용을 감안하고도 충분히 좋은 약이라고 할 수 있는가? 만약 그렇다면 군대가 필요로 하는 양은 얼마나 될 것이며, 우리는 어떻게 현재의 생산 방법을 개선시킬 것인가?" 하는 것이었다.

1943년에는 페니실린의 대량 생산을 총력을 다해 추진할 것이 결정되었다. 전시 생산국이 공식적으로 재원을 대고 추진을 뒷받침했다. 6개의 대형 미국 회사들이 참여하게 되었는데, 머크와 스퀴브는 물론이고, 파이저, 애봇, 윈드롭과 커머셜 솔벤트사 등이었다. 그리고 곧 대단한 페니실린 붐이 일었다. 이 사업에 참여할 수 있기만 하면 누구나 뛰어들었고, 곧 다양한 규모의 명성을 가진 18개 회사들이 참여했다.

버섯 포자를 생산하는 공장을 개조하여 페니실린을 생산하는 데 성공을 거둔 한 사업가는 산업계에 떠오르는 별로 존경받기도 했습니다. 그러나 애국심 또는 금전상의 동기에서뿐만 아니라 그저 재미로 하는 것처럼 보이는 아마추어들도 있었어요. 그중 하나는 비휘발성 액체로 가득 찬 지하실을 가진 가게 주인이었는데, 그건 내가 봤던 중에 최악의 방화조 같은 거였죠. 가장 주목할 만한 것은 완전히 자체 개발된 세균 기법을 이용한 한 사업가의 경우인데, 보일러의 증기로 위스키병을 살균해서 사용하고 있더군요. 정통이라고 보기는 어려운 점들이 있기는 했지만, 어쨌든 미국인들은 페니실린을 갖게 되었습니다.

이 말은 토론토의 코노트에서 페니실린 생산을 담당한 헤어 교수가 한 말이며, 1942년의 임상 성공 결과로 이 캐나다인은 플로리의 최초 요청을 거부했던 것을 두고두고 후회하게 되었다.

그리고 분명히 미국인들은 많은 양의 페니실린을 생산했다. 1943년 상반기 6개월 동안 미국의 페니실린 총생산은 8억 단위 정도였지만, 그다음 6개월 동안은 200억 단위에까지 이르렀다. 최초에 정했던 옥스퍼드 단위가 너무 작은 강도를 나타내는 것이었기에, 페니실린은 단위의 수치로만 보면 엄청난 양으로 보일 만큼씩 투여되어야 했다. 오늘날 보통의 환자에게 한 번 주사하는 페니실린의 양이 약 100만 단위에 해당한다. 그래서 10억 단위면 대강 1,000명의 환자를 치료할 수 있는 양인 것이다.

다음 해인 1944년, 미국의 페니실린 생산은 8배로 늘어 1조 6303억 단위까지 증가했다. 그리고 그다음 해에는 다시 4배인 6조 8000억 단위로 늘어났다. 1945년 7월에서 10월 사이의 월간 생산량은 감소 경향을 보였는데, 아이러니하게도 곰팡이를 키울 옥수수 추출액이 동났기 때문이었다. 동시에 가격은 꾸준히 떨어졌다. 1943년에 의학연구위원회의 모체인 과학연구개발국은 페니실린 100만 단위당 200달러로 가격을 책정했다. 1945년에는 가격이 100만 단위당 6달러까지 떨어졌다.

그러나 수요는 가격이 떨어지는 만큼 급격히 증가했는데, 이것이 전통적 시장론에서 말하는 보이지 않는 손에 의한 것은 아니었을 것이다. 대개 병이 낫고자 하는 사람들은 비용이 얼마나 들든 관계없이 치료받으려 하는 경우가 더 많기 때문이다. 1943년 7월부터 생산이 실제로 가동되었을 때, 페니실린은 사실상 정부에 의해 배급되고 있었다. 군의 요청이 1945년까지는 총생산의 85%를 점유했고, 그해에는 크게 증가된 생산물로 인하여 군의 수요가 겨우 30% 정도로 늘어났다. 그러나 그때에도 2,700개의 허가받은 병원에서만 민간용 페니실린을 공급받을 수 있었다.

미국에 있어서 페니실린의 분배는 환자 개인의 요구와 상충되는 임상적 정보를 얻으려는 과학자들의 희망이 얽힌 다소 복잡한 역사를 가지고 있다. 처음엔 의학연구위원회의 체스터 키퍼(Chester Keefer) 박사가 이 상충되는 요구들을 조정하는 어려운 일을 떠맡았고, 철저히 공평하게 이 희귀물질을 분배함으로써 널리 명성을 얻었다. 1944년 4월 페니실린 공급이 키퍼 박사가 다루기에는 너무 많아졌음에도 불구하고, 민간용으로는 여전히 적은 양만이 배당되었다. 그러나 페니실린 생산 산업자문위원회는 지정된 병원에 페니실린을 분배할 계획안을 작성했다. 처음엔 이 목표에 단지 1,000개의 병원밖에 고려되지 않았고, 시카고에 있는 민간 페니실린 분배 단체에서 페니실린에 관한 모든 주문을 처리해야만 했다. 1945년에는 페니실린의 공급을 담당할 저장 병원의 수가 2,700여 개까지 증가했고, 이 저장 병원들을 거쳐 추가로 5,000개의 병원에서 공급을 받을 수 있었다. 1945년 말경 미국 내에서는 사실상 상업 경로를 통해서도 페니실린이 자유로이 유통되었고, 수출도 자유롭게 허가되었다. 수출 제한이 마침내 철폐되었을 때 수출 수요가 국내 소비와 거의 맞먹는 기현상이 빚어지기도 했다. 1945년 말에 미국은 한 달에 2000억 단위의 페니실린을 수출했고, 또 같은 양을 소비했다.

1945년 총생산은 페니실린 가격의 하락에도 불구하고 6000만 달러어치나 되었다. 코길 박사는 이것이 지난 3년간 건물과 장비 등에 총 2500만 달러를 투자해서 생산한 것이라고 발표했다. 이 자본의 1/3 정도는 미 정부에서 나온 것이었다. 페니실린 생산에 대한 투자는 분명 상당히 가치 있는 일이었다. 생산에 들어간 '표면재배'용 작은 공장에 35만 달러가 먹힌 반면에, 대형인 '심층발효' 공장에는 300만 달러에 달하는 투자가 필요했다.

미국에서 엄청난 양의 페니실린 생산이 가능했던 진짜 비밀이자, 미국인들이 3년 내에 그들의 전시 수요량과 그 밖의 필요량을 충족시킬 만한 페니실린을 만들 수 있었던 이유는 심층발효법의 개발에 기인한 것이다. 이것이 페니실린 역사에서 미국인들의 가장 크면서도 유일한 기여였다. 미국인들이 심층발효법을 발견한 것은 현대 항생 산업 전부를 실용적인 위치에 올려놓은 것이었다. 영국의 옥스퍼드에서 페니실린을 발견했지만, 미국인들은 그것이 상업적으로 유용해질 수 있는 방법을 찾아낸 것이다.

페니실린은 플레밍의 배양접시 표면에서 곰팡이가 자란 뒤에 처음으로 관찰되었다. 그 이후의 모든 연구에서 곰팡이는 배양액 표면에서 자라면서 페니실린을 그 아래 액체 속에 만들어 냈던 것이다. 이 방법에 따라 옥스퍼드와 미국 산업계의 모든 초기 페니실린 생산은 곰팡이의 표면 배양이었다. 영국에서뿐만 아니라 미국에서도 계속되었던 생산 초기의 논쟁거리는 '병 배양'과 '접시 배양'에 관한 것이었다. 물론 히틀리가 특별히 고안한 도자기 배양기도 있었고 나중에는 이와 비슷한 모양의 유리 제품도 쓰였지만, 전쟁 중 영국에서는 버려지던 보통 유리 우유병이 많이 사용되었다. 밀폐된 병이나 그릇의 장점은 일단 배양액 표면에 곰팡이 포자가 심어지면, 입구를 방부성 물질로 막을 수 있어 세균이나 다른 종류의 오염으로부터 격리시킬 수 있다는 것이었다. 또 다른 방법 하나는 배양액으로 가득 찬 접시를 사용하는 것이었다. 접시의 경우 더 넓은 표면적을 얻을 수 있어서 곰팡이들이 자랄 수 있는 공간도 많았기에 페니실린의 생산을 증가시킬 수 있었다. 그러나 접시 배양에서는 부화실 전체가 살균 처리되어야 했고, 일단 오염이 생기면 병이나 용기를 사용했을 경우보다 손실이 훨씬 컸다. 레이스트릭이 일하던 당시부터 곰팡이들의 페니실린 생산은 여러 날(정확한 시간은 배양액의 성질과 온도에 의해 달라졌다)이 지나서야 최대치에 도달하곤 했다. 그 후에는 페니실린 생산이 급격히 감소했다. 그러므로 페니실린 생산은 필연적으로 한 생산 단위씩으로 구분되어야 했고, 포자를 심어 기른 후 한 번 분량이 수확되면 배양액을 회수하고 페니실린을 정제하는 화학적 과정이 시작되는 형태였다.

만약 페니실륨 종이 배양액에 잠겨서도 페니실린을 생산할 수 있다면 모든 공정은 수정될 것이다. 우선 곰팡이에 의한 페니실린 총생산은 완전히 2차원에서 3차원으로 한 차원 증가할 터였다. 배양액 속에 잠겨 자라는 곰팡이들은 배양액의 표면 대신에 용기의 모든 부피를 생산물을 분비하는 데 쓸 수 있는 것이다. 더욱이 수천 개의 병이나 용기, 접시에 포자를 심어야 하는 작업을 줄일 수도 있다.

페오리아에서는 플로리를 처음 만났을 때부터 코길이 심층발효를 개발하기 시작했다. 거기엔 해결해야 할 세 가지 문제가 있었다. 첫째는 배양액에 잠겨서도 높은 비율로 페니실린을 얻을 수 있는 곰팡이 종을 찾아내야 하는 것이었다. 이것은 NRRL 1951 B25가 멜론에서 분리됨으로써 해결되었다. 그다음엔 배양액 속에서 자라고 있는 곰팡이에 완전히 살균되고 오염 미생물이 없는 공기를 공급하는 방법을 찾는 것이었는데, 그것은 페니실륨 곰팡이가 자라는 데 공기를 필요로 하기 때문이었다. 더욱이 이 공기는 용기 전체에 고루 퍼져야만 했던 것이다. 마지막으로는 곰팡이에 신선한 영양분을 공급할 수 있도록 용기 속의 내용물들이 계속적으로 저어져야 했는데, 이 과정에서도 오염물이 들어가는 것을 막아야 했다. 곧 이 문제들은 페오리아의 코길 팀이 해결해야 할 주요 과제가 되었다. 그러나 산업적 규모에서 해결되어야 한다면 이 문제들은 사실상 화학공학의 문제였다. 바로 이 시점이 페니실린 이야기에 채스 파이저라는 중요한 회사가 등장하는 때이다.

페니실린 신화에 있어 가장 큰 잘못 하나를 든다면 심층발효라는 기술적 돌파구를 가볍게 다루고 있다는 것인데, 심층발효법의 개발은 실험실에서 일어났던 극적인 사건들만큼이나 페니실린의 성공적인 개발에 필수적인 것이었다. 중요한 사실 하나는 페니실린 생산 분야에 뛰어든 시점엔 파이저가 전혀 제약회사가 아니었다는 점이다. 원래 파이저는 식품과 음료수 첨가물 공급체로서 심층발효 기법을 개척한 회사 중 하나였다. 전통적인 제약 산업과의 이러한 차이점이 파이저가 최종적으로 페니실린 생산에 참여하기로 결정하였을 때 매우 대담한 결정을 내릴 수 있게 한 원동력이 되었다. 제약에 관한 고정 관념으로부터의 자유스러운 사고는 또한 많은 파이저 경영자들의 특징이기도 했다.

페니실린 생산이 가시화되던 무렵인 1943년 6월, 파이저의 간부인 존 스미스(John L. Smith)에게 한 브루클린의 내과 의사가 찾아와서, 당시만 해도 귀했던 페니실린을 감염성 심내막염으로 죽어 가는 어린 소녀에게 쓸 수 있게 해 달라고 사정하였다. 스미스는 페니실린이 공식적인 할당으로 묶여 있으며 심내막염에 효과적이라고 생각할 만한 어떤 근거도 없다고 잘라서 말했다. 그 의사는 여러 가지 말로 그를 설득해서 병원에 있는 그 소녀에게 와 보게 했고, 스미스는 그만 마음이 약해져서 규칙을 깨고 약간의 페니실린을 주기로 했다. 이를 직접 정맥을 통해 조금씩 투여하기 시작한 지 사흘 만에 소녀는 상태가 호전되었고, 한 달 만에 소녀는 완전히 나았다. 치료 기간 동안 스미스는 매일 병원을 방문했고, 그가 본 사실에 너무나 감명받아 그 의사가 하루에 20만 단위의 페니실린을 다른 심내막염 환자에 쓸 수 있게 페니실린을 계속 대 주었다. 국립연구위원회(NRC)는 아직 페니실린이 심내막염에 효과적이라는 '확실한 증거'는 없다는 점을 들어 할당 규칙을 고수해야 한다고 주장했다. 그러나 스미스는 NRC의 요구보다는 그가 병원에서 목격한 사실들에 더 확신을 가지고 있었기에 규칙을 깨는 일을 계속했다. 더 중요한 점은 페니실린에 대한 그의 개인적인 지식과 열광이 파이저 조직에 반영된 것이다. 그렇지만 페니실린 생산 방법으로 심층발효법을 성공적으로 파이저에 도입한 주인공은 존 맥킨(John McKeen)이었다.

어떤 의미에서는 많은 부분이 파이저라는 회사 자체의 역사와 연관되어 있다고 볼 수 있다. 1848년 22살의 화학 교육을 받은 찰스 파이저(Charles Pfizer)와 숙련된 제과 기술자인 사촌 찰스 에르하트(Charles Erhart)는 뷔템부르크 왕국의 루드빅스버그라는 고향 마을을 떠나 미국으로 이주했다. 이때가 독일 화학 산업이 세계의 주도권을 쥐기 시작할 무렵이었다. 미국에 도착한 지 1년 내에 두 젊은이는 동업으로 브루클린에 있는 작은 건물을 세 내어 당시에 미국에서는 만들어지지 않던 화학물질을 전문으로 하는 화학 제조법을 시작했다. 그들이 처음 시작한 것은 살충제로 널리 쓰이던 산토닌(Santonin)이라는 물질의 합성이었다.

방부제 분야의 아이오딘나 관련 물질들이 다음으로 시도된 영역이었다. 그러나 실질적이고 지속적인 성공은 유럽으로부터 원료를 들여와 식품이나 음료의 기본 재료를 대량 생산하고부터 시작되었다. 남북전쟁이 미국과 유럽 간의 상업 관계를 왕창 바꿔 놓은 직후, 파이저는 아르골(Argols)을 수입해다가 빵, 과자, 음료 산업에 필요한 주석산과 주석 크림을 정제했다. 이전에 주석산은 프랑스와 독일의 주조 지역에서 수입되어 왔다.

그리고 1880년 파이저는 이탈리아나 지중해의 여러 나라에서 시트론이라는 열매의 농축액을 수입해다가 구연산과 관련 물질들을 뽑아내어 미국내 다른 음식과 음료 산업체에 공급했다.

파이저가 발효 사업에 들어선 것도 이러한 사업 전략의 하나로서, 그 원료 물질들의 공급이 1차 세계대전이 다가옴에 따라 위협받았기 때문이었다. 1914년 실험실을 하나 세워 9년 동안 연구한 결과 설탕을 발효시켜 구연산을 만드는 방법을 찾아낼 수 있었다. 다시 말해서 설탕을 먹이면 자체의 메커니즘에 의한 부산물로 구연산을 내놓는 미생물을 찾아낸 것이다. 적절한 형태의 페니실륨 곰팡이는 바로 이런 방법으로 영양분을 공급하면 페니실린을 생산하는 것이다. 발효법으로 구연산을 생산하는 파이저의 한 지사는 1923년에 문을 열었다. 4년 후 이탈리아가 라임 구연산의 수출을 금지했을 때, 파이저는 미국 내에서 널리 쓰이던 이 물질의 공급을 좌지우지할 수 있는 위치에 오르게 되었다.

첫 연구의 성공에 이어서 곧 식품과 음료 산업뿐만 아니라 직물과 제약업에서도 중요한 원료 물질인 글루콘산을 만드는 발효 과정도 찾아냈다. 1930년대 말경에는 파이저가 세계에서 가장 많은 글루콘산을 생산하는 업체가 되었다.

마찬가지로 식품업계에서 산성 첨가물로 널리 쓰이던 퓨람산이 파이저가 다음으로 생산을 시도한 물질이었다. 글루콘산 생산에서 그 회사는 잠긴 상태의 미생물, 즉 심층발효법을 사용했다. 파이저는 같은 기법을 퓨람산에 시도해 보았고, 곧바로 그것을 만들어 내는 곰팡이를 찾아냈다. 글루콘산은 만들기가 쉬웠던 데 비해 퓨람산은 쉽지가 않았고, 후에 페니실린 생산에 적용된 이 개량 기법은 퓨람산을 만들려고 시도하던 중에 발전된 것들이었다. 배양액을 완전히 멸균된 상태로 유지하면서 저어 주어야 했고, 배양액을 정확히 중성으로 유지해야 했으며 페니실린의 경우처럼 거품이 생기는 문제도 있었다.

1941년 파이저의 창업주 중 마지막 사람인 에밀 파이저(Emile Pfizer)가 죽었다. 앞에서 통쾌하게 페니실린 할당 규칙을 깨 버렸던 존 스미스는 원래 화학자였고 회사의 구연산 발효 작업을 이끌고 있었다. 1944년 그는 회사 사장이 되었다. 수석 화학 기술자는 존 맥킨(1949년 스미스의 뒤를 이어 사장이 된)이었고, 페니실린을 생산한 최초의 세 회사 중에 파이저를 밀어 넣은 것이 바로 그였다(머크와 스퀴브가 다른 두 회사였다). 파이저도 다른 사람들처럼 표면 배양으로 시작했다. 그러나 맥킨은 심층발효에 대한 페오리아 팀의 과학적인 연구를 누구보다 빨리 좇아갔다. 1943년 8월 파이저는 페니실린의 심층발효를 위한 시험 공장을 세웠다. 그리고 맥킨은 곧 결단을 내려 곧바로 대량 생산으로 돌입했다. 화학공업의 관점에서 보면 매우 용감한 규모 확대가 요구되는 시점이었다. 그리고 회사는 걱정한 대로 몇 가지 심각한 문제에 부딪쳤다. 그러나 이것은 퓨람산 생산에서 얻었던 경험들이 제 몫을 톡톡히 해낼 부분들이었다. 퓨람산 생산의 경험이 이 단계에서 파이저가 문제들을 해결하는 데 최소한 2년을 단축시켜 주었다고 평가되고 있다.

1944년 파이저의 심층발효 페니실린 공장이 가동되기 시작했다. 전쟁이 끝날 무렵 이 새로운 기술로 전 세계 페니실린 생산의 절반 이상을 이 한 회사가 만들어 내게 되었다. 전쟁 이전에 자체의 발효 기법에 대한 경험을 가지고 있던 머크가 같은 방향으로 힘겹게 따라오고 있었고, 커머셜 솔벤트사 역시 심층발효 생산에 깊이 발을 들여놓았다. 하도 상황이 빠르게 변해서 1945년 코길 박사는 그저 다음과 같이 표현했다. "심층발효 과정에 대한 경향이 너무 현저해서 오늘날 미국에서 병 생산법을 쓰는 공장은 하나밖에 없다." 그가 보고한 몇몇 심층발효 공장은 이미 생산 단위가 너무나 커서 영양분 배양액이 54,000ℓ나 들어가는 발효기를 사용해야 했다.

그러나 1945년에는 오스트레일리아와 캐나다(헤어 교수와 그의 동료들이 장로교 목사 훈련학교를 페니실린 공장으로 전환시킨)에서 비교적 작은 병 생산법으로 페니실린을 만들고 있었고, 영국에서도 자국의 수요를 충족하기에 충분한 약을 만들어 내는 회사들이 있었다. 그러나 영국에서는 모든 생산이 표면 배양 방식이었고, 심층발효 기법은 그곳의 화학 산업계에 거의 알려져 있지 않았다. 그러나 1944년 영국의 선도적 제조업체들은 독립성을 유지하기 위한 투쟁을 포기하고, 심층발효 기법에 대한 기술을 사기 위해 미국으로 가야만 했다.

영국에서의 생산

널리 알려진 페니실린 신화와는 달리 영국 화학 산업계는 전시 중 영국군의 페니실린 수요를 모두 성공적으로 충족시킬 수 있었다. 그러나 1940년대 영국에서 페니실린이 생산된 이야기는 미국에서처럼 새로운 산업의 기초를 형성시킨 것과는 달랐다. 그것은 폭탄과 우유통, 그리고 기름 배급의 이야기였고 마침내는 굴복하여 우월한 미국 기술을 비싼 면허료를 지불하고 사게 된 이야기였다.

1941년 가을 플로리는 페니실린 공급 약속을 안고 영국으로 돌아왔다. 그러나 1942년 1월경에는 옥스퍼드 팀과 I. C. I.가 어느 정도 규모의 임상 실험을 시작하기에 충분한 페니실린을 공급하게 되었다. I. C. I.가 이미 1942년 1월에 페니실린을 효율적으로 만들 수 있었다는 사실은 그 새로운 약을 만들어 낼 만한 영국 회사가 없었기에 플로리가 미국으로 갔다는 이야기를 반박하는 것이다.

1942년 첫 달에 있었던 페니실린에 대한 대규모 시도는 페니실린 역사에 플로리가 기여한 주요 공헌이었다. 탄탄한 과학적 기초 위에 페니실린의 가치를 구축한 것이 바로 이때였다. 플로리가 미국에 갔을 때는 얘기할 만한 치료 사례가 고작 여섯 경우밖에 없었기에 미국인들을 설득하는 데 애를 먹었다. 전쟁 중이던 영국에서 몇 주 동안에 플로리는 페니실린의 유용함을 뒷받침하는 주요 과학적 업적들을 이루었다. 그리고 페니실린의 임상적 가치 입증에 대한 그의 우선권 주장은 논쟁의 여지가 없었는데, 그것은 당시 미국인들이 페니실린 제조를 시작하지도 못했고 1942년 3월에야 첫 시도를 할 수 있었기 때문이었다.

그는 페니실린의 효과가 투약하는 방법에 따라 어떻게 달라지는지를 밝혔다. 치료받고 있는 환자의 혈중 페니실린량을 어떻게 정량하는지도 기술했다. 그리고 그는 환자마다 다른 임상 조건이 약의 투여량에 어떻게 영향을 미치는지를 예를 들어 설명했다. 그는 이 모든 것을 15명의 환자를 체계적으로 치료하면서 수행하였는데, 즉 이것은 페니실린을 환자의 혈류를 통해 몸 전체로 투여한 경우였다. 172명의 다른 환자들은 페니실린의 국부 치료를 받았다. 스튜어트 교수는 13년 후 이 시기의 플로리가 한 일을 칭찬하며 다음과 같이 썼다. "그것은 모든 것이 부족함—조수, 돈, 기구, 그리고 (최악은 아니지만) 페니실린 그 자체—에도 불구하고 뛰어난 발명가에 의해 무엇이 이루어질 수 있는가를 보여 준 쾌거였다."

플레밍의 초기 연구 중 한 사례는 특히 중요했다. 그것은 다발성 골수염을 일으켜 위독해진 생후 2개월 된 아기였다. 이 사례의 성공적인 결과는 어느 정도 양의 페니실린이 치료에 요구되는가에 대한 지침을 마련해 주었다. 그리고 우연의 일치로, 정확히 20년 후 첫 반합성 페니실린의 가치를 확립할 때에도 같은 병의 비슷한 사례를 접하게 된다.

약의 공급은 여전히 보잘것없는 소량에 불과했지만, 플로리 연구의 뒤를 이어 다른 시도들이 잇달았다. 콜브룩이 글래스고 왕립병원의 화상과에서 페니실린으로 실험을 수행했다. 전쟁 부상자 치료에 대한 페니실린의 첫 사용은 이때로 기록되었고, 또한 그것은 초기 시험 계획의 일부였다. 예를 들어 할톤에 있는 프린세스 메리 왕립공군병원의 데니스 보덴함(Dennis C. Bodenham) 박사는 설폰아미드와 조합해서 사용한 페니실린이 부상자들에게 감염된 구균을 해치워서 패혈증을 막는다는 사실을 알아내어, 옥스퍼드의 화상과에서 진행 중이던 연구를 확인하는 데 도움을 주었다. 약간의 페니실린은 이집트의 스코틀랜드 군병원에도 시험을 위해 할애되었는데, 거기에서 로버트 풀버태프트 대령(Colonel Robert J. V. Pulvertaft)는 부상당한 사막 군단의 병사들에게 그 항생제를 사용하여 놀랄 만한 결과를 얻어 냈다.

임상 실험을 직접 수행하느라 언제나처럼 바빴던 탓에, 미국 측이 약속한 페니실린이 플로리 자신에게 오지 못하리라는 사실을 깨닫는 데는 다소 시간이 걸렸다. 그해 중반까지도 페니실린 생산의 주요 원동력을 제공할 수 있는 정부에 대한 설득 노력은 시작조차 이루어지지 않고 있었다. 그러나 1942년 8월, 그는 기대하지 않았던 곳으로부터 강력한 도움을 받았다. 왜냐하면 이 단계에서 알렉산더 플레밍 교수가 갑자기 이 이야기의 중반부로 곧장 되돌아왔기 때문이었다.

플레밍이 플로리에게 전화해서 환자에게 쓸 약간의 페니실린을 얻을 수 있을지 부탁한 것은 1942년 8월 6일의 일이었다. 그 환자는 52세의 안과 의사로서 플레밍의 친구였다. 그는 6월 18일부터 앓기 시작해서 아주 높은 체온은 아니지만 고열이 계속되었다. 그는 7월 17일 세인트 메리 병원으로 실려 왔고, 그의 상태는 계속 의사들을 애태웠다. 목이 뻣뻣해지고 졸음이 계속되는 것으로 보아 뇌막염 같아 보였지만, 그의 체온은 38℃를 조금 웃돌았다. 채취된 뇌척수액에는 원인이 될 만한 균의 흔적은 전혀 보이지 않았다. 설폰아미드 한 종류로 치료했을 때 열은 다소 떨어졌지만 일주일쯤 계속 가하자 열은 다시 올라갔고, 증상은 악화되어 정신이 혼미해지고 의식 조절이 불가능해졌다.

다시 한 번 뇌척수액을 채취해 보았지만 알려진 어떤 균에 대한 양성 반응도 보이지 않았다. 7월 말까지 진단조차 내리지 못했고, 환자는 의사들이 어떻게 해 볼 수 없는 지속적인 딸꾹질 증상을 보였다. 플레밍은 친구의 상태 때문에 개인적으로 몹시 상심했고, 8월 1일에 직접 뇌척수액을 다시 한 번 채취했다. 세균학자로서 플레밍은 이것을 다소 특이한 배지에서 배양했는데, 그것은 포도당과 아가의 부드러운 혼합물이었다. 곧 연쇄상구균이 발견되었다. 같은 날 추출한 액으로 다른 검사를 해 본 결과 그 연쇄상구균이 실제로 병의 원인임을 밝혀 냈는데, 그 균을 환자의 피와 섞으면 즉시 침전을 형성했기 때문이었다. 그것은 환자가 그 병균에 대해 면역 반응을 일으켜 항체를 만들어 냈음을 의미하는 것이었다. 동시에 플레밍은 아가 접시에 도랑 검사를 이용하여 배양하는 숙련된 방법으로 설파약이 이 특별한 연쇄상구균을 죽이지 못한다는 것을 증명했다. 그러나 자신의 실험실에서 단지 세균 검사를 위해 그때까지도 여전히 규칙적으로 만들어지고 있던 정제되지 않은 곰팡이 즙은 세균을 죽일 수 있음을 알아냈다. 즉 페니실린은 그 병균에 효과가 있음을 나타내는 것이다.

플레밍은 플로리의 연구에 대해 알고 있었다. 『랜싯』지에 게재된 옥스퍼드의 논문을 읽었던 것이다. 그때 그는 옥스퍼드 팀을 잠시 방문해 플로리와 체인을 모두 만나기도 했다. 8월 6일에 그가 페니실린을 보내 달라고 플로리에게 요청한 것은 자신의 과학적인 실험 결과를 바탕으로 한 것이지 어떤 감상에라도 젖어서 한 것은 아니었다. 곰팡이 즙이 아가 접시에서 그 연쇄상구균을 죽인다는 사실을 증명했을 때 그는 페니실린을 요청할 명분을 얻은 것이다.

플로리는 쓸 만한 페니실린을 매우 조금밖에 가지고 있지 않았지만, 그것이 당시 영국에 있던 유일한 페니실린이었다. 그는 플레밍이 그를 그 페니실린 임상 치료에 참가하게 해 준다는 조건만으로 요청을 수락했다. 플레밍은 당연히 동의했고, 플로리는 그가 가진 페니실린 모두를 챙겨서 패딩턴으로 가는 다음 기차를 탔다. 그는 바로 세인트 메리로 가서 플레밍에게 그 노란 가루를 보여 주었고, 그때가 플레밍이 그 노란 물질을 본 첫 순간이었다. 플로리는 최근 몇 개월간 페니실린을 임상 치료에 사용하면서 발견한 사실들을 플레밍에게 얘기해 주고, 만들어지는 대로 더 많은 양을 보내 주겠다는 약속을 남기고 바로 옥스퍼드로 돌아왔다.

플레밍이 8월 6일에 작성한 그 환자의 상태 보고는 다음과 같다. "환자는 매우 나쁜 상태에 놓여 있고, 죽어 가는 것으로 보인다. 그는 거의 음식을 먹지 못하며, 가끔 심한 불안 증세를 보이면서 여러 날 잠에 빠져 있다가 이제는 혼수 상태이며, 헛소리도 하고, 통제할 수 없는 딸꾹질로 10일째 고통받고 있다. 8월 6일 저녁부터 2시간마다 반복해서 페니실린의 근육주사가 시작되었다. 24시간 내에 환자는 의식을 되찾았고, 딸꾹질도 사라졌으며 두부 퇴축도 줄었다. 체온은 36℃로 떨어졌다."

그러나 거기서 호전은 멈추었고, 더 이상의 진전은 볼 수 없었다. 플로리는 충분한 여분의 페니실린을 보내왔고, 환자는 5일 동안 60번의 주사를 맞았다. 여전히 상태는 호전되지 않았고, 명백히 다른 투여법이 시도되어야만 했다. 플레밍은 세균이 있다고 알려진 뇌척수액으로 넣기 위해 페니실린을 척수협막에 직접 주사하기로 결정했다. 이것은 한 번도 시도되어 본 적이 없는 일이었지만, 플레밍은 항상 놀랄 만큼 솜씨 좋은 손을 가진 것으로 유명했다. 그는 현명하게 플로리에게 먼저 조언을 구하는 전화를 했지만 플로리는 단지 해 본 적이 없다는 대답만을 할 수 있을 뿐이었다.

상황이 워낙 절망적이었기에 플레밍은 일을 계속 밀어붙여 5,000단위의 페니실린을 척수협막에 주사했다. 그러고 난 뒤, 그날 늦게 플로리는 전화로 이전에 고양이의 척수협막에 주사해 본 적이 있다고 알려 왔다. 그 고양이는 즉시 죽었다. 다행히 플레밍은 자신의 환자가 아직은 살아 있다고 말할 수 있었다. 그리고 계속해서 다음 날에도 그 안과 의사에게 더 많은 양을 주사했고, 동시에 규칙적으로 근육주사도 계속했다. 환자는 2시간마다 주사를 맞기 위해 깨어나야 하기에 수면 부족으로 고통받고 있다고 불평했다. 그래서 밤에는 주사가 중지되었고, 8월 19일에 마지막으로 5,000단위의 척수주사를 했다.

8월 28일에는 처음으로 환자가 일어났다. 9월 9일 병원 기록에는 "분명히 호전되었음"이라고 기록되어 있다. 그리고 그가 역사에서 사라지기 전에 최소한 4년간은 잘 살아 있었다. 다시 한 번 '기적적'이라는 말이 되살아났다. 그것도 이번엔 플레밍 자신이 한 말이었다. 단지 150만 단위의 페니실린(즉, 평균 투여량 정도의)이 확실히 죽을 것처럼 보이던 사람을 치료해서 살려 놓은 것이었다.

플레밍은 즉시 정부가 다량의 페니실린 생산을 추진하도록 영향력을 가하기 시작했다. 그는 레이스트릭에게 갔고, 그때의 대화는 다음과 같다.

플레밍: 정부가 그 일을 시작하도록 할 최선의 방법은 뭘까요?

레이스트릭: 가장 좋은 방법은 수상을 바로 찾아가는 것일 거요. 당신은 처칠을 알고 있소?

플레밍: 아뇨, 하지만 조달성 장관은 알고 있지요.

레이스트릭: 그럼, 그에게라도 바로 가 보시오.

그래서 플레밍은 그대로 했다. 조달성 장관이었던 앤드루 덩컨 경(Sir. Andrew Duncan)은 스코틀랜드 동향인으로 플레밍의 진정한 친구였다. 전화 한 통으로 바로 만남이 주선되었고, 플레밍은 그의 환자를 치료한 페니실린의 효과를 설명하여 장관을 감명시켰다. 앤드루 덩컨 경은 산하의 저장-장비 부문 책임자로 의약품 조달 중역을 맡고 있는 세실 위어 경(Sir. Cecil Weir)을 전화로 호출해서 페니실린 생산이 이루어지는 데 가능한 모든 조치를 취하라고 명령했다.

페니실린의 대량 생산을 토의하기 위한 영국 최초의 큰 공식 회의는 앤드루 덩컨 경의 지시로, 1942년 9월 25일 세실 위어 경이 의장을 맡아 열렸다. 몇 년이 흐른 뒤에 레이스트릭은 세 사람 모두(플레밍, 덩컨, 위어) 스코틀랜드 동향인이 아니었더라면 그 일이 성사되지 못했을 거라고 얘기하곤 했다. 마스터나 모루아가 쓴 책들을 보면 분명히 정부를 움직여 페니실린 생산을 시작한 데는 플레밍이 주로 기여했다는 암시가 들어 있다. 그러나 다른 증거들은 그렇지 않다는 것을 분명히 보여 준다. 역시 그것은 그렇게 단순한 일이 아니었던 것이다.

그 증거들은 또한 1942년 초에는 I. C. I.가 페니실린을 생산하고 있었고, 그 양이 비록 적기는 했지만 플로리의 임상 검사를 돕기에는 충분한 양이었다는 것을 보여 준다. 글락소 회사도 1942년 전반기에 버클링 햄샤이어에 있는 치즈 공장을 개량하여 페니실린 생산 공장을 마련했다. 이 공장은 조달성의 지원으로 옥스퍼드 실험실에서 사용한 방법을 그대로 채택하고 규모만 크게 하여 설립되었다. 글락소 내에서 이 일을 가장 강력하게 추진한 사람은 해리 젭코트(Harry Jephcott)와 공장 설립의 책임을 맡은 허버트 파머(Herbert W. Palmer)였다. 파머가 페니실린에 대해 처음 들은 것은 북웨일스 콜윈만 휴양소로 가는 전시 기차 여행에서였다고 기억한다. 그의 여행 동료였던 부츠(Boots) 순약회사 간부가 1941년 『랜싯』지에 난 플로리의 논문을 건네준 것이다.

글락소는 계속하여 두 개의 페니실린 공장을 더 설치했는데, 하나는 런던 바로 북쪽에 자리한 왓퍼드의 한 빌딩 꼭대기층으로 한때는 고무가황 공장이었던 곳이고, 나머지 하나는 런던 동부 스트랫퍼드에 있는 가공 소먹이 공장 내에 있었다. 이 모든 설비들은 조달성의 직접적인 대리 기관으로서 가동되었다. 또 다른 큰 제약회사인 버로스 웰컴(Burroughs Wellcome)도 1942년 초반에 생산에 돌입했다.

플로리 자신은 1942년 2월, 그의 친구이자 원조자인 옥스퍼드의 화학과 교수 로버트 로빈슨 경을 통해 처음에는 그저 좀 더 많은 양의 곰팡이 즙을 공급받을 목적으로 비교적 작은 화학회사인 켐볼(Kemball), 비숍(Bishop) 회사의 문을 두드렸다. 로버트 로빈슨 경은 한때 켐볼, 비숍의 고문으로 일한 적이 있었고, 이미 플로리 일의 화학적인 면을 돕고 있었다. 로버트 경은 영국 사회에 상당한 영향력을 가진 사람이었고, 후에 왕립학회의 회장이 되었다.

로버트 경의 협상 결과로 1942년 2월 23일 켐볼, 비숍의 관리 이사인 존 에드워드 화이트홀(John Edward Whitehall)은 플로리 교수에게 편지했다.

오늘 우리는 로버트 로빈슨 교수로부터 우리가 페니실린 생산법과 배양균을 제공받는 데 당신이 동의했다고 들었습니다. 로버트 경은 우리가 누군가를 옥스퍼드로 보내 장비들을 구경하고, 상세한 것들을 모두 가져가라고 하더군요. 당신이 허락한다면, 우리는 생물학자와 유기화학자를 보낼까 합니다. 버로스 웰컴 회사가 몇 달 전 페니실린 45,000ℓ를 급히 필요로 한다는 연락을 보내온 적이 있었습니다. 그 정도 양을 생산하려면 다른 물질의 생산을 중단해야 했기에 당시엔 그 일을 맡을 여유가 없었지요. 그러나 당신에겐 비교적 작은 규모의 공급이라도 도움이 된다는 얘기를 들었습니다. 우리의 경험과 당신의 유용한 정보로 성공적으로 페니실린을 생산해 낼 수 있기를 기대합니다.

켐볼, 비숍에서 온 두 사람의 과학자는 한 주 동안 옥스퍼드에 머물렀고, 존 그레이 반스(John Gray Barnes)는 "그룹의 지도자로서 플로리가 많은 시간을 우리에게 할애했고, 그들이 하고 있던 일의 상세한 부분까지 보여 주었다"고 회고했다. 3월 2일 화이트홀은 다시 플로리에게 편지했다.

반스와 워드가 당신이 친절히 제공한 배양액과 페니실린 생산에 대한 가르침을 함께 가지고 돌아왔군요. 그래서 저희 회사는 당신이 정보를 기꺼이 제공해 주신 점과 개인적으로 내 주신 귀한 시간에 대해 깊이 감사드립니다. 이러한 일이 우리를 위한 가르침이 아니라 생산으로 이끌어 가라는 가르침인 줄 잘 알고 있기에, 최선의 노력을 다하겠습니다.

그러나 모든 것이 그렇게 쉽게 되어 간 것은 아니었다. 3월 5일 켐볼, 비숍 회사에서는 플로리가 준 페니실린 종(플레밍이 가지고 있던 원래의 종)을 키워 보려고 시도하였다. 그것은 완전한 실패로 끝났고, 7일 후에는 시험관들을 던져 버려야 했다.

플로리는 두 번째 곰팡이 표본을 보내야 했고, 그것은 3월 15일에 도착했다. 이번에는 그것을 배양하는 데 성공했다.

켐볼, 비숍은 곰팡이의 대량 생산 방법으로 접시 배양법을 쓰기로 결정했다. 그들은 동런던의 브롬리-바이-보우에 있는 공장 지하실의 방 두 개를 골랐다. 그리고 살균을 위한 공기 여과 장치와 페니실륨의 성장에 가장 적절한 24℃로 온도를 낮추기 위한 공기 냉각 장치를 설치했다. 두 방은 각각 50개의 접시를 갖추고 있었고 각 접시는 18ℓ의 배양액을 담고 있었으므로, 한 번 작업에 페니실린이 풍부한 배양액 1,800ℓ를 얻는 것이 목표였다. 실험은 빠르게 시작되었고, 3월 25일까지는 첫 접시에 포자가 심어져서 곧 페니실린 생산이 시작되었다. 켐볼, 비숍의 생산 시설은 유리병이나 도자기 그릇보다도 규모 면에서 더 많은 페니실린을 생산한 세계 최초의 공장이라고 할 수 있다. 더욱이 이 첫 접시 배양에서의 페니실린 산출량은 배지 1㎖당 7단위였고, 당시 어느 누가 얻었던 것보다 훨씬 높은 수치였다.

계속되는 공습으로 공장의 일은 그렇게 빨리 진행되지는 못했다. 어느 날 밤 등화관제에 야간 대피를 하던 한 연구원이 어두운 길에 놓인 장애물에 걸려 넘어진 얘기는 당시의 상황을 단적으로 보여 준다. 나중에 알고 보니 그것은 뇌관이 드러나 위쪽을 향한 채로 묻혀 있는 225㎏짜리 폭탄이었다. 또 어떤 날 밤에는 독일군이 소이탄으로 공습을 하고 있었는데, 몇 개의 폭탄이 공장 지붕 위에 떨어졌다. 다른 동료들이 불을 감시하고 있는 동안 책임 기술자는 그중 3개를 처리해야 했고, 한 연구원이 다른 2개를 처리해야 했다.

“저기도 불이 났군” 하고 멀지 않은 곳에서 불길이 치솟는 것을 본 책임 연구원이 말했다. “예, 그런데 아무래도 저거, 당신 집인 것 같은데요” 하고 그 연구원이 말했다. 나중에 알고 보니 그건 정말 책임 기술자의 집이었다.

다행히도 공장은 폭격으로 직접적인 손상은 입지 않았다. 폭격보다는 페니실린 배양 작업대 전체를 망쳐 버리곤 하는 오염이 훨씬 더 큰 문제였다. 1942년 8월 말에야 켐볼, 비숍은 상당량의 페니실린이 풍부하게 함유된 배양액을 플로리에게 보낼 준비를 마칠 수가 있었다. 그 양은 꼭 큰 우유통 2통분이었다.

조달성은 일련의 공식적인 활동을 시작하기 전에 최소한 일부 페니실린의 생산에 능동적으로 참여하고 있었다. 이것은 글락소의 공장이 건립된 시기와 앤드루 덩컨 경이 플레밍과 만난 후 최초로 페니실린 생산을 요청한 데 대한 세실 위어 경의 응답에서도 분명히 나타나고 있다. 위어는 장관인 덩컨 경에게 공장 규모 생산을 위해 무엇을 해야 할지 고려 중이라고 응답했다.

물론 플로리는 이 이전에도 정부 기관과 접촉했는데, 그것은 9월 1일에 켐볼, 비숍에서 옥스퍼드의 실험실까지 우유통을 실은 화물차를 일주일마다 운행하기 위한 가솔린의 배당을 받기 위해서였다. 일단 켐볼, 비숍이 배달을 시작하자 가용한 페니실린 배양액의 양은 급속히 증가했다. 플로리가 켐볼, 비숍과 접촉하여 954ℓ의 우유통 2개분이 9월 22일 전에 기차로 옥스퍼드에 도착한 것에서 분명히 알 수 있다. 그중 1개는 철도 역무원이 실험실에 도착을 알리는 데 실패하여 밤새 옥스퍼드역에 방치되어 있었으나, 다행히 손상을 입지는 않았다. 화물차와 가솔린 배급에 관해 플로리와 화이트홀 간에 주고받은 편지들은 25개의 우유통이 운송되었음을 보여 준다. 그리고 9월 28일 역사적인 전반적 페니실린 위원회의 첫 회의가 있은 지 3일 뒤에, 플로리는 켐볼, 비숍에 이 사항에 대해 편지했다.

> 당신도 알고 있듯이, 조달성에서는 페니실린 생산에 보탬이 된다면 가능한 모든 도움을 주기로 했습니다. 제가 이전에 말씀드린 대로, 당신의 공장이 가까운 미래에 대량의 페니실린을 생산할 적격지라고 생각하고 있습니다. 다른 사람들도 '계획'은 가지고 있겠지만, 계획을 실행에 옮기는 것은 전혀 다른 얘기니까요. 이제 우리는 조달성뿐만 아니라 군으로부터도 지원받고 있으며, 그들도 머뭇거릴 여유가 없어 부족한 물자들을 충당할 준비가 되어 있을 터이므로, 우리는 해낼 수 있을 것입니다. 당신이 조달성의 덴스톤(Denston) 박사에게 열흘마다 우리에게 보낼 900ℓ 용량의 우유통을 요청한다면, 즉시 그것들을 손에 넣을 수 있다고 말씀드릴 수 있습니다. 기름에 관해서는 덴스톤 박사가 전시 수송 부서를 움직여야 할 것입니다. 그것 역시 당신이 손에 넣는 데 아무런 어려움이 없으리라 생각합니다.

이것은 이미 페니실린 생산을 추진하는 데 많은 노력을 쏟아부었고, 이전에 정부 관료들과 산업체 모두에게서 혹심한 좌절감을 느껴야 했던 사람이 쓴 편지이다. 1942년 9월의 이 단계에서 임상 실험에 의해 평가받아야 하는 점이 남아 있음에도 불구하고, 영국 제약업계는 미국 쪽보다 좀 더 많은 페니실린을 생산해 냈다.

플로리는 총괄 페니실린 위원회의 첫 회의에 초청되었고, 회의는 1942년 9월 25일 런던의 포트랜드 하우스에서 열렸다.

이것은 영국의 관료주의가 페니실린 지원을 위해 조직을 동원하는 것이 미국보다 훨씬 더 느림을 단적으로 보여 준다. 플로리는 '대량의 페니실린 생산에 가장 적절해 보이는' 켐볼, 비숍의 대표들도 초청되어야 한다고 주장했다. 거기에는 6명의 조달성 관료와 군의료 책임자 2명, 그리고 플레밍과 레이스트릭이 포함되어 있었다. 그리고 I. C. I.와 치료연구조합(T. R. C., Therapeutic Research Corporation: 전시의 압력하에 연구력을 집중하기 위해 형성된 영국 주요 제약회사들의 모임)의 대표들도 있었다. 그들은 이미 페니실린에 관한 연구가 그들의 첫 번째로 중요한 목표임에 동의했다. 앞에서 본 것처럼 I. C. I.는 처음부터 페니실린 생산에 돌입했다. 그 회사는 T. R. C.의 구성원이 아니었고, 페니실린은 그 영국 화학계의 거인에게 제약 분야에 대한 첫 모험이었다. I. C. I.는 화학 공정 전문가를 이 새로운 문제를 해결하는 데 투여했다. 그럼에도 결과적으로 그것은 느린 출발이었다.

조달성 장관이 "페니실린의 잠재력에 깊은 관심을 가지고 있으며, 부하 직원들에게 필요하다면 정부의 도움을 얻어서라도 이 약에 관한 모든 유용한 지식들을 통합하여 가동되는 생산에 집중시키고, 확장해 나갈 수 있도록 각 단계의 업무를 철저히 해내라고 지시했다"는 소식을 의장인 세실 위어 경이 전하면서 회의는 순조롭게 시작되었다.

산업계의 대표들은 정부에 대해 T. R. C. 각 회사들 간에 충분한 협력이 이루어지고 있으며, 또 T. R. C.와 I. C. I.의 협력도 순조롭게 진행되었다고 주장했다. 대부분의 제약회사들은 미국 제약계와 연결되어, 대학 연구팀과의 연계뿐만 아니라 대서양을 넘나드는 정보의 교환이 있었다. 플로리가 발언하기까지는 모든 것이 매우 순조롭게 보였다. 공식 의사록에는 다음과 같이 기록되어 있다.

> 18개월쯤 전에 미국의 페니실린 생산자들에게 옥스퍼드 병리학교에서는 유용한 정보들을 무료로 사용할 수 있도록 해 주었는데, 어느 정도 규모로 생산이 이루어지게 된 지금 이편에서는 그들의 경험으로 얻어진 정보들을 얻을 수 없다는 게 현실이다. 미국인들은 이 정보들을 비밀로 간주하면서 T. R. C.와 그 관련 업체 외에는 누구에게도 나누어 줄 수 없다고 하고 있다고 플로리는 주장했다. 그는 또한 한 미국인이 영국에 특허를 출원한 것에 대해서도 언급했다. 그러한 상황은 거의 국내 최대의 페니실린 생산자인 옥스퍼드 대학으로서는 가장 불만스러운 일이었다.

이 충격적인 발언이 있자, T. R. C.는 미국으로부터 받은 정보들을 '아무런 제한' 없이 플로리와 지명된 독립 연구자들에게 넘겨주는 데 즉시 동의했다. 켐볼, 비숍은 또한 자신들이 미국 쪽 협력체를 가지고 있으며, 그 경우에도 이런 정보의 장벽을 없애야 할지 고려해야 할 것이라고 말했다.

모든 페니실린 연구가 크고 잘 갖춘 설비의 새 연구소에 집중되어야 한다는 제안은 상황이 전시인 만큼 그런 단일 체제는 쉽게 공격당할 수 있다는 점에서 즉시 거부되었다. 같은 이유로 산업 생산이 한곳에 집중되어야 한다는 제안도 거부되었다. 다양한 회사들은 대규모 생산을 위한 각자의 계획을 내놓았고, I. C. I. 대표는 자기 회사가 이미 주당 2,000ℓ의 페니실린 배양액을 생산하고 있다고 보고했다.

생산된 모든 페니실린을 모으고 분배하는 체계를 만들기 위한 첫 번째 합의가 시험적으로 이루어졌다. 그 회의는 페니실린에 관한 과학계와 일반 대중에 대한 공식 발표가 모두 통제되어야 한다는 것이 만장일치로 승인되면서, 상당한 결과와 함께 끝을 맺었다. 2주일 안에 켐볼, 비숍은 조달성의 도움으로 필요로 하던 우유통들을 손에 넣었고 화물 수송을 위한 가솔린 할당도 받았다. 10월 13일까지는 옥스퍼드로 보내지는 페니실린 원액 675ℓ의 정기적인 배달이 시작되었다. 다음으로 그 회사는 그 액으로부터 페니실린 추출을 직접 시도하기 시작했고, 두 달 후에는 추출과 생산 공장을 위한 자재를 얻고자 조달성의 도움을 청하고 있었다.

그러나 여기서 전시의 물자 부족과 크로마토그래피와 같은 정제 기법 응용의 어려움 등이 영국 산업계의 반응을 지연시키고 있다는 것을 확인할 수 있는데, 이것은 막대한 자원과 보다 진취적인 방법을 시도하는 미국과는 대조적이었다. 1943년 9월이 지나서야 켐볼, 비숍은 웬만큼 생산 채비가 갖추어진 공장에서 산업적 규모의 제약, 페니실린 생산을 시작했다. 공장이 완전 가동에 들어간 것은 1944년 1월 이후였고, 주당 2000만 단위의 페니실린을 생산하게 되었는데 같은 시점 미국의 전체 생산은 월간 수천억 단위의 수준에 있었다.

페니실린 생산에 참여했던 부츠, 버로스 웰컴 그리고 디스틸러 등의 영국 회사들은 곰팡이를 기르는 데 병과 플라스크를 사용하는 소규모의 표면 배양법을 발전시켜 쓰는 쪽을 택했다. 시실리 침공 작전이 있던 1943년부터는 영국 제약업계가 영국군의 수요를 충당하는 데 충분한 페니실린을 생산할 수 있었다. 그러나 본질적으로 그 생산은 임시변통으로 지어진 공장에서 이루어지는 것이라 겉으로 보이는 것은 주로 운반하는 모습들이었는데, 유리 플라스크와 병을 멸균기로, 많은 여자들이 곰팡이 포자를 심는 파종실로, 부화실로, 그리고 이 방들을 벗어나면 공정과 추출 공장으로 옮겨졌다가 다시 멸균실로 옮기는 식이었다.

재미있는 질문을 던져 볼 수 있는데, 그것은 왜 켐볼, 비숍이 원액 생산을 가장 빨리 할 수 있었는가와 플로리는 하필이면 왜 그들을 선택했는가 하는 것이다. 그것은 그 회사가 이미 전문적인 발효 기법을 보유하고 있었기 때문이다. 켐볼, 비숍은 미국의 파이저와 같은 역할을 영국에서 담당하고 있었을 뿐만 아니라, 실제로 파이저가 가진 구연산 생산에 쓴 발효 기술을 얻는 대가로 주식의 14%를 파이저에 주기로 계약을 맺기도 했다. 이 계약은 1936년에 이루어졌지만 파이저의 기술 중 심층 배양법에 관한 것은 전혀 포함되어 있지 않았다. 1959년 파이저는 그 회사를 완전히 사 버렸다.

페니실린 총위원회는 영국의 주 생산력을 페니실린 생산으로 돌릴 것을 촉구하기로 결정했다. 1943년 7월 8일의 회의에서 다음 사항이 합의되었다. “1944년에도 미국으로부터 페니실린이 오기를 기다린다는 것은 잘못된 판단이며, 페니실린은 전쟁을 수행하는 데 절대적으로 중요하다. 국방성의 최근 보고서를 보면 전쟁에서 쓰이고 있는 페니실린의 가치는 매우 높다.”

그리고 뒤에 내용상 더 중요한 언급이 있었다. “T. R. C.가 생산을 확대하려 한다지만, 기계를 쓰지 않고도 충분한 인력만 있다면 생산을 급속히 늘릴 수 있다. 기계화는 오히려 생산을 지연시킬 것이다. 조달성의 의약품 공급부는 공급 확대의 시급

함이 우선 고려되어야 하며 조달성은 이 목적을 위해 최선을 다할 것이다."

그래서 영국의 제약업계는 플로리와 히틀리, 체인과 에이브러햄이 실험실에서 했던 방법을 규모만 키우는 것 외에는 어떤 생산 방법도 고려해 볼 만한 기회조차 갖지 못했던 것이다.

페니실린 총위원회의 이 7월 회의는 다시 한 번 공표의 문제를 다루었고 그것이 어려움에 봉착했음을 확인했다. 학술 발표의 통제는 계속되었고, 이제 와서는 직접 일하는 연구원들이 서로의 정보 교환에 필요한 과학적 결과조차 발표할 수 없음을 알게 되었다. 실험 결과를 발표할 수 있도록 허용되어 있는 미국의 과학자들에 비해 불공평하다는 불평이 다소 신경질적으로 일고 있었다.

더 중요한 것은 '전쟁 상황을 위한 페니실린의 가치'를 나타내는 국방성의 보고서였다. 이 보고서의 실질적 작성자는 플로리였다. 그는 전쟁 부상자에 대한 첫 번째 중요한 페니실린 시험을 개인적으로 조언하기 위해 북아프리카에 가야 했기에 7월의 위원회에는 참석하지 못했다. 그렇지만 그 여행은 플로리가 페니실린의 역사에 미친 또 하나의 중요한 공헌이었고, 그 중요성은 결코 과소평가될 수 없는 것이었다.

미군과 영국군의 북아프리카 병원에서 플로리가 한 일은 임상 의사들에게 항생제 혁명을 받아들이라는 무언의 압력 그 자체였다. 페니실린의 효능에 대한 플로리의 믿음은 1942년 그 자신이 임상 실험에서 얻었던 결과들을 바탕으로 한 과학적인 것이었다. '기적'이 일어났다는 사실을 사람들에게 말로 확신시키는 일은 매우 어려운 일이었지만, 1940년대 환자에게 투여된 페니실린의 효과를 직접 본 의사들의 반응은 말 그대로 "기적이다"라는 것이었다.

1942년 플로리와 영국군 병원 및 화상 치료 연구원의 사람들이 협동으로 고안한 페니실린 사용 방법은 속된 말로 페니실린과 설파 약을 벌어진 상처 부위에 쏟아붓고, 상처를 꿰매 버리는 것이었다. 이것은 흙이나 먼지, 옷 조각, 파편 등을 포함하는 더러운 상처를 그냥 봉했다가는 패혈증이나 괴저가 생긴다는 쓰라린 경험으로 얻은 이전의 모든 의학 상식과 반하는 것이었다. 플로리는 직접 외과의들이 상처를 치료하는 데 이 방법을 쓰도록 지도하고 있었다. 심지어 그는 초청되어 온 외과의가 진행되는 것을 어깨너머로 보면서 "저건 살인 행위야" 하고 비웃는 얘기를 듣기도 했다. 그러나 그 결과는 물론 플로리가 옳았다는 것을 증명했다. 그것은 당시에 알려졌던 어떤 약보다 강력한 페니실린을 치료 무기로 등장시키고자 한 플로리의 의지의 결과였으며, 그 모든 일은 단지 몇 달 안에 이루어졌다.

1944년까지 영국의 페니실린 생산은 만족할 만한 양에 이르렀는데, 최소한 전시하의 군수용으로는 충분했다. 그러나 그것은 여러 회사들이 가능한 장소를 빌어 비교적 작은 규모의 병과 접시를 이용한 공장에서 생산한 것이었다. 당시의 페니실린 생산 방식은 일시적 미봉책임이 분명했으므로 전후의 민간용 페니실린의 생산은 어떻게 할 것인가 하는 문제가 대두되기 시작하였다. 다양한 수치의 국가적 수요가 산출되어 페니실린 총위원회에 제출되었다. 레이스트릭 교수가 당시 페니실린 생산에 관한 국가 계획을 책임지고 있었고 그의 지휘하에 만족할 만한 장기적 안목으로 두 개의 현대적 대형 공장 설립이 추진되었다. 장소는 리버풀 가까이의 스페크와 더함 지역의 바나드성이 선택되었다. 디스틸러사가 스페크 공장을 설립 운영하고, 글락소가 바나드성의 공장을 맡기로 했다. 1944년 중반까지는 신중한 설계 연구가 진행되었다. 또한 그 무렵에는 보다 개선된 새 품종의 페니실린 생산 균주가 페오리아에서 발견되어 영국으로 보내졌고, 대서양 양방향으로 과학 정보의 교환이 만족할 만한 수준으로 끌어올려지고 있었다.

심층발효 기법의 성공적 개발에 관한 뉴스가 영국에 전해진 것은 이러한 와중이었다. 조달성은 즉시 글락소의 해리 젭코트와 I. C. I.의 윌리엄 분 박사를 미국으로 파견했다. 1944년이 다 가기 전에 조달성에는 두 회사로부터 페니실린 생산의 미래는 심층발효가 주도할 것이라는 분석이 제출되었다. 글락소의 파머에 따르면 당시 조달성의 반응은 몹시 느렸다. 결국 바나드성의 공장은 원래의 계획대로 착공되고 말았다.

미국으로부터 보내온 연구 결과들은 점점 더 심층배양법의 우수함을 증명하는 것들이었고, 조달성은 1945년 초에야 동요하기 시작했다. 심층발효 기법을 이용한 새로운 회사의 설립을 추진하는 조항이 그때서야 만들어졌다. 젭코트에게는 그나마 다행이었다. 공식적 단계에서 결정이 내려지기 전에 그는 머크, 스퀴브와 심층발효 기술을 사기로 하는 계약에 서명을 했다. T. R. C.의 다른 회사들은 여전히 조달성을 통하는 게 빠른 방법이라고 간주하고 있는 동안 글락소는 1945년 여름에 파머와 세 사람을 머크에 보내 엄청난 규모의 발효기를 짓는 법, 멸균된 공기를 그 속에 불어 넣는 법, 곰팡이 포자를 그 속에 주입하는 특수 장치 등과 영국에 세워질 공장을 관리할 기술들을 배우게 하였다.

바나드성에 추가적으로 들어서는 건물들은 모두 심층발효 생산으로 돌려졌고 스페크의 공장들은 처음부터 새 기법을 도입하였다. 디스틸러 회사는 미국의 커머셜 솔벤트 회사로부터 기술을 사 오는 계약에서 조달성의 지원을 받았다. 1946년 새 공장들이 작동되자 다른 회사들은 병을 이용한 생산 공장들을 폐쇄하면서 경쟁에서 떨어져 나가는 경향을 보였는데, 부츠와 I. C. I.만은 주목할 만한 예외였다.

전쟁이 끝난 후 영국이 직면한 어려운 경제 사정과 달러화의 부족은 페니실린 생산을 계속할 것인가 하는 문제와, 심층발효에 대한 기술료를 계속 지불해야 하는가에 대한 중대한 결정을 촉구하게 되었다. 미국에서 생산된 페니실린의 수입은 달러화의 부족으로 금지되었다.

글락소와 디스틸러가 1945년에 사들인 기술은 15년간 사용료를 지불하게 되어 있었다. 영국 회사들이 그 기간 동안 막대한 로열티를 지불해야 하는 것은 의심의 여지가 없었다. 그것이 페니실린 이야기에 가해진 재미있는 왜곡인데, 실제로는 계약 기간이 다 되기 전에 영국 회사들이 전 세계에 걸친 반합성 페니실린에 대한 특허를 출원하면서 대서양 양방 간의 지불 균형은 방향이 바뀌게 되었다. 또한 미국에 의해 부과되는 심층발효에 대한 기술료가 적정 수준인가를 따져 봐야 하는데, 그것은 통산적인 상업 기준으로 보았을 때 그렇게 비싸지 않고 '적정한' 것이었다. 그것은 글락소의 공식적인 견해였다. 더욱이 1940년대 후반 세계적으로 페니실린의 가격이 급격하게 떨어지자 기술료도 줄어들었는데, 거기에는 머크를 비롯한 미국 회사들의 도움이 크게 작용하였다. 영국이 발견한 약에 대한 이권을 미국인들이 가로챘다는 신화는 이렇게 다분히 과장된 것이었다.

더욱이, 미국의 특허는 영국이 미국과 캐나다를 제외한 세계 어느 곳에 대한 판매권도 침해하지 않았다. 일단 새로운 공장이 최대한 가동되기 시작하자 평화 시의 페니실린 배분에 대해 논의하기 위한 제약업계와 조달성 간의 회의가 1946년 2월 6일에 열렸는데, 다시 의장을 맡았던 세실 위어 경의 발언이 다음과 같이 기록되어 있다. “영국 내의 판매 가격은 균일하게 유지하는 것이 바람직하겠지만, 미국과의 경쟁에서 불리해지지 않으려면 수출 가격을 가능한 대로 낮추어야만 합니다. 그러기 위해서는 수출 물량에 대한 비율을 결정해야 하고, 가격은 최저 수준에서 동결해야만 합니다.” 그리고 그 회의는 병을 이용하는 공장들이 낮은 수출 가격에도 살아남을 수 있도록, 100만 단위의 페니실린 가격을 정하는 데 심층발효 공장의 생산가에 5실링을 덧붙일 것인지 또는 6실링을 덧붙일 것인지를 의논했다.

여하튼 1946년에는 페니실린이 충분히 생산되었을 뿐만 아니라 세계적인 수출 무역 전쟁에서 필수적인 품목이 되었다.

13장
특허와 공표

일반 대중이 페니실린에 대해 처음 알게 된 것은 1942년 8월 27일 자 런던 『타임스(Times)』를 통해서였다. 물론, 그 전에 옥스퍼드에서 발표한 두 개의 논문이 1940년과 1941년에 『랜싯』지에 실리긴 했다. 그리고 1942년 여름 『랜싯』지는 페니실린에 대한 논평에서 대규모 페니실린 생산을 위해 정부가 적극적으로 후원해야 한다는 의견을 실었다. 『타임스』도 이 의견에 동조했다.

「페니실륨」이라는 제목을 단 『타임스』 기사는 "페니실륨 노타튬이라는 곰팡이가 강력한 항생 능력을 가지고 있다"고 간단히 기술하고는, 이름이나 장소에 대한 언급은 전혀 없이 그것이 "13년 전 언제인가" 발견되었다고만 적고 있다. 다시 이름은 거론하지 않은 채 옥스퍼드에서 행해진 연구 결과를 인용하면서, 새로 발견된 물질이 독성은 없고, 설폰아미드가 듣지 않는 균도 공격할 수 있다고 기술하였다. '장밋빛 가능성'에 대해 언급한 『타임스』는, "잠재력으로 볼 때, 대규모의 페니실린 생산 방법이 가능한 빨리 개발되어야 한다"는 『랜싯』지의 의견을 지지하였다.

페니실린과 그 효능을 알리는 이 첫 발표의 시기는 플레밍이 페니실린으로 처음 성공적인 치료를 한 때와 정확히 일치한다. 이것은 1942년 9월 9일 완치되어 병원을 떠난 안과 의사의 일을 말한다. 전기 작가 모루아에 따르면 환자가 치유된 이후에도 플레밍이 곧바로 조달청의 앤드루 덩컨 박사를 만나러 가지는 않았다. 그러므로 많은 작가들이 주장하는 것처럼 페니실린 생산을 촉발하는 데 플레밍의 역할이 그렇게 큰 것은 아니었다. 플레밍이 나서기 전에 이미 정부의 조치를 촉구하는 사회적 압력이 커지고 있었던 것이다.

그러나 『타임스』의 기사는 페니실린 신화를 만든 일련의 사건들의 씨앗이 되고 말았다. 1942년 8월 31일, 「페니실린」이라는 제목으로 『타임스』에 난 기사에 대해 한 독자가 『타임스』에 대한 편지 형식으로 글을 실었다.

> 어제 실렸던 페니실린에 관한 기사에는 발견에 대한 영예가 누구에게 돌아가야 하는지에 대한 언급이 없었습니다. 그래서 저는 허락한다면 “영예를 받아야 할 사람에게는 반드시 줘야 한다”는 원칙에 따라 알렉산더 플레밍에게 그 영예가 돌아가야 한다고 추천하겠습니다. 왜냐하면 그는 페니실린의 발견자이고, 그 물질이 의약으로 중요하게 쓰일 수 있다는 것을 증명한 최초 논문의 저자이기 때문입니다.

그 편지는 세인트 메리 병원의 암로스 라이트의 이름으로 서명되어 있었다.

그것은 동료에 대한 충정과 ‘대선배’로서의 지지에서 나온 선의의 행위였다. 더욱이 페니실린의 성공이 자신의 오랜 학설을 뒤흔들어 놓는 것임을 라이트가 잘 알고 있었다는 점은 높이 살 만하다.

그러나 솔직하게 말한다면 전혀 사심이 없었다고 보기는 어렵다. 당시 영국의 병원들은 주로 기부금과 환자의 진료비로 유지되고 있었다. 병원의 유명세는 병원의 수입과 직결되는 문제이기에, 병원 간에 대중적 인기를 얻기 위한 경쟁이 치열했다. 페니실린이 발견된 곳이라고 알려지는 것은 세인트 메리 병원의 책임자로서의 영예뿐만 아니라, 상당한 재정적 가치를 동반하는 것이었다. 1942년 당시 병원이 세금의 지원을 받아야 한다는 착상에 소수의 사회주의적 지식인들을 제외하고는 귀 기울이는 사람이 없었다. 이러한 당시 상황은 국가적 의료 혜택을 받고 있는 지금의 영국인들에게는 그다지 실감 나지 않을지도 모르겠다.

라이트가 『타임스』에 보낸 편지의 동기가 어떤 것이었든지 간에, 그는 월계관을 한 사람에게만 씌움으로써 페니실린의 신화를 만들기 시작했다. 사실을 바로잡기 위한 첫 번째 시도는 라이트의 편지가 신문에 실린 다음 날에 있었다. 그것은 옥스퍼드의 디손 페린스 연구소의 유기화학 교수인 로버트 로빈슨 경이 1942년 9월 1일에 『타임스』에 보낸 또 다른 편지였다.

암로스 라이트 경은 페니실린이 플레밍에 의해 발견되었다는 사실에 주목하여 그에게 월계관을 씌웠는데, 이제 최소한 꽃다발 정도는 우리 대학 병리학 교실에 있는 플로리 교수에게 주어져야 한다고 생각합니다. 곰팡이는 페니실린과 함께 유독물질들도 함께 만들어 냈고, 플로리야말로 '치료제로서의 페니실린'을 처음으로 분리해 내고 임상적인 가치를 밝혀낸 사람입니다. 의학연구심의회의 지원을 받은 그의 연구팀은 페니실린이 실용적인 약이 될 것임을 증명한 바 있습니다.

그러나 로버트 로빈슨 경의 편지는 이미 신화를 잠재우기에는 힘을 잃고 있었다. 어쩌면 그가 단호한 어조로 얘기한 것이 아니라서 그런지도 모른다. 그것은 당시 진실을 알고 있던 소수 사람들의 의견이 었던 것으로 보인다. 그 무렵 플로리의 조력자였던 켐볼, 비숍의 간부인 화이트홀은 9월 1일 플로리에게 보낸 편지(앞서 다른 역사적 이유로 이미 언급했던)에서 산업적 규모의 페니실린 생산을 지원하겠다고 약속했다. 그것은 954ℓ 용량의 우유통으로 운반될 곰팡이 원액이었다. 그 편지는 다음의 중요한 단락으로 끝을 맺었다. "오늘 아침 로버트 로빈슨 경이 『타임스』에 실은 글을 보니, 페니실린에 관한 얘기들을 올바른 측면에서 다루고 있었기에 매우 기뻤습니다. 나 같았으면 좀 더 단호하게 썼겠지만, 플레밍에게 상처를 입히지 않으려는 로버트 경의 심정은 이해할 만하더군요."

그 일에 참여하고 있던 사람들은 영예가 누구에게 돌아가야 하는지 명확히 알고 있었다. 그러나 아무도 그 후 25년간 드러내 놓고 그 얘기를 하려고 하지 않았다. 아마도 그들은 이미 플레밍에게 보내지고 있던 갈채를 바꿔 놓을 수는 없다고 생각했던 듯하다. 플로리는 한 번도 그 점을 바로잡고자 공식적인 시도를 한 적이 없었고, 체인 교수도 30년이 지나서야 공식적으로 자신의 생각을 발표하였다.

과학계에서는 플레밍, 플로리, 체인 모두가 페니실린 연구에 대한 영예를 함께 안았다. 세 사람 모두 영국 과학계에서 주는 최고의 영예인 왕립학회의 회원으로 추대되었다. 최초에 노벨상 위원회가 플레밍에게만 상을 줄 것을 고려하긴 했지만, 결국 세 사람은 공동으로 노벨상도 받았다. 세 사람은 모두 기사로 봉해졌고, 플로리는 왕립학회 회장직과 함께 플로리 경으로 추대되었다. 그러나 세 사람의 성공에 대한 반응은 달랐다.

「화학 치료제로서의 페니실린」이라는 제목으로 옥스퍼드의 첫 논문이 1940년 『랜싯』지에 실렸을 때 플레밍은 페니실린을 보기 위해 옥스퍼드로 갔다. 플로리는 그를 정중하게 환영하였고, 그에게 실험 전반을 보여 주었다. 체인은 방문자가 누구인가를 알아보고는 깜짝 놀라서, "나는 논문에서 읽은 것을 빼면 플레밍에 대해 들은 바가 전혀 없었다. 솔직히 말해 나는 그때 그가 예전에 죽은 사람인 줄 알았다"고 말했다. 그 방문 동안 플레밍은 거의 아무 말도 하지 않았고 그것이 비사교적인 그의 평소 모습 그대로이긴 했지만, 그는 그가 보고 있는 것들을 거의 이해하지도 못했고, 또 받아들일 만큼 아량을 갖고 있지도 못한다는 인상을 주었다. 그러나 플로리와 플레밍이 달랐던 것은 언론에 대한 반응이었다.

페니실린에 대한 뉴스가 대중들에게 전해지고, 『타임스』에 실린 두 편의 편지에서 과학자의 이름까지 거명되자 언론은 들끓었다. 에이브러햄 교수의 『플로리 경 회고록』에 당시의 일들이 기록되어 있다.

> 플레밍은 9월 2일 플로리에게 편지해서, 로빈슨 경이 『타임스』에 플로리의 공적을 주장한 것을 보고 기쁘게 생각한다고 썼다. 그는 또한 "당신은 옥스퍼드에 있어서 기자들에게 시달리지 않아도 되니 다행이오"라고 부언했지만, 사실은 그렇지 않았다. 언론사들은 플로리에게 기자들을 파견했지만 그들은 환영받지 못했고 만족할 만한 기삿거리를 얻을 수가 없었는데, 플로리는 헨리 데일 경에게 보내는

한 편지에서 자신은 언론을 가까이하지 않겠다고 입장을 밝히기도 했다. 여기에 관해 그는 두 가지 정당한 이유를 가지고 있었던 것으로 보인다. 첫째는 연구에 방해가 될 수도 있는 언론에 대한 본능적인 혐오였고, 둘째는 당시로서는 그가 충족시키지 못할 만한 페니실린의 대중적 수요를 야기하리라는 우려 때문이었다. 그러나 결과적으로 언론은 퇴짜를 놓지 않는 곳으로 몰려갔고, 과학 문헌에 사실이 기록되어 있음에도 페니실린에 관한 기사들은 불공정하고 편파적으로 실리게 되었다.

플로리의 전기 작가는 같은 사실을 보다 우화적으로 기록했다. "언론 기자들이 문 앞까지 쇄도한 것이 플로리에게는 충격이었다. 그는 즉시 뒷문으로 빠져나가면서 그의 비서인 터너에게 '저들을 모두 돌려보내요. 지금은 얘기하고 싶지 않으니까. 다음 주 화요일에 다시 오라고 하고, 10분만 시간을 낼 수 있다고 해 줘요'라고 말했다." 그리고 주석에는 "대중 매체에 대한 깊은 혐오가 플로리의 생애 동안 계속되었다"고 썼다.

그래서 비사교적인 것으로 악명 높았던 플레밍이 언론을 통해 세계적인 갈채를 받는 이변이 일어나게 되었다. 플레밍 자신은 '플레밍 신화'에 관한 기사들을 수집하는 것을 매우 즐기는 태도를 보였다. 한편 연구비를 따 오는 데는 한 치의 양보도 없던 플로리는 언론을 경멸적으로 다루는 바람에 자신의 공적을 인정받을 기회를 놓치고 말았던 것이다. 스스로 언론을 따돌렸기 때문에 옥스퍼드 팀은 어디다 불평조차 할 수가 없었다.

언론에 대한 플로리의 태도는 페니실린 총위원회 운영 시 모든 공적인 발표를 금지시킨 데서 다시 한 번 나타났다. 페니실린에 관한 어떤 사실도 대중 매체에 싣는 것을 꺼리던 그의 강한 반감은 불필요한 어려움을 초래하기도 했다(12장 참조).

그러나 플로리의 입장에서 본다면 그는 페니실린에 관해 언론이 야기할 문제점을 잘 알고 있었던 것이다. 옥스퍼드에 교수로 부임하던 첫날부터 그는 연구 재원을 확보하는 데 집착을 보여 '연구비 관리자'라는 별명을 얻었다. 그리고 옥스퍼드 팀이 1940년 첫 논문「화학 치료제로서의 페니실린」을 발표했을 때 연구비 지원에 대한 감사를 록펠러 재단에 돌렸다. 에드워드 멜런비 경은 개인적이긴 하나 즉시 그 연구에 대한 의약연구심의회의 지원이 지나치게 과소평가되었다고 항의했다. 멜런비는 의학연구심의회가 옥스퍼드 팀에게 총 1,200파운드를 제공했다고 주장했다. 그는 플로리를 책망하면서, "틀려먹은 전술이오……. 당신이 여기서 일을 해서 좋은 결과를 얻었다면, 당연히 국가에 적절한 공적을 돌려야지, 연구에 편리하다고 해서 자기 동료들보다 외국인들을 추켜세워 줘서는 안 되지"라고 말했다.

플로리는 답장에서 록펠러 재단이 히틀리에게 별도로 지급한 300파운드 외에도 연간 1,200파운드씩 지원해 왔다고 지적하면서, 의학연구심의회는 페니실린 연구에 단지 800파운드만을 대 주었을 뿐이라고 응수했다. 그래서 그는 록펠러 재단이 더 공적을 인정받아야 한다고 느꼈던 것이다. 그 논쟁은 의견의 차이일 뿐 전혀 악의는 없는 것으로, 멜런비는 논쟁 끝에 말했다. "당신이 세균 감염을 치료할 수 있는 페니실린을 만들어 낸다면, 지금의 당신 잘못을 용서하겠소."

1944년의 재단 연간 보고에서 록펠러 재단 회장인 레이먼드 포스딕 박사가 1939년과 1940년의 5,000달러 지원뿐만 아니라 1936년까지 거슬러 올라가 플로리를 지원했다고 발언함으로써, 페니실린 연구의 지원비에 대한 논쟁이 공식화되었다. 런던에서 발행되는 『이브닝 뉴스(Evening News)』지는 미국 쪽의 주장이 사실이라면 경제적 원조를 했던 모든 발견에 대해 미국인들이 도덕적 권리를 가질 것이라고 지적했다. 그러자 멜런비는 미국의 주장은 '터무니없는 것'이라고 주장하며, 이번에는 보다 공식적인 반박에 나섰다. 이 문제는 하원에까지 이어졌고, 의학연구심의회는 1927년에서 1939년까지 7,000파운드나 플로리를 지원했다고 주장했다.

1945년의 이 논쟁을 기초로 페니실린에 대한 특허 문제가 발생했다. 그러나 1942년 옥스퍼드에서는 순수한 학문적 연구가 의학적 가능성을 가진 것이라도, 과학자가 특허에 욕심을 내는 것은 윤리적이지 않다는 결정을 내렸다. 독일 화학 산업계를 비롯한 외부 세계에 대해 잘 알고 있던 체인은 이러한 플로리의 의견에 격렬하게 반대했다.

에이브러햄 교수의 『플로리 경 회고록』에는 이때의 정황이 다음과 같이 기술되어 있다.

> 페니실린이 약으로 널리 쓰일 전망이 보이자 윌리엄 던 병리학교의 연구를 보호하기 위한 특허 취득 가능성에 대한 문제가 등장했다. 체인은 특허 출원을 강력하게 주장했다. 그러나 1942년의 한 회의에서 플로리는 금전적인 보상에는 관심이 없지만, 과제를 계속 지원할 기관을 찾을 수 있을지는 걱정이라고 말했다. 그때는 이미 특허를 취득하기에는 너무 늦은 때였다. 또한 옥스퍼드대학이나 의학연구심의회에 특허를 다룰 만한 체계가 존재하지도 않았다. 당시 의학연구심의회 책임자였던 에드워드 멜런비는 모든 의학적 발견은

자유로워야 한다는 고집스런 견해를 굳게 지지하고 있었다. 록펠러 재단의 관리들도 대학이 기술료로 돈을 벌 가능성이 있다면 학문적 연구에 대해 바람직하지 못한 압력이 생길 거라고 판단했다. 그러나 전쟁이 끝나고 사람들의 통념은 바뀌어 갔다.

체인 교수는 당시의 압력과 사실들에 대한 에이브러햄의 서술이 틀린 것은 아니지만, 공적인 회고록에 암시된 것처럼 실제 회의가 그렇게 조용히 진행된 것은 아니라고 회고했다. 논쟁들, 특히 체인과 멜런비 간의 논쟁은 정말로 격렬한 것이었는데, 옳건 그르건 간에 결국 특허 출원을 하지 않기로 한 결정이 멜런비의 책임임에는 의심의 여지가 없다.

영국에서 페니실린 특허가 불가능했던 보다 더 중요한 이유도 있었다. 당시 영국의 법으로는 그러한 약은 아예 특허의 대상이 될 수 없다는 사실이었다. 그런 상황은 그야말로 '다른 경제의 세상'이 되어 버린 1949년에야 특허령에 의해 겨우 바뀌었다. 1942년 이전에는 특허를 낼 만한 가치를 가진 '약'이 사람의 손에 의해 발견되거나 발명되리라고는 아무도 생각지 못했던 것이다.

그럼에도 불구하고 페니실린과 그 생산 공정에 대한 특허 문제는 1942년 페니실린 총위원회 첫 회의에서 이미 다루어졌다. '어떤 미국인'이 페니실린에 관한 특허를 차지했다고 불평한 것은 바로 플로리였다. 영국과 미국 양쪽의 회사들은 전쟁 중에 이미 특허 등록을 했고, 영국의 페니실린 총위원회에서는 그 문제가 회의 때마다 계속 거론되었다. 그것은 사실상 대서양 양단 간의 보다 고위층에까지 알려졌다. 1943년 7월 위원회 회의록을 보면, 미국의 윈드롭과 그 계열사들이 페니실린이라는 단어와 그에 해당하는 스페인어를 중남미에 특허 등록하려고 한 시도 때문에 상당한 논쟁이 있었음을 알 수 있다. T. R. C.와 I. C. I.는 공식적이고 합법적인 반대 운동을 벌였고, 워싱턴의 영국 대사관을 통해 외교적인 협상이 있었다. 미국 측은 정부가 압력을 행사하기는 어렵다는 입장이었다. 윈드롭사는 자신들의 조치가 그 단어를 상표로 독점하려는 일부 세력의 등록을 막기 위한 선의의 것이었다고 주장했다. 그들은 그 상표를 미국과 영국의 모든 회사들이 사용할 수 있게 하겠다고 밝혔다. 결국 협상은 페니실린이라는 이름을 누구의 소유도 아닌 개방된 것으로 한다는 결론으로 끝났다. 페니실린이란 이름 자체는 원래 플레밍 교수가 1929년 과학 용어로서 처음 사용한 것이라는 점이 부각된 것이다.

그러나 진짜 문제는 1945년에 시작되었다. 이전에 미국의 모이어 박사가 영국 특허국에 옥수수 추출액에서의 페니실린 배양법을 13674, 13675, 13676번으로 등록한 적이 있었다는 것을 독자들은 기억할 것이다. 처음 것은 수중 재배를 포함한 8가지 페니실린 배양에 관한 것이었다. 두 번째 것은 몇 가지의 옥수수 추출액을 포함한 39가지 다른 배양액에 관한 것이었다. 세 번째 것은 배양액에 어떤 물질들을 정기적으로 첨가하는 방법과 곰팡이 아래로 배양액을 빼 내고 새로운 액으로 바꿔 주는 방법으로 히틀리의 옥스퍼드 방법과 매우 유사한 것이었다.

이전에 언급한 것처럼 모이어는 이 특허들로부터 아무런 돈도 벌지 못했으나, 1945년에는 그 제약이 해제되었다. 또한 그때는 영국의 제약업계와 정부가 유리병에서 페니실린을 만드는 방법이 심층발효법을 따라갈 수 없다는 것을 알아차린 시점이기도 했다. 영국이 이 약을 만들어 내기 위해서는 미국의 기술을 사야만 한다는 씁쓸한 현실에 부닥친 것이다.

페니실린 특허에 관한 오해가 생겨난 것은 그 사실 자체보다는 이 절묘한 시간적 일치에 기인한다. 그러나 1950년 이전에 진짜 돈을 벌 만한 유일한 페니실린 특허는 페니실린뿐만 아니라 다른 항생제 생산에도 적용될 수 있는 심층발효 공정의 화학공학에 관한 것이었다. 이 특허들은 거의 독점적으로 파이저, 스퀴브, 머크, 커머셜 솔벤트 등 미국의 네 회사가 가지고 있었다. 그리고 그중 두 회사인 파이저와 커머셜 솔벤트사는 원래 제약회사도 아니었다.

당시의 진짜 정황은 노먼 히틀리 박사에 의해 잘 요약되어 있다.

> 플로리는 종종 국가에 수백만 달러를 벌어 줄 수 있는 사업을 "미국에게 줘 버렸다"는 비난을 받아 왔습니다. 페니실린으로부터 엄청난 돈이 생기는 것은 사실이었지만 그 비판은 옳지 않아요. 우선 곰팡이를 키우고 페니실린을 추출하는 옥스퍼드의 공정은 페오리아를 비롯한 미국에서의 연구 결과로 추출 비율이 엄청나게 높아졌을 때에야 비로소 상업적으로 실용화된 것이니까요. 1941년 당시에 중요한 특허를 영국에서 출원할 수 있었는지도 의문스러웠고, 대학에는 그런 일로 지원받을 만한 어떤 제도도 없었습니다. 또 플로리는 전문가의 조언도 구했는데, 그들은 한결같이 이익을 남길 만한 의학적 발견이나 발명으로 특허를 내는 것은 의학윤리에 맞지 않는다고 답했지요.

플레밍도 플로리의 특허관에 동조했다. 1945년 6월 노벨상 수상식 만찬에서 플레밍은 “기초 연구 결과가 무료로 세계에 배포되었을 때, 사소한 기술적 사항으로 돈벌이를 하려는 것은 좋지 못한 일”이라고 주장했다.

페니실린 이야기에는 배울 만한 교훈이 많이 있다. 플로리와 체인은 페니실린을 생명을 구할 수 있는 약으로 만들기는 했지만, 황금 알을 낳는 거위로는 만들지 못했다. 영국과 미국에서는 페니실린이 열어 놓은 화학요법의 왕국을 더욱 발전시키기 위한 공식적이고 상업적인 제도가 구축되기 시작했다.

14장
페니실린의 교훈

미국에서의 페니실린의 교훈

페니실린이 던져 준 가장 중요한 교훈은 질병과 맞서 싸우는데 화학요법이 중요한 무기가 될 수 있다는 것이다. 즉 몸속에 투여되었을 때 환자는 죽이지 않으면서 침입한 세균들만을 죽이는 약이 발견될 수 있다는 점이다. 더욱이 페니실린은 화학자들에 의해 만들어졌다기보다는 자연에서 발견된 것이었다. 그러므로 이젠 페니실린이 듣지 않는 균들까지 공격할 수 있는 또 다른 자연 물질이 있으리라는 기대가 전혀 이상할 것이 없게 되었다. 페니실린은 항생제 혁명을 일으켰고, 항생 제약 산업의 기초를 이루었다.

미국인들은 이 교훈을 가장 빨리 배운 사람들이었다. 실제로 그들은 페니실린이 아닌 다른 경로를 통해서도 이 개념에 매우 가까이 접근했다. 유럽뿐만 아니라 미국의 과학자들도 '세균 길항' 현상을 오래전부터 알고 있었다. 즉, 한 미생물이 다른 균을 죽이거나 성장을 멈추게 하는 많은 물질을 만들어 낸다는 사실이 알려져 있었던 것이다. 특히 한 사람은 세균 길항에 관해 흥미를 가지고 깊이 연구를 수행하고 있었다. 그는 럿거스

대학의 셀만 왁스만 교수였다. 그는 머크의 자문위원으로 일했는데, 당시 파이저가 그랬던 것처럼 그 회사도 발효 공정(미생물을 길러서 그 생활 주기 중에 생산되는 부산물에서 원하는 물질을 얻는 것)에 의해 화학적 원료를 상업적으로 생산하고 있었다. 왁스만은 본래 토양미생물학자였고, 특히 자연적 방법으로 부식토를 만드는 것에 흥미를 가지고 있었다. 부식토를 만드는 데 가장 중요한 미생물 중 하나는 스트렙토마이세스라고 불리는 균이었고, 당연히 왁스만은 그의 실험실에 세계에서 가장 많은 스트렙토마이세스의 수집품을 가지고 있었다.

이 특별한 미생물은 여러 과학 문헌에서 세균 길항이라는 형태로 모습을 드러냈다. 플로리와 체인이 세균 길항을 연구하기로 결정했을 때와 정확히 같은 시기에 왁스만은 그의 수집품들로부터 어떤 항생물질을 얻을 수 있을지 알아보는 일에 관심을 쏟았다. 그의 연구는 럿거스대학의 미생물과에서 1939년경 시작되었다. 2년 안에 그는 스트렙토마이세스로부터 많은 수의 항생물질을 분리해 내었지만 모두 사람이나 동물에게 유독한 것이었다. 이것은 페니실린이 사람에게 무독하다는 것이 얼마나 큰 '행운'이었는지를 보여 준다. 페니실린이 첫 번째 항생제가 될 수 있었던 것은 바로 그 무독성 때문이었다.

1941년 왁스만은 페니실린에 대해 어느 정도 알게 되었고, 가능하다면 그것이 생산 체제로 들어갈 것도 알았다. 페니실린이 그람 양성균에만 효과가 있는 것처럼 보였기 때문에, 왁스만은 그람 음성균을 공격할 만한 물질을 찾아 나섰다.

1942년 왁스만은 스트렙토마이세스 라벤둘라(Streptomyces Lavendulae)로부터 스트렙토드리신(Streptothricin)이라는 항생물질을 분리했다. 그것은 화학적으로 상당히 안정했고 쉽게 다룰 수 있었으며, 몇 종류의 그람 양성균뿐만 아니라 그람 음성균에도 활성을 가지고 있었다. 그러나 희망에 부풀었던 출발은 곧 실망으로 바뀌고 말았는데, 이전의 다른 물질들만큼 심하지는 않았지만 스트렙토드리신이 동물 실험에서 독성을 나타냈으므로 사람에게 사용하기에는 너무 위험했던 것이다.

1943년 9월까지 그는 연구를 계속했고, 이번에는 스트렙토마이세스 그리세우스(Streptomyces Griseus)에서 또 다른 항생물질을 분리해 내었다. 1944년 1월 그는 최초로 그람 양성균과 음성균에 모두 작용하는 광범위한 활성의 항생물질, 스트렙토마이신의 발견을 발표할 수 있었다. 더욱이 임상 실험에서는 스트렙토마이신이 결핵균에도 유효함이 알려져, 이것은 현재까지도 결핵의 치료에 유용한 항생물질로 쓰이고 있다.

오늘날 미국의 거의 모든 제약회사들은 세계 각처에서 모아온 토양과 먼지, 균들을 이용한 대규모 항생 활성 검색으로부터 연구를 시작한다. 베네수엘라의 들판에서 온 한 토양은 스트렙토마이세스 베네수엘라(Streptomyces Venezuelae)라고 명명되었다. 1947년 이 표본으로부터 클로람페니콜(Chloramphenicol)이 발견되었고 그 구조는 1949년 화학자인 파크 데이비스(Parke Davis)에 의해 밝혀졌는데, 그것은 합성도 가능하였다. 그리하여 클로람페니콜은 시장에 등장한 최초의 합성 항생물질이 되었다. 1948년 레덜리 연구소에서는 또 다른 스트렙토마이세스로부터 오레오마이신(Aureomycin)이라는 항생물질을 찾아내었다. 1950년, 다시 스트렙토마이세스에서 테라마이신(Terramycin)이 발견되면서 파이저는 크게 부상했다.

그 이후로 많은 항생물질이 잇달아 등장했고, 몇몇은 미국 밖에서 개발된 것들이었다. 간추려 얘기하면, 현대의 항생 산업은 페니실린이 발견되었던 것같이 세계 각처의 먼지, 흙, 균들을 모아 전후 5년 동안 철저한 검색 작업을 실시했던 미국의 회사들이 기초를 다진 것이다. 최초에 발견된 각 항생물질들은 비슷한 유사체와 약간씩 변형된 물질들의 발견을 유도했다. 그것들은 경쟁 물질보다 특정한 균이나 균류에 보다 더 효과가 강력할 때에만 시장에서 살아남았다.

미국의 항생물질 연구의 또 다른 줄기는 페니실린의 합성 방법을 찾는 것으로서, 영국에서도 시도되기는 했지만 그다지 활발하지는 못했다. 체인 교수는 페니실린의 '13주기 기념회'를 다음과 같이 기억한다. "페니실린의 구조가 서서히 드러남에 따라 이 문제에 관여하고 있던 유기화학자들을 지배하던 의견은 몇 달 안에 페니실린이 합성되리라는 것이었다. 나는 개인적으로 그렇게 낙관적으로 생각하지 않았고, 여러 위원회에서 열띤 논쟁을 벌이곤 했다." 본질적으로 그 문제는 페니실린 분자의 핵심인 고리 부분을 닫는 반응이었는데, 그 고리는 산이나 열에 의해서 쉽게 열려 페니실린을 가치 없는 것으로 만들어 버리곤 했다. 그 작업은 1957년 존 시핸(John C. Sheehan)이 보스턴에서 거의 10년간이나 노력한 끝에 성공을 보았다. 그의 획기적인 성공은 전혀 다른 분야에서 일하던 화학자가 발견한 새로운 고리 닫기 시약 덕분이었다. 그러나 시핸의 연구는 추출 비율이 너무 낮아서 실용적으로 연결되지는 못했다.

영국에서의 페니실린의 교훈

1945년 영국에서 페니실린이 주는 교훈은 미국에서와는 달랐다. 특허에 관한 일들이 아직 가슴에 맺혀 있었고, 달러 부족에도 불구하고 새로 수입된 심층발효법에 대해 미국으로 첫 기술료가 지불되고 있었다. 심층발효법을 채택하지 않았던 제약회사들은 항생물질 생산을 완전히 포기하고, 다른 생산품 쪽으로 눈을 돌리고 있었다. 페니실린을 합성하는 방법을 찾는 연구는 열정적으로 계속되었지만, 새로운 항생물질 검색에는 큰 투자가 없었다.

영국은 행정 구조가 잘못되어 있었다. 국가적 차원에서 대학 연구실에서 이루어진 생산을 산업적으로 발전시킬 수 있는 제도적 장치가 절실하게 요구되었다. 영국인들은 연구비 지원을 과학연구개발국에서 받는 데 비해, 미국은 응용과학자들과 제약회사들을 시제품에서부터 시험 가동 공장까지 전쟁 생산국에서 도와주고 있었다. 영국이 실험실 공정을 규모만 키운 수공업을 강요한 데 비해, 미국의 전문가들은 근대적 화학공학을 페니실린 생산에 적용하고 있었다.

전쟁 중의 영국이 발명한 레이더와 제트 엔진은 성공적으로 산업적 생산 단계까지 개발되었다. 그러나 레이더와 제트 엔진은 직접적인 전쟁 무기였기에, 실험실에서 생산까지 여러 정부 부처를 통해 보호되고 재정적 지원을 받았다.

그래서 전후의 노동당 정부는 완전히 새로운 정부 기관을 창설했다. 이것은 국립 연구개발공사(National Research Development Corporation, 이하 N. R. D. C.: 연구와 개발이 아닌 것에 주목하라)였다. 이 기관은 정부와는 독립적으로 재무부의 지원을 받았다.

설립 목적은 정부 연구 기관, 대학 또는 개인적으로 연구하는 과학자들이 내놓는 가치 있는 발명들을 산업적으로 활용하자는 것이었다. N. R. D. C.는 연구 결과를 특허화하는 것을 돕고 시제품을 바로 상입화할 수 있도록 재정 지원을 하기로 하였다.

N. R. D. C.의 설립 법안은 떠오르는 젊은 통상부 장관인 노동당의 해럴드 윌슨(Harold Wilson)에 의해 의회에 제출되었다. 그래서 N. R. D. C.는 노동당 정부가 정권을 이어 갈 때는 맹활약을 하다가 보수당이 정권을 잡으면 그 권한이 축소되곤 했다. 또 원래 부여되었던 역할 외에 다른 활동들도 수행해왔는데, 그중 가장 유명한 것은 크리스토퍼 코커럴 경(Sir. Christopher Cockerell)의 '호버크래프트' 원리에 대한 지원일 것이다. 다양한 화물 운반 수단뿐만 아니라 바다 위에서 달리는 호버크래프트와 육상의 호버 기차에 적용되는 공기-쿠션의 기본 아이디어를 성공적으로 개발한 것이다.

그러나 25년간 N. R. D. C.가 쏟아부은 투자 중에 가장 큰 수확은 새로운 항생물질의 지원에서 거두어졌다. 그리고 이 새로운 항생제의 개발을 조금만 자세히 들여다보면, 영국인들이 페니실린에서 얻은 교훈을 결코 잊지 않았으며, 페니실린에서 맛본 쓰라림으로 상식을 넘어선 집착을 보였음을 알 수가 있다. 그렇지만 결국에는 이 고지식한 끈기가 막대한 이윤을 낳게 되었던 것이다.

그 결과가 세포린(Ceporin)이라는 이름으로 시장화된 세팔로스포린 항생제이다. 이 이야기는 이탈리아 사디니아의 하수구에서 시작되었다. 이 일을 시작한 사람은 칼리아리의 보건소에 있던 생화학자 주세페 브로추(Giuceppe Brotzu) 교수였다. 새로운 항생물질을 찾기 위한 그의 접근 방법은 미국 과학자들이 선호했던 광범위한 검색에 비해 이론적으로는 더 합리적인 것이었다. 그는 장티푸스에 효과가 있는 항생물질을 찾으려고 노력했는데, 장티푸스균을 먹으면서 살거나 최소한 공존하는 미생물이라면 그런 항생물질을 만들어 낼 거라고 생각했다. 장티푸스균을 찾을 수 있는 가장 확실한 장소는 바로 하수구였고, 그는 수시수라는 곳에 있는 칼리아리 하수구의 출구에서 살다시피 하면서 시료들을 모았다. 1945년 그는 장티푸스를 일으키는 살모넬라균과 그 밖에 다른 균들에도 유효한 물질을 만들어 내는 세팔로스포리움 아크레모니움(Cephalosporium Acremonium)이라는 곰팡이를 찾아냈다.

그의 연구 결과는 『칼리아리 건강연구소 잡지(Journal of the Institute of Health of Cagliari)』에 실렸으나, 그는 그런 매체로는 자신의 연구가 거의 주목받지 못할 것임을 잘 알고 있었다. 그래서 그는 이탈리아가 교전 당사국이라는 특별한 상황하에서 연합군 정부를 위해 사디니아에서 일하고 있던 블라이드 브룩(H. Blythe Brook) 박사와 접촉했다. 서로 적국의 국민이라는 상황이 다소 어색하긴 했으나, 두 사람은 사디니아의 공중위생이라는 공동 관심사로 만났다. 블라이드 브룩 박사는 이전에 런던에서 군의관으로 일한 적이 있긴 했지만 독자적인 연구를 할 만한 위치에 있지는 못했다. 대신 그는 브로추 교수의 발견을 옥스퍼드의 플로리에게 알렸고, 브로추의 곰팡이를 옥스퍼드로 보내도록 주선했다.

이때 체인은 옥스퍼드를 떠나 있었다(그가 떠난 이유와 그 결과들은 다음 장에서 볼 수 있다). 에이브러햄 박사가 플로리 팀의 화학 책임을 이어받았는데, 당시 공식 직함은 화학병리학의 부교수였다. 세팔로스포리움 연구를 시작할 무렵 그의 조수는 뉴턴(G. G. F. Newton) 박사였다.

브로추의 곰팡이에 대해 옥스퍼드에서 실시한 첫 실험은 그의 발견을 확인하는 일이었다. 거기에는 정말 미생물로부터 생산된 항생물질이 있었지만, 자세히 조사해 본 결과 이 항생물질은 세 가지 다른 물질로 구성되어 있었다. 그것들은 페니실린이라는 이름이 지어진 것과 유사하게 세팔로스포린이라고 명명되었다. 거기에는 세팔로스포린 P와 세팔로스포린 N, 그리고 당시에는 규명되지 않았던 제3의 성분이 미량 들어 있었다.

세팔로스포린 P는 곧 매우 좁은 범위의 미생물에만 유효함이 밝혀졌다. 그러나 그 물질이 이전에는 전혀 알려진 바가 없었던 스테로이드 항생제였으므로, 최소한 학문적으로는 화학자들의 지대한 관심을 끌었다. 세팔로스포린 N은 상업적으로 활용 가능하다는 점에서 훨씬 재미있는 물질이었다. 그것은 상당히 강력했으며 페니실린에 의해 영향을 받지 않는 많은 그람 음성균에도 효과가 있었는데, 이때는 아직 미국에서 생산된 그람 음성균용 항생제들이 시장을 휩쓸기 전이었다.

옥스퍼드 팀은 클리브던에 위치한 의학연구심의회 산하 항생제연구국에 도움을 청했다. 전쟁 중에 영국 해군의 페니실린 생산 기지였던 클리브던은 그 자체가 영국 페니실린 역사의 한 부분이었다. 미국이 페니실린을 생산할 때 얻은 경험을 바탕으로, 그곳에는 연구 결과를 발효 공정과 항생제 생산에 정확히 적용하기 위한 반산업적 규모의 발효 장치가 갖추어져 있었다. 옥스퍼드의 화학자들이 7년 전 페니실린 연구 때 겪었듯이 재료 부족으로 연구가 지연되는 일이 없도록, 클리브던은 곧 상당한 양의 세팔로스포린 N과 P를 만들어 내기 시작했다.

클리브던으로부터 곰팡이와 그 생산물들을 상당량 지원받으면서 옥스퍼드의 화학자들은 1차적으로는 학문적인 계획하에 세팔로스포린에 대한 폭넓은 연구에 돌입했는데, 일부는 장티푸스균에 어느 정도 효과가 있을 것으로 기대되는 세팔로스포린 N에 대한 흥미도 포함되었다. 그런데 세팔로스포린 N이 사실은 페니실린의 일종이라는 사실이 알려졌을 때, 학문적인 입장에서는 실망스럽다기보다는 오히려 새로운 흥미를 돋우는 것이었다. 그것은 페니실린 분자의 6-APA 핵 구조를 가지고 있었고, 페니실륨 곰팡이에서 얻어진 물질과는 그 곁가지 구조만이 달랐다. 곧 세팔로스포린 N이 미국의 연방 연구소에서 발견되어 애봇 사에서 개발한 시네마틴 B와 동일한 물질임이 밝혀졌다. 애봇도 역시 그들의 시네마틴이 장티푸스균에 효과가 있음을 발견했고, 실제로 1,000g을 만들어 남아프리카로 보내어 장티푸스를 구제하는 데 사용했다. 그러나 이 페니실린(시네마틴 또는 세팔로스포린 N)은 미국의 다른 회사에서 만든 더 강력한 항생제에 의해 경쟁력을 잃고 역사에서 사라져 갔다. 그럼에도 옥스퍼드의 화학자들은 그들의 학문적인 연구 계획으로 꾸준히 세팔로스포리움 곰팡이의 생산물 연구를 진행해 나갔다.

이 무렵 브로추의 원래 항생물질 중 세 번째이면서 소량인 성분이 주목을 끌기 시작했다. 그것은 부분 정제된 세팔로스포린 N 속에 적은 불순물로 존재했다. 세팔로스포린 N이 페니실린임이 밝혀진 후에도 클리브던에서는 계속해서 상당량의 세팔로스포린 N을 옥스퍼드로 보내고 있었다. 클리브던에서 보내온 세팔로스포린 N 발효물에 미지의 세 번째 성분이 존재하긴 했지만, 세팔로스포린 N의 부분 정제 중에 일부가 제거됨이 밝혀졌다.

에이브러햄과 뉴턴은 마침내 이 소량의 성분을 분리해 냈고, 세팔로스포린 C라고 명명하였다. 화학분석 결과 그것은 페니실린이 아니라 과학계에 처음으로 알려진 진짜 세팔로스포린임이 밝혀졌다. 더욱 재미있는 것은 그것이 비록 널리 쓰이고 있던 페니실린들보다 살균력은 다소 떨어지지만, 페니실린에 저항을 가지고 있는 균에 의해서도 파괴되지 않는다는 것이었다. 실제로 그것은 페니실린 내성을 가진 박테리아를 죽일 수도 있었다.

이 발견의 중요성을 이해하자면 다소 샛길로 빠진 이야기가 필요하다. 이 연구의 초창기에 이미 어떤 박테리아들은 페니실린에게 쉽게 공격받는 일반적인 균들과 같은 종임에도 불구하고 약효가 전혀 나타나지 않음이 알려져 있었다. 이것은 원래 페니실린에 영향을 받지 않던 그람 음성균과는 본질적으로 다른 현상이었다. 이러한 페니실린 내성균들은 그들의 표준 균주와는 달리 페니실린에 저항이 생기거나 파괴하는 변이를 가지고 있었다. 원래 페니실린에 영향을 받지 않던 그람 음성균들은 그 원인이 주로 그람 양성균과는 세포벽의 구조가 다르기 때문이라고 알려져 있었다. 페니실린 내성균들의 세포벽은 페니실린에 약한 형제들과 똑같지만, 그들은 페니실리나제라는 효소를 생산하는 능력을 가지고 있어서, 페니실린 분자의 고리를 열면서 깨뜨려 활성을 없애 버리는 것이었다. 최근에는 원래 페니실린에 영향을 받지 않는 것으로 분류되던 몇 종류의 박테리아들도 자연적으로 페니실리나제를 생성한다는 것이 알려져 있다.

전후에 광범위하고 무차별적인 페니실린의 사용이 세계로 퍼져 갔고, 그 결과 페니실린에 쉽게 상처를 입는 균들을 거의 쓸어버렸다. 그리하여 같은 균 중 내성을 가진 균주들이 존재 영역을 넓히고 증가시킬 기회를 잡게 되었는데, 그건 우리가 믿고 있는 진화와 '적자생존'의 원리와 정확히 일치하는 것이었다. 최악의 경우에는 영국과 미국의 병원에서 포도상구균과 연쇄상구균에 의한 감염의 80%가 페니실린 내성균에 의해 일어난 적도 있었다. 박테리아가 성적 접촉과 유사하게, 원래는 페니실리나제를 생산할 능력이 없는 박테리아에게도 그것을 생산하게 하는 유전물질을 전달할 수 있다는 사실이 발견되었을 때 위기감은 더욱 고조되었다.

플레밍이 1942년에 페니실린의 치료 가능성을 보인 실험 이후 처음으로 페니실린 연구로 되돌아갔다는 것을 여기서 언급할 만한데, 그가 자연적으로 발생하는 페니실린 내성균의 존재를 밝힌 것은 주목할 만한 것이다.

페니실린 내성균을 죽일 수 있는 세팔로스포린 C의 능력이 발견되었을 때는, 페니실린 내성균이 완전히 활개를 치는 극단적으로 심각한 사태까지는 이르지 않았다. 그러나 이미 문제는 상당히 심각해서 세팔로스포린 C가 매우 유용한 항생제가 될 가능성과 함께 많은 흥미가 쏠리고 있었다. 에이브러햄과 뉴턴이 동물 실험을 통해 그 물질이 페니실린보다도 덜 유독함을 증명했을 때 관심은 더욱 고조되었다. 즉 그것은 물에 녹았고, 산에 의해 쉽게 파괴되지 않아 경구 투여가 가능했으며, 소장에서 흡수되어 혈류 속으로 들어갈 수 있었다.

이 무렵 세팔로스포린 C는 상업용 약이 되기 위해서 두 가지 문제점에 직면해 있었다. 첫째는, 그 약의 경탄할 만한 특성에도 불구하고 페니실린이나 다른 항생제들에 비해 약효가 낮아서 대량 투여가 필요하다는 점이었다. 둘째는 그것이 극히 소량으로만 생산될 뿐이라는 것이었다. 그것은 여전히 클리브던의 발효액 중 미량 성분일 뿐이었다. 시간도 많이 걸렸다. 브로추가 최초의 발견을 한 것이 1945년, 옥스퍼드의 연구가 본격적으로 시작된 것이 1947년, 그리고 1954년 무렵 이 연구에 대한 특별 지원은 전무했고, 단지 옥스퍼드와 클리브던의 일상적인 학술 지원비로만 연구가 진행되고 있었다.

그러나 N. R. D. C.는 그 설립 취지에 맞추어 1951년 이후 에이브러햄이 세팔로스포린 C에 관해 연구한 결과를 꾸준히 특허 등록하고 있었다. 1955년 에이브러햄이 그 분자가 페니실린과 유사하게 두 개의 고리로 이루어져 있지만, 하나의 곁가지 대신 두 개의 곁가지를 갖고 있으며 완전히 새로운 구조임을 밝혀내었을 때, N. R. D. C.는 산업계의 도움을 청할 시점이 되었다고 결정했다.

N. R. D. C.가 제약업계에 요구한 것은 잠재적 가능성을 가진 이 흥미로운 항생물질의 생산에 참여할 것과, 생산에 문제점을 안고 있는 발효 및 화학 공정의 전문가를 파견해 달라는 것이었다. 물론 생산된 제품의 권리와 교환하는 조건이었다. 일단 세팔로스포린 C 100g 생산이 목표로 세워졌고, 몇몇의 영국 제약회사가 그 문제에 참가하기로 했다.

그러나 진행은 몹시 느렸다. 일상적인 산업계의 '경험적 지혜'로는 많은 양의 세팔로스포린 C를 생산하는 데 실패했고,

추출 비율은 여전히 극히 낮았다. 그러던 중 브로추의 최초 세팔로스포리움 아크레모니움의 돌연변이체 하나가 다른 성분보다 세팔로스포린 C를 더 많이 만들어 낸다는 사실을 발견하여 큰 진척을 이루어 낸 건 클리브던의 의학연구심의회 과학자들이었다. 갑자기 추출 비율은 '미미한 양'에서 '중대한 양'으로 급변했다. 그 정도 비율은 아직 상업적 가치를 가질 만한 것은 아니었지만 목표로 했던 100g은 만들어 낼 수 있었고, 옥스퍼드에서 추진 중인 주요 실험 계획들을 가능하게 해 주는 것이었다.

그러나 이 계획에 의한 초기 연구 결과들은 새로운 항생제 개발에 대해 또 한 번의 절망을 느끼게 할 만한 것이었다. 양적으로 확보된 세팔로스포린은 이전의 희망을 가져다주었던 특징(페니실린 내성균에 대한 작용, 무독성, 용해성 및 산에 대한 안정성 등)들이 사실임을 확인시켜 주었지만, 새로운 문제점에 봉착했다. 실험실의 시험관 속에서는 균에 대해 잘 작용하던 약이 생체에 투입했을 때는 약효가 현저히 떨어졌고, 사실상 거의 약효가 없는 정도였다.

1958년 비첨의 연구팀에서는, 최소한 이론적으로는 어떤 특정한 병균에도 쓸 수 있는 '가공'이 가능한 많은 수의 반합성 페니실린을 생산할 수 있는 길을 열었다(이 개발은 다음 장에서 자세히 다룬다). 반면에 그들은 아직 그람 음성균이나 페니실린 내성을 가진 균에 쓸 수 있는 어떤 반합성 페니실린도 시장에 내놓지 못하고 있었다. 또한 미국에서 개발된 페니실린 이후의 항생제들(오레오마이신, 스트렙토마이신, 테트라사이클린 등)에 대한 박테리아의 내성이 점차 중요한 의학적 문제가 되고 있음은 점차 명백해지고 있었다. 아직 세팔로스포린 C가 설 자리는 있었지만, 단지 상업적인 동기만으로는 그 개발이 계속 추진되기 어려웠다.

영국인들이 페니실린 대체물의 개발을 고집한 이유가 여기에 뚜렷이 나타난다. 페니실린의 상업화에 실패한 영국인들이 '만회'할 기회가 바로 여기에 있다는 점이 중요한 동기로 작용한 것이다. "이 단계에서 세팔로스포린 C의 개발 전체는 실패와 성공의 갈림길에 서 있었죠"라고 세팔로스포린 역사의 중요 시점에 N. R. D. C.에 있었던 바실 바드(Basil A. J. Bard) 박사는 회고한다. 그리고 누가 그 계획을 계속 추진하는 데 가장 크게 기여했느냐고 질문한다면, 세팔로스포린 C 개발에 참여했던 누구라도 "플로리"라고 답할 것이다.

과학적인 관점에서 보면 다음 과정은 매우 명백했다. 세팔로스포린의 자연적 곁가지들, 혹은 최소한 둘 중의 하나를 제거하고 약효가 뛰어났던 페니실린 G의 곁가지로 치환해 보는 것이었다. 그러나 이 방법은 실험실 규모에서는 비교적 쉬운 일이었지만 산업적으로 적용되지는 못하였다. 세팔로스포린은 두 개의 곁가지를 가지고 있었기에 다루기가 페니실린만큼 간단하지는 않았고, 하나가 다른 작용기의 활성을 막는 경향도 있었다. 더욱이 다른 두 작용기 간의 상호 작용에는 일관성이 없어 보였다. 일반적인 방법으로는 한 작용기가 존재할 때 다른 작용기가 어떤 효과를 나타낼지 예측 불가능함이 증명되었다. 또한 화학자들이 힘들여 붙여 놓은 어떤 곁가지들을 동물의 간이 쉽게 잘라 버린다는 사실도 알게 되었다. 이것이 초창기의 세팔로스포린 C가 시험관에서는 병균에 효과가 있음에도 생체 내에서는 만족스럽게 작용하지 못했던 사실을 설명해 주는 것이었다.

그럼에도 불구하고, 몇몇 미국 회사를 포함하여 더 많은 회사들이 세팔로스포린 연구에 관심을 갖게 할 만한 진척들이 이루어졌다. 그리고 여기서 에이브러햄의 초창기 연구들을 특허화했던 N. R. D. C.의 정책이 효력을 발휘했다. 세팔로스포린에 관련된 합작 연구에 관여하는 회사들은 기술과 지식들의 사용에 대해 특허 소유자인 N. R. D. C.에 사용료를 지불하는 조항이 포함된 특허 계약을 맺어야 했다. 특허에 한 가지 약점이 있다면, 에이브러햄의 초기 세팔로스포린 C 연구가 시작된 지 10년이 지났기에 일반적인 예에 따르면 단지 15년간만 더 보호를 받을 수 있다는 것이었다.

세팔로스포린의 기본적 핵에 곁가지를 도입한 많은 수의 유도체들을 검사하는 일은 상대적으로 작은 대학의 연구실이 아닌 제약회사의 연구가 되었다. 이야기는 글락소로 넘어가는데, 그것은 시료명 87/4가 그 실험실에서 나타났기 때문이었다. 이 물질은 7-4-(2-티에닐)아세트아미도]-3-(1-피리딜메틸)-3-세펨-4-카르복실산 베타인이다.

첫 번째 실험 결과 그것은 다양한 영역의 감염균에 대해 효과가 있었다. 그 이야기는 글락소의 공식 기록 28권에 나타나 있다.

이제 그것이 생체 내에서도 활성이 있는가 하는 문제가 남았다. 다양한 균주로 감염된 쥐로 시험해 본 결과 효과가 탁월했고, 투여량도 실용적일 만큼 소량이었다. 그렇다면 다른 종의 동물에서도 효과가 있을 것인가? 집쥐와 토끼에서도 성공이었다. 맹독성 포도상구균으로 토끼를 감염시킨 다음, 소량의 약을 투여하여 완전히 건강하게 살려 내기도 하였다. 페니실리나제에 대한 저항성은 어떤가? 세팔로리딘(Cephaloridine: 87/4에 주어진 최종 이름)은 벤질페니실린보다 페니실리나제에 4,000배나 더 저항성이 강했고, 페니실린 내성 균주인 포도상구균 아우레우스에 시험관에서도, 생체 내에서도 완벽하게 효능을 나타내었다.

그래서 세팔로리딘은 그 전 단계의 세팔로스포린 C의 바람직한 면을 모두 갖추었다. 그러나 좋은 점보다 해로운 점이 더 많을 것인가? 다시 글락소 기록을 보자.

독성학자들은 불길한 조짐을 가지고 일하는 사람들이다. 그들에게는 모든 새로운 약들이 잠재적인 독물이며, 마음을 교란시키고, 태아를 위협하는 물질로 의심된다. 임신 기간 동안은 그저 약을 먹지 않는 것이 상책이다. 이러한 분위기 속에 이 새로운 세팔로스포린은 광범위한 급성, 아급성 및 만성의 독성 시험을 받아야 했다. 시험에는 호흡기, 순환기, 분비계, 중추신경계와 생식계 기능이 포함되었고, 이 모든 실험은 몇 종류의 동물에 대해 시행되었다. 곧 세팔로리딘은 건강의 보증수표로 떠올랐다. 그것은 명백히 안전한 약이었고, 어떤 속도, 어떤 투여량이라도 치료 목적으로 사용할 만했다.

그리고 마지막 보너스로 세팔로리딘은 근육주사되었을 때의 국부 통증이 현저하게 감소되었다. 세팔로스포린 C나 다른 세팔로스포린이 주사할 때 상당한 통증을 유발했던 것에 비하면 이것은 매우 특별한 일이었다.

그 후에는 세팔로리딘을 생산하고 시장에 내놓는 것이 당면한 과제였다. 이것은 3년 동안 생물학자, 미생물학자, 화공기술자와 경영인들의 피나는 노력을 다소 잔인하게 요약해 버린 이야기이다. 그러나 그 이야기는 여기서 희생시키기로 한다. 3년간의 일 중 주목할 만한 것은 보다 더 효과 있는 곁가지를 세팔로스포린의 핵에 붙이기 위해 세팔로스포린 C의 자연적인 곁가지를 떼 내는 방법에 관한 것이었다. 산업적 규모에서 이 일을 해낼 수 있는 최상의 방법은 미국의 엘리 릴리 회사의 연구실에서 발견되었다. 그러나 N. R. D. C.와의 계약 조건으로 이 기법은 영국으로 전해졌고, 글락소는 제조 공정에 이 방법을 이용할 수 있었다.

세팔로리딘은 세포린이라는 이름으로 1964년에 시장화되었다. 글락소는 10년간 신약 개발에 200만 파운드를 썼는데, 1970년에 투자액을 전액 환수할 수 있었다. 그러고도 같은 계열의 다른 항생제들이 생산될 것으로 기대되어 더 많은 수익이 예상되었다. N. R. D. C.는 발견으로부터 시장화까지 19년 동안 세팔로리딘의 개발과 특허화에 6만 파운드를 투자하였다. 그러나 여기서 생긴 특허 수입은 이 반국영기업의 가장 큰 단일 수입원이 되었고, 달러가 대부분인 이 수익들은 다시 새로운 발명에 재투자될 수 있었다. 글락소는 역시 막대한 양의 달러와 외화를 약을 팔아서 벌어들일 수 있었다.

N. R. D. C.가 존재해야 할 가치가 있는 기관인지, 또한 바람직한 공립 기관인지를 판단하는 것은 물론 개인적인 정치관의 문제일 것이다. 그러나 세포린의 개발에서 보여 준 그 기관의 역할은 의심할 나위 없이 최고의 성공작이라고 볼 수 있다. 반면 발명품의 개발은 순전히 개인 기업의 손에 맡겨져야 하고, 그 가치는 시장에서 평가받으면 된다고 주장하는 사람들도 있다. 그럼에도 많은 나라들은 영국의 예를 좇아서 N. R. D.

C.와 비슷한 기관이나 회사를 설립하고 있다.

그러나 이러한 논쟁은 페니실린의 이야기와는 크게 연관이 없다. 요점은 단지 N. R. D. C.가 새로운 항생물질이 등장하도록 지원하게 된 동기가 1945년 영국이 페니실린의 개발에서 받은 상업적이고 심리적인 상처였다는 점을 강조하고 싶은 것이다.

15장
당신이 좋아하는 페니실린

페니실린 이야기를 쓰면서 가장 즐거웠던 것은 역사가 고전 드라마의 원칙들을 그대로 예로 보여 준다는 데 있었다. 현대적인 소설가라면 감히 독자에게 강요할 수 없는 방법으로, 같은 배역들이 이야기 속으로 우연처럼 등장하곤 하는 것이다.

앞으로 전개될 페니실린 이야기 중 두 장(15장, 17장)이 무대 초기의 장면에 등장했던 언스트 보리스 체인에 대해 할애되었다. 그는 초기 페니실린의 역사에서 다른 사람들이 얻었던 것과는 전혀 다른 교훈을 얻었다.

1945년에 페니실린의 구조가 밝혀졌을 때도, 그는 페니실린이 곧 합성되리라고는 믿지 않았다. 그러나 다른 사람들의 생각은 달랐다. 1963년 그는 말했다.

> 반면에 산업계와 학교의 많은 과학자들은 페니실린의 합성이 곧 이루어져서 모든 생산의 문제를 해결할 것이라고 생각했고, 실제로 많은 합성 시도가 있었습니다. 수백 명의 화학자들이 5년이 넘도록 이 일에 매달려 있었지요. 개개의 화학자들이 사용한 연구비를 계산해 보면 아마도 5,000파운드씩은 될 텐데, 그럼에도 페니실린 분자를 합성하고자 하던 노력은 모두 실패했고, 연구비를 모두 합하면

수백만 파운드는 되었을 겁니다.

체인은 같은 기간 동안 미국의 제약업계가 수행한 새로운 항생물질을 찾기 위한 광대한 검색 작업도 높이 평가하지 않았다. "그 엄청난 노력에 비하면 결과는 빈약하다고 봐야 합니다. 수많은 사람들이 투입되고 수억 달러가 공기와 땅, 물에서 얻어진 미생물들을 검색하는 데 쓰이고야, 기껏 수십 개 정도의 임상적 중요성을 가진 항생제가 얻어진단 말입니다."

페니실린 이야기에 대한 체인의 반응은 달랐다. 그는 옥스퍼드의 연구가 과학자들에게 연구에 필요한 충분한 양의 물질을 제공해 줄 대규모 발효 설비가 없었기에 불필요하게 질질 끌게 되었다고 믿었다. 그는 시험 가동용으로 반산업적 규모의 발효탱크를 원했다. 그러나 옥스퍼드를 비롯한 영국의 어느 대학에서도 그런 것을 얻을 수가 없었다.

그래서 체인은 플로리와 떨어져 나와 로마로 갔고, 그곳의 건강연구소는 그를 초빙하여 그가 원하는 규모의 장비를 갖춘 생화학과를 설립하도록 하였다. 생화학적 용어로 말하자면, 체인이 하고자 원했던 것은 새로운 형태의 페니실린을 개발하는 실험이었다. 그는 새로운 첨가물이나 전구체를 곰팡이가 자라는 배양액에 가함으로써, 곰팡이에서 새로운 곁가지를 가진 새로운 페니실린을 생산할 수 있으리라고 믿었다. 비록 생합성에 의해 생산된 새로운 페니실린이 그 자체로는 완전히 만족스럽지는 못하더라도, 발효기 밖에서 추가적인 화학반응을 통해 구조를 약간만 수정하면 유용한 새 약이 될 수도 있었다. 그는 이런 방법으로 접근한 유일한 사람은 아니었으나 당시에는 로마의 건강연구소에 있던 그의 공장만이 완전 가동되고 있어,

그는 여기서 당시 새로이 위협이 되고 있던 페니실린 내성 균주에 대한 해결책이 나오리라 믿었다. 특히 그는 일반생화학의 원칙을 바탕으로 페니실린 G의 변형이 발효를 통해 얻어질 수 있고, 곁가지가 적당히 수정되면 페니실린 저항 균주가 생산해 내는 페니실리나제로부터 보호되는 페니실린을 얻을 수 있을 것으로 생각했다.

체인이 옥스퍼드로부터 떠나야 했던 것은 그에게 좌절이었을지 모르지만, 오랜 좌절 끝에 비첨 그룹이 그에게 접촉해 왔다. 비첨은 19세기 비첨 박사가 알약과 가루약의 성공을 바탕으로 창설한 그룹이었다. 그 회사는 20세기에 들어오면서 주로 특허 의약품(공공에 광고가 허가되고 의사의 처방 없이도 약국에서 팔 수 있는, 일명 자가 의약이라고도 불리며 영국에서 만들어진 약들)을 생산하는 업체였다. 1920년대와 1930년대에 와서 그 회사의 경영은 매우 전문화되어 비누와 화장품, 그리고 식품 분야로 확장해 나갔다. 치약과 헤어 크림은 그 회사에서 가장 잘 팔리는 품목들이었다. 작은 '조제약품'회사(일정한 기준에 의해 만들어진 조제화합물 또는 약 등은 공공에 광고가 허용되지 않았고, 의사의 처방 없이는 판매될 수 없었다) 역시 인수되었다.

전쟁 후반기에 비첨은 페니실린의 가능성을 보고 항생제 분야에 뛰어들기를 매우 열망했다. 그러나 1945년 페니실린 생산 면허를 취득하려 했을 때, 조달성으로부터 냉정하게 거절당했다. 다른 방법을 통해 페니실린으로 접근하려던 많은 노력에도 불구하고, 그룹이 얻어 낸 유일한 성공은 구강 염증용의 페니실린을 함유한 정제의 개발 계약에 불과했다. 그 계약은 영국 공군과 체결되었으며, 페니실린은 다른 회사에서 만들어지고 비첨 쪽에서는 단지 약을 젤라틴 원료의 캡슐에 넣기만 했다.

여하튼 페니실린의 생산은 무섭게 늘어났다. 종전과 함께 찾아온 평화는 페니실린의 광범위한 민간 판매를 예견하게 했고, 페니실린 함유 치약, 립스틱, 헤어 크림도 있다는 소문도 함께 나돌아 비첨의 전통적 시장이 위협받게 되었다. 회사 경영진은 곧 미국, 특히 파이저로부터 페니실린 생산 공정에 관한 면허를 따기 위해 노력했다. 그룹의 비공개 기록에 따르면, "그 회사 회장과의 면담 결과 그들에게는 다른 어떤 회사와도 생산 공정에 관한 정보를 공유할 의사가 없었다"고 한다.

영국에서는 1947년에 입법된 치료 약물 칙령에 의해 약국에서의 페니실린 판매가 제한되었고 의사의 처방에 의해서만 쓸 수 있었으므로, 페니실린 함유 비누 같은 것은 시장에 나올 수가 없었다.

1952년 그룹은 다시 페니실린을 찾아 나섰다. 구강 투여했을 때 혈류와 체내에 높은 농도로 투입하기 위해서 페니실린 G를 수정하는 연구를 해 보자는 데 착안한 것이다. 미국의 제약회사 브리스틀-마이어사와 상담이 오갔다. 그쪽에서는 비첨이 페니실린 생산을 시작하는 데 반대한다고 충고했다. 이유는 페니실린 G의 세계적 생산이 아직 증가하고 있기는 하지만, 이것은 미국과 영국 외의 다른 나라들이 생산을 시작하고 있기 때문이라는 것이다. 사실 미국에서는 과잉 생산에 의해 페니실린 G의 가격이 너무나 폭락하여, 판매되는 약의 가치는 돈으로만 따졌을 때 약을 담는 앰플보다 조금 더 가치가 있는 정도였다.

그러나 1953년이 되자 새로운 페니실린인 페니실린 V가 등장했다. 페니실린 V의 중요한 점은 페니실린 G보다 약효가 특별히 뛰어나지는 않지만 입으로 먹을 수 있었고, 높은 농도로 혈류에 투입하는 것이 가능했던 것이다. 그리하여 1954년부터는 구강 투여가 필요할 때는 페니실린 V가 선택되었다. 그래서 페니실린 사업에 뛰어들고자 했던 비첨의 두 번째 시도도 무위로 돌아갔다.

1955년 비첨은 체인 교수와 인연을 맺게 되었다. 비첨은 비록 페니실린 분야에서는 거의 진척을 이루지 못했지만 그 밖의 다른 분야에서는 확장을 계속하고 있었다. 전쟁 전 발효 공법으로 파이저가 세계 유일의 대량 공급 업체가 되어 있을 때 비첨은 세계 최대의 주석산 소비 업체였다. 잠재적으로 이것은 비첨의 약점이었다. 비첨은 주석산 합성 공정을 개발해야만 할 것인지 숙고했다. 그룹의 과학 자문위원인 찰스 도즈 경(Sir. Charles Dodds)은 로마의 발효 공장에서 발효로 구연산을 만들고 있는 체인과 접촉해 보라고 충고했다.

체인과의 만남은 1955년 5월로 잡혔고, 이때 그는 왕립학회 발표를 위해 런던에 오게 되어 있었다. 런던에서의 의논 결과, 비첨의 연구원들이 로마로 와서 주석산 문제를 해결하는 데 필요한 체인의 발효 기법을 배우기로 결정되었다. 그룹이 여전히 항생제 분야에도 관심이 있다는 사실도 언급되었다.

1955년 여름 동안 몇 번인가 더 회의를 거친 후, 보다 흥미로운 계획이 수립되었다. 체인은 공식적으로 비첨의 고문이 되었고, 브로크햄 공원의 연구소에는 시험 가동 공장 규모의 발효 장치를 갖춘 큰 미생물학 연구 계획이 추가되었다. 주요 목적은 체인이 제안했던 방법으로 새로운 형태의 페니실린을 생산하는 것이었고 주석산 문제에 관한 연구도 계속될 예정이었다.

1956년 전반부에 비첨은 미생물학자인 조지 롤린슨(George N. Rolinson) 박사와 생화학자 랠프 배츨러(Ralph Batchelor), 그리고 진균학자인 머핀 리처즈(Merfyn Richards) 박사를 체인에게 보냈다. 미생물학 실험실과 시험 가동 공장의 건설은 전무인 존 파커슨(John Farquharson) 박사의 책임하에 브로크햄 공원에 착수되었다. 브로크햄의 구성원 중에는 이미 두 사람의 화학자, 피터 도일(F. Peter Doyle) 박사와 존 네일러(John H. C. Nayler) 박사가 있어서 앞으로의 일에 큰 몫을 할 것이었다.

그해 로마에서 체인은 드디어 아미노벤질 페니실린의 발효 공정을 찾아냈다. 체인은 이것이 다음 단계 일에 중요하게 쓰일 출발물질이 될 거라고 믿었고, 그것을 상당히 만족스러운 비율로 생산했다. 일부는 영국의 비첨으로 보내졌고 비첨은 그것을 화학적으로 개량하여 30여 종의 페니실린을 만들었지만, 그 어느 것도 시장화되지는 못하였다.

다음 해인 1957년, 5월에 과학자들은 영국으로 돌아와 같은 공정을 브로크햄 공원의 시험 가동 발효기에서 시작했다. 생산을 계속하면서 어떤 물질이 생성되었는지가 측정되었다. 페니실린의 생산은 여러 가지 방법으로 측정될 수 있었다. 첫째는 생물학적 검색법이 있는데, 배양접시 위에서 페니실린에 의해 파괴된 균의 영역을 측정하는 것으로 히틀리가 개발한 것이었다. 한편 이 무렵에는 화학적 측정법도 가능해졌는데, 페니실린이 히드록실아민이라는 물질과 반응하므로 이 반응에 사용된 물질의 양으로부터 페니실린의 양을 정량하는 방법이다. 또 가능한 방법은 페니실린이 존재하는 혼합물 속에 페니실리나제를 첨가하여 생성된 산의 양을 정량하는 방법이 있었다.

그러나 1957년 5월 브로크햄 공원 연구원들은 화학적 방법과 생물학적 방법이 다른 결과를 보여 준다는 점에 주목했는데, 그것은 로마에서도 관찰되었던 사실이다. 화학적 측정 결과는 배양액 속에 상당량의 페니실린이 존재함을 나타내고 있었지만, 생물학적 검사 결과는 균주에 대한 활성으로 판단하건대 분명히 더 적은 양의 페니실린이 들어 있음을 나타내는 것이었다. 원칙적으로 이런 종류의 차이는 항생제 연구에 관여하는 연구 실험실 간에 오랫동안 알려져 있던 사실이었다. 그러나 여기서는 그 차이가 매우 현저해서 배양액 속에는 곁가지가 달려 있지 않은 페니실린이 포함되어 있는 것처럼 보였다.

처음에는 배양액 속의 어떤 물질이 화학적으로는 페니실린이지만, 균에 대한 항생 작용은 나타내지 않는 것이 아닐지가 제안되었다. 그렇다면 곁가지 전구체가 추가로 더 첨가되지 않았을 때 이 물질의 양이 더 많아지는 이유는 무엇일까? 롤린슨과 배출러는 그 미지의 물질이 아무런 곁가지를 가지지 않은 페니실린 핵, 즉 6-APA일 거라는 흥미로운 제안을 했다. 당시 얼마나 많은 가능성 있는 의견들이 제시되었는지 다 기억할 사람은 없을 것이다.

배양액 속에 순수한 6-APA가 들어 있음을 증명하는 실험을 고안한 것은 화학자들이었다. 그들은 배양액 속에 일상적인 페니실린(G 또는 V)을 만들 때 넣는 화학물질을 6-APA와 결합할 수 있는 방식으로 넣어 보자고 제안했는데, 만약 정말 그것이 존재한다면 일반적인 항생 페니실린을 만들어 낼 거라는 것이었다. 실험 결과 화학적 검사와 생물학적 검사 결과가 일치한다는 것이 밝혀졌다. 이것으로 모든 것이 증명된 것은 아니지만, 순수한 6-APA가 존재할 가능성은 높아 보였다.

이 결과가 파커슨에게 보고되었을 때, 그는 즉시 다른 모든 작업을 중단하고 이 일에 집중하도록 지시했다. 우선 해야 할 일은 6-APA가 정말 존재하는지를 증명하는 일이었다. 왜냐하면, 정말 그렇다면 그들은 손안에 놀랄 만한 것을 쥐고 있는 것이었기 때문이다. 만약 그들이 6-APA를 만들 수 있고 배양액으로부터 추출할 수 있다면, 원하는 어떤 곁가지라도 바로 붙일 수 있었다. 더 이상 곰팡이가 받아들이는 물질에만 매달려 있을 필요가 없었다. 수천 종류의 페니실린이 마음대로 만들어질 수 있을 판이었다. 특수한 의학적 수요를 충족할 새로운 분자가 만들어질 수 있었다. 그람 음성균이든 양성균이든, 내성을 가진 것에 쓸 수 있는 항생제가 만들어질 수도 있었다. 사실상 어떤 일도 가능했다. 그 가능성에는 끝이 없었다.

비첨 연구원들이 그것을 증명한 방법은 매우 깔끔했다. 종이 크로마토그래피가 이용되었는데, 옥스퍼드에서 체인과 에이브러햄이 처음 페니실린을 분리하고자 했을 때 사용했던 방법으로, 긴 띠 모양의 종이 한쪽에 분리하고자 하는 물질의 혼합물을 찍고 그쪽에서부터 용매를 확산시켜 나가게 하는 방법이었다. 조건이 잘 갖추어지면 출발점에 있던 다른 물질들이 종이띠를 따라 다른 거리만큼 이동하게 되어 서로 분리되고, 나중에 각각을 규명할 수 있게 하는 것이었다. 연구가 항생제에 관한 것이라면 그 띠는 나중에 배양접시의 아가 위에 놓여 항생제가 묻어 있는 주위에서는 균의 성장이 억제될 것이다. 이것은 플레밍의 도랑 검사법과도 비슷했다.

비첨 팀은 6개의 크로마토그래피 종이띠와 균주가 파종된 큰 아가 접시를 준비했다. 1번 띠에는 페니실린과 6-APA를 함께 포함할 것으로 생각되는 곰팡이 배양액을 썼고, 그 위에 용매를 전개시켰다. 접시에서 그것은 거의 중간쯤에서 균의 억제를 나타내어 페니실린이 실제로 존재함을 보였다. 2번 띠에는 그들의 배양액을 아세트산부틸로 처리하여, 초창기 아세트산아밀로 시도한 것처럼 페니실린은 추출되고 화학적 구조상의 이유로 6-APA는 추출되지 않게 하였다. 이 띠는 균의 억제를 나타내지 않았고 미지의 구조물은 계속 남아 있을 것으로 암시되었다. 그렇다면 그것은 항생제가 아닌 것이다. 3번 띠는 2번과 같은 방법으로 처리하여 항생물질을 제거하고, 아가에 놓기 전에 페니실린 G의 곁가지 물질을 6-APA와 결합할 수 있는 형태로 넣어 실험했다. 아가 접시에서 항생 작용 구역이 나타났으나 중간 부근이 아니라 출발선 부근이었다. 이것은 원래의 배양액이 완전한 페니실린과는 구조가 달라 띠에서 페니실린만큼 이동할 수는 없지만 곁가지를 달아 주면 항생물질을 만드는 어떤 물질을 함유하고 있음을 의미하는 것이었다.

4번 띠는 비슷하게 처리되었지만, 사용 전에 페니실리나제로 처리되었다. 이번엔 아가 접시에 들어갔을 때 아무런 균의 억제가 나타나지 않았고, 이것은 이전의 띠에서 만들어졌던 모든 항생제들은 모두 페니실린 구조를 가지고 있었음을 보여 준다. 그러므로 미지의 물질은 페니실린 핵 구조를 가지고 있음에 틀림없었다. 5번 띠는 아세트산부틸로 처리해서 완전한 구조의 페니실린을 제거하였고, 크로마토그래피를 하기 직전에 곁가지 물질 처리를 하였다. 이것은 1번 띠와 같은 위치에서 억제를 나타내었다. 그러므로 미지의 물질로 만들어진 새로운 항생물질은 진짜 페니실린인 것이다. 또한 미지의 물질은 페니실린 분자의 핵임에 틀림없고, 곁가지를 달면 항생제 페니실린으로 바꿀 수 있었다. 이것으로 최초의 배양액 속에는 순수한 6-APA가 들어 있음이 확인되었다.

6번 띠는 단지 보통의 페니실린 G를 크로마토그래피하였고 이것은 1번과 5번 띠와 같은 위치에 억제를 나타내었다. 이것은 다른 실험들에 대한 대조군으로, 이 수준의 억제가 정말 페니실린 형태의 물질에 의한 것임을 확인하기 위한 것이었다.

마침내 산업적 규모의 공정이 6-APA를 만들기 위해 개발되었다. 충분한 물질이 공급되어서 화학자들은 새롭고 유용한 항생제를 찾기 위해 다양한 곁가지의 변화를 검사할 수 있었다. 이것들은 새로운 반합성 페니실린이 될 것이었다.

비첨 그룹이 상업적 회사였기에 문제와 전망은 막대한 것이었다. 비첨은 스스로 그것을 알고 있는 듯했지만 해야 될 일의 양은 엄청난 것이었다. 새로운 곁가지를 페니실린 핵에 도입하고, 어떤 것이 시장에 나와 있는 것들보다 더 가치가 있는지 찾아내며, 희망이 있는 것을 검사해서 세계 시장을 석권할 상품을 생산해야 했다. 비첨은 또한 6-APA를 대량으로 생산할 설비를 짓는 데 투자해야만 했다. 연구와 생산 양면에서 오랜 미국 친구들인 브리스틀-마이어사와 손을 잡고 일할지도 결정해야 했다.

브리스틀에 대한 접근은 최고 경영층에 보내는 비밀 편지에서 비첨의 발견과 즉각적인 보충 실험에 대한 간단한 언급과 함께 이루어졌고, 그래서 브리스틀은 충분히 해 볼 만한 일이라고 확신했다. 처음엔 경영진에서 보낸 다소 미지근한 답장이

1959년 1월 6일 영국에 도착했다. 편지가 도착한 지 몇 시간 후 이번에는 대단히 적극적인 내용을 담은 전보가 브리스틀로부터 날아들기 시작했다. 최초의 편지를 쓴 경영자는 화학적인 지식이 없는 사람이었는데, 브리스틀 실험실의 과학자들이 비첨의 증거들을 보자 그 중요성을 깨닫고 경영진의 태도를 급속히 바꿔 놓은 것이었다. 그달 하반기에 영국 과학자들은 주요 연구 결과들을 과학 잡지에 발표하고 대중 매체에도 알렸다. 그것은 세계적인 화제가 되었는데 그것이 암시하는 바가 너무도 명확했기 때문이었다. 매우 다양한 새로운 페니실린을 만들 수 있게 된 것이었다.

영국인들은 이때 자신들의 특허 보호를 조심스럽게 다루었다. 여기선 그들에게 다소의 운이 따랐다고 볼 수도 있다. 브리스틀의 자문위원이었던 시핸이 약간의 6-APA를 페니실린 전합성 과정 중에 만든 적이 있음이 밝혀졌다. 두 일본 그룹도 이의를 제기했는데, 1953년 카토(Kato)와 1955년 무라오(Murao)가 발효 공정으로 6-APA를 만들었던 것이다. 다행히 일본인들의 연구는 다른 실험실에서 재현성이 없음이 밝혀졌다. 로마의 체인도 그들의 방법을 사용해 보았을 때 비슷한 결과를 얻는데 실패했다. 비첨 연구원들은 사실 그들이 중요 실험들을 행할 때 일본인들의 연구 결과를 모르고 있었다. 영국 내와 다른 나라들에 대해 6-APA와 곁가지를 달아서 만들 수 있는 수백 개의 페니실린에 대한 완전한 특허가 등록되기 시작했다. 최초 적용은 1957년 8월 2일부터였다.

새로운 반합성 페니실린의 초기 상품들은 1959년 11월에 이미 미국과 영국에서 시장에 나오고 있었다. 그것의 공식적인 이름은 페네세실린(Phenethecillin)이었다. 그것은 경구 투여가 가능했고, 페니실린 V보다 혈액 내에 높은 항생제 양을 유지시켰다. 주사로 놓는 것보다 더 효율적이었다. 그렇지만 이 신약의 발표는 다소 브리스틀 쪽의 서두름으로 이루어진 것이었다. 그 회사는 기존의 자연 페니실린과 비교해서 어느 정도의 적당한 이점을 갖고 있는 초기 반합성 페니실린을 빨리 상품화하는데 안달이 나 있었다. 최초 상품에 대한 상당한 압력도 있었고, 경쟁사들이 특사를 워싱턴에 보내 브리스틀의 신약 개발 서류를 보려고 시도했기 때문이었다. 『월 스트리트 저널(Wall Street Journal)』의 한 문단에는 이 페니실린이 파이저의 발명품이라고 주장하는 글이 실렸다. 이것은 브리스틀이 시장화 준비가 완전히 끝나기도 전에 약에 대한 연구 결과를 발표하도록 강요하였다. 스튜어트 교수는 여기에 대해 말했다. "이 화합물들(페네세실린과 그 바로 뒤의 물질들)의 치료상 이점은 자체의 항균력은 약해졌음에도 단지 흡수된 양이 많다는 정도였다. 약으로서 새로운 생합성의 첫 산물인 페네세실린의 효능은 별로 새로울 게 없었고, 따라서 과학계의 평은 미적지근한 것이었다. 우리는 보다 나은 약을 기다리고 있었다." 그러나 과학적인 평에 비해 판매 실적은 훨씬 만족스러운 것이었다.

그러나 뒤를 잇는 반합성 페니실린들은 빛을 발하기 시작했다. 두 가지 중요한 성취는 페니실리나제에 저항을 가질 뿐만 아니라 오히려 페니실린 내성균을 죽일 수 있는 페니실린과, 오랫동안 추구되었던 그람 음성균에도 효력을 나타내는 최초의 넓은 항균 범위를 가진 페니실린의 등장이었다.

두 개의 범용 페니실린은 암피실린(Ampicillin)과 카베니실린

(Carbenicillin)이라고 불렸다. 그들이 시장을 석권해 버렸다는 점만 보더라도 그들의 중요성은 의심할 나위가 없었다. 또한 그들은 그람 양성균과 음성균을 모두 공격할 수 있도록 6-APA 핵에 도입할 곁가지를 찾을 수 있다는 학문적인 중요성도 가지고 있었다.

영국 약물 칙령에는 페니실린에 대한 정의 중 한 가지로 '페니실리나제에 의해 활성을 잃는 약'이라고 되어 있다. 그러므로 페니실리나제에 저항을 가진 페니실린들이 페니실린이라고 불리기 위해서는 법률을 바꿔야만 했다.

우리들은 페니실린에 의한 두 번째 혁명 시대에 살고 있다. 페니실린에 의한 첫 번째 혁명은 화학요법의 정립이었다. 두 번째 혁명은 미생물의 내성에 대응하기 위해 새로운 항생제를 만듦으로써 화학요법이 진화해 나갈 가능성을 여는 것이다.

16장
페니실린 알레르기

반합성 페니실린들이 개발되기 시작하면서, 알레르기를 일으키지 않는 새로운 페니실린을 만들 수 있으리라는 희망도 등장하였다. 비록 반합성 페니실린 제조업계는 이러한 목표를 향해 나아가고 있다고 주장하지만, 아직까지 알레르기를 전혀 일으키지 않는 페니실린은 없었다. 그리고 최근 연구에 의하면 비록 페니실린 특이 체질에 대한 임상적인 어려움은 많이 경감되었지만, 상황은 예상보다 훨씬 복잡하다고 한다.

1942년 대규모 페니실린 임상 실험이 시작되자 상당수의 사람들이 이 신약을 견뎌 낼 수 없다는 것이 밝혀졌다. 그들은 천성적으로 페니실린에 과민하거나 또는 한 번 치료를 받고 나면 급속히 과민해졌다. 페니실린 알레르기는 두드러기 혹은 혈관 부종(가슴이 꽉 막히고, 숨 쉬기 어려운 증상들)의 형태로 나타났다. 매우 드물기는 하나 극단적인 경우, 한 번 치료로 과민해진 환자에게 페니실린을 다시 한 번 투여하면 아나필락시성 쇼크를 일으키기도 하였다. 때로는 응급조치를 받지 못해 사망하기까지 했다.

만약 오늘날에 이러한 알레르기 효과를 가진 약이 개발되었다면 시장에 나올 수 없었음이 분명하다. 그러나 페니실린은 최초의 항생제였고, 우리는 앞에서 1940년대 의사들이 이 약의 기적적인 치유력에 얼마나 경악했는지 보았다. 알레르기 문제는 약의 효능에 비하면 미미해 보였다.

페니실린 알레르기에 관한 최초의 공식적인 논문은 미국의 '화학 치료와 약제에 관한 의약위원회의 국립 연구 분과'에 발표되었다. 최초의 평가에서는 페니실린 알레르기가 약 100명 중 하나에서 일어난다고 발표되었다. 그 후 연구 발표들의 내용은 일관성이 없었다. 어떤 이는 100명에 5명 정도까지나 된다고 하고, 또 다른 이들은 100명에 채 1명도 안 된다고 주장하기도 했다. 평균적으로 약 100명에 2명 정도가 페니실린 알레르기 반응의 징후를 보이는 것으로 추정된다. 그러나 이런 단순한 말들이 진짜 문제들을 감추고 있다.

가장 현실적인 문제는, 임상적으로 페니실린에 과민한 환자라면 나중에 다시 페니실린을 투여받을 때 아나필락시 쇼크로 사망할 수도 있다는 것이다. 페니실린에 과민하다는 것이 확인된 사람들은 보통 몸에 카드를 소지하여 의사들에게 페니실린의 재사용으로 인해 생길 수도 있는 위험성을 경고하도록 되어 있다. 이런 경우 보통은 다른 항생제를 사용함으로써 충분히 문제가 해결된다. 그러나 비록 환자가 페니실린에 과민한 줄 알더라도 페니실린 외의 대안이 없는 경우도 있다. 그런 경우, 환자가 다시 페니실린을 투여받았을 경우 무슨 일이 생길 것인가를 확실하게 예측할 만한 시험 방법이 없는 것이다. 꼭 필요한 경우라면 의사들은 환자가 쇼크에 빠질 경우에 사용할 수 있는 응급처치 기구들을 대기시켜 놓고 페니실린을 투여하는 수밖에 없었다.

아나필락시 쇼크는 하나의 의학적 수수께끼이다. 그것은 면역학의 아주 초창기, 파스퇴르의 시대부터 알려져 왔다. 동물이나 인간이 항원에 노출되는 경우 일반적인 경우에는 드물게 나타나는 항체인 IgE가 비정상적으로 과다하게 생성되는 경우가 있다. 이러한 반응을 나타내는 개체가 그 이후 같은 항원에 다시 노출될 경우, 비만 세포에 부착되어 있던 IgE가 비만 세포로 하여금 막대한 양의 히스타민을 배출하도록 한다. 이 히스타민이 쇼크를 일으키며 죽음에 이르게 할 정도로 혈압을 떨어뜨릴 수도 있다.

어느 누구도 특정 물질에 대해 이런 이상한 면역 반응을 일으키는가에 대한 해답을 찾아내지 못했다. 아나필락시 쇼크를 일으킬 수 있는 물질의 수는 엄청나게 많다. 과민 반응이 일어날 때 IgE가 비만 세포에 미치는 작용은 여전히 신비에 싸여 있다. 비록 비만 세포의 기능 중 하나가 히스타민의 대량 생산이라는 것임이 알려져 있긴 하나, 과민 반응 시의 체내 비만 세포의 기능에 대해서조차 의견들이 분분한 형편이다.

오늘날 대부분의 의사들은 과거 페니실린이나 다른 초창기의 항생제들이 무분별하게 사용되었다는 것을 인정할 것이다. 이것은 환자들을 알레르기 과민 반응이 유도될 만한 양의 항생제에 불필요하게 노출시켰기 때문에 많은 초창기 항생제들의 가치를 격하시키게 되었다는 얘기도 된다. 예를 들어, 초기 연구들 중 하나가 묘사한 바에 의하면 1950년대 말에 뉴욕의 한 15세 소녀가 '넘어져서 생긴 오른쪽 무릎의 통증'과 '귀의 통증' 때문에 페니실린 주사를 맞기도 했다는 것이다.

스스로 페니실린에 알레르기 체질이거나 과민하다고 믿는 사람들 중에는 하등의 면역학적 문제를 가지지 않은 경우도 있다. '암피실린 발적' 또는 '5일의 발적'이라고 알려진 증상을 일으키는 사람이라도 상당수는 알레르기 반응과는 하등의 관계가 없는 것이다. 보스턴 연합 약제 감시 프로그램의 최근 보고에 의하면 암피실린으로 치료받은 사람 중 9%나 되는 사람들이 그 치료를 시작한 지 2주 내에 발적을 일으킨다고 한다. 이것은 기존의 보고들이 내놓은 것보다 훨씬 더 높은 숫자이고, 암피실린이 반합성 페니실린 중 가장 많이 사용되는 것이니만큼 더 심각한 문제이다. 그러나 암피실린 발적이 항상 알레르기 반응은 아니라는 것을 증명할 방법이 있다. 그것은 피부 반응 검사인데 검사하고자 하는 물질을 소량 피부에 살짝 찌르거나 주사하는 검사법이다. 정말로 알레르기 반응을 나타낸다면 그 자리가 즉시 부풀어 오를 것이다. 암피실린에 대한 반응으로 고생하는 사람들 중 거의 70%에서 그것이 진정한 알레르기 반응이 아님이 밝혀졌다.

따라서 암피실린에 대한 이러한 부반응의 본질에 관한 문제는 여전히 풀리지 않은 문제로 남아 있다. 페니실린 부반응에 대해 보고된 초기 사례들이 이와 비슷한 미지의 메커니즘으로 일어났을 수도 있다. 상황은 최근 암피실린과 단핵구 증가증의 관련성이 발견되어 더욱 복잡해졌다.

페니실린이 개발된 후 30년 동안, 알레르기 반응은 전반적으로 임상적인 문제이고 특별한 조치가 요구되는 몇몇 개인들만 제외하고는 그다지 중요하지 않은 문제라고 간주되어 왔다. 그러나 최근에 이르러서 페니실린 알레르기에 관한 새로운 흥미가 일고 있다. 어떤 면에서 이것은 순수한 학문적 흥밋거리라고 할 수도 있는데, 페니실린 알레르기 현상을 치료제에 따르는 부수적인 부작용이라기보다 체내 면역계의 기능을 검사할 수 있는 도구라는 관점에서 보기 때문이다. 그렇지만 학문적 관심으로 시작된 연구가 임상적 문제들에도 빛을 비추게 되었다.

이론적으로 페니실린은 알레르기 반응을 일으키지 않아야 한다. 페니실린 분자는 살아 있는 세포의 구조를 이루는 단백질 같은 거대분자에 비하면 아주 작다. 우리 몸의 면역계는 다른 생물의 공격으로부터 우리를 보호하도록 진화되어 왔는데, 이는 외부의 세포나 다른 생물이 생산하는 거대분자를 처리하는 데 매우 효과적이다. 면역계가 잘 작동되고 있을 때는 침입자의 세포들이 파괴되고 이식된 장기의 세포들이 거부된다. 이런 현상은 침입자가 자신이 아님을 인식하고 항체나 살해 세포로 공격함으로써 이루어진다. 면역계는 페니실린같이 항원을 이룰 만큼 크지 않은 물질은 무시하게 마련이다. 작은 분자들은 우리 몸의 찌꺼기들을 청소하는 임무를 띤 식세포에 의해 제거되는 것이 보통이다.

때때로 작은 분자가 '전달체'라고 불리는 거대분자에 부착해서 우리 몸이 이들 결합체에 대한 면역 반응을 일으키게 한다는 것을 보여 준 이는 ABO 혈액형계를 발견해 낸 칼 랜드스타이너(Karl Landsteiner)였다. 곧 최소한 한 가지 형태의 페니실린 알레르기가 이런 메커니즘으로 일어난다는 것이 분명해졌다.

페니실린 알레르기가 벤질-페니실로일-폴리라이신(Benzyl-Penicilloyl-Polylysine), 줄여서 BPO라 불리는 물질에 의해 야기될 수 있다는 것이 실험적으로 밝혀진 것이다. 벤질은 페니실린 분자의 곁사슬에서 유래한 것이다. 페니실로일은 페니실린 핵이 다른 화합물과의 반응에서 생긴 핵의 변형된 형태이다. 폴리라이신은 모든 단백질의 구성 요소인 아미노산 중 하나인 라이신 여러 개가 모여 이루어진 거대 전달체 분자이다. 1967년에 이르러서야 비로소 이런 물질들이 종종 페니실린 알레르기를 일으킨다는 것이 밝혀졌다.

그러나 상황은 그렇게 단순하지만은 않아서 이 하나의 발견으로 모든 문제가 풀린 것은 아니었다. BPO가 페니실린 알레르기를 일으키는 유일한 물질이 아니라는 것이 증명된 것이다. 이 새로운 연구 분야의 뛰어난 연구가였던 스위스 베른대학의 알레인 드 벡(Alain L. de Week) 박사는 페니실린 분자가 깨질 때 생긴 다른 조각도 단백질 결합체에 결합된 후 면역 반응을 일으킨다는 것을 밝혔다. 약이 만들어지는 제조 과정에서 혼입되거나, 페니실린과 분리하기 어려운 불순물들이 단백질처럼 알레르기를 일으키기도 한다. 또한 페니실린 분자들만으로 이루어진 복합체, 즉 페니실린들이 면역 반응을 일으킬 수 있을 만큼 큰 분자로 서로 이어져 사슬을 형성한다는 증거도 있다.

상황을 더 복잡하게 하는 것은 이러한 화합물이 페니실린 치료를 받은 환자의 체내에서, 또는 제조 과정에서 형성될 수도 있다는 것이다. 예를 들어 BPO는 원래의 페니실린에서 출발하여 적어도 두 가지 다른 화학반응 경로를 거쳐 만들어지는 것 같다. 그리고 각 반응은 체내에서도, 실험실 기구 내에서도 일어날 수 있다.

페니실린 알레르기의 복잡성에 관한 지식이 꾸준히 쌓여 가면서 그 문제의 해결을 위한 노력 또한 이와 맞물려 조금씩 진행되어 왔다. 반합성 페니실린의 도래와 함께 불순물이 제조 과정에서 더 쉽게 제거될 수 있을 거라는 희망이 생겼다. 그러나 6-APA의 제조 과정 중에 곁사슬을 떼어 내기 위해 천연의 페니실린 G를 미생물 효소로 처리했는데, 사실 이것은 신약 제조에 있어 더 많은 단백질들을 도입하는 결과를 초래하였다. 순수하게 화학적인 방법으로 6-APA를 합성하는 방식이 최근 도입되긴 했으나 상황은 별로 달라지지 않았다. 반합성 페니실린 제조에 다단계 정제 과정이 도입되어서야 최종 산물의 알레르기 발생률을 낮출 수 있었다. 그러나 알레르기를 완전히 없앨 수는 없었는데, 이는 아마도 페니실린이 체내에서 BPO와 같은 물질을 형성하여 반응을 일으키기 때문일 것이다.

이 시점에서 페니실린 알레르기에 관한 우리들의 지식을 완전하게 정리하는 것은 불가능하다. 새로운 발견들이 최근 계속 이루어지고 있기 때문이다. 다만 지금 말할 수 있는 것은, 알레르기 증상을 보인 대부분의 사람들이 BPO 같은 물질 형성에 반응을 일으킨다는 것이다. 그러나 많은 경우에 다른 항원이 존재하는 것이 확실하고, 때로는 이러한 부수적인 요인들이 유일한 원인이기도 하다. 불행하게도, 가장 위험한 임상적인 상황인 아나필락시 반응이 BPO보다는 이런 부수적 요인과 관련된 듯하다.

현재까지 알려져 있기로 페니실린에 대한 알레르기 반응은 적어도 다섯 가지의 형태가 있다. 아나필락시 반응에 덧붙여, IgM이라는 항원 형태와 관련된 '원래의' 페니실린 반응이 있다. 이 반응은 처음 사람들의 주의를 끄는 피부 발적이나 혈관 부종의 정도를 넘어 발열, 관절통, 혈청병으로까지 발전될 수 있다. 또한 희귀하긴 하지만, 다량의 페니실린으로 치료받은 환자가 용혈성 빈혈(심각한 혈액 질환)을 일으키기도 한다. 네 번째 반응에 대해서는 알려진 바가 많지 않지만, 페니실린을 자주 피부에 접촉한 경우에 접촉성 피부염이 야기된다고 한다. 이 글을 쓰고 있는 이 시점에서 가장 최근의 발견은 반합성 페니실린 제조 공장에서 일하는 소수의 노동자들이 페니실린 분진 입자를 흡입하여 과민성 천식 반응을 일으켰다는 것이다.

17장
최후의 난제

페니실린과 다른 항생제들은 세균, 곰팡이 등의 미생물에만 작용한다. 바이러스가 일으키는 감염 질환에는 아무런 영향도 미치지 못한다. 그리고 어떠한 효과적인 항바이러스 약도 아직 발견되지 못한 상태이다. 이것은 항생제인 리팜피신(Rifampicin)을 비롯한 소수의 치료제들이 나와 있기는 하지만 대략은 맞는 말이다.

실제적인 면에서 본다면, 바이러스 질환에 대항하여 현재 우리가 가진 유일한 방어 수단은 파스퇴르가 시행했던 것과 같은 종류의 방어적 면역을 얻는 것뿐이다. 의학이 개발해 낸 최초의 두 가지 백신(즉 천연두 백신과 파스퇴르의 광견병 백신)이, 병을 일으킨다는 사실 외에는 그 존재를 증명할 수 없던 바이러스에 대한 유일한 치료법이라는 것은 아이러니가 아닐 수 없다.

바이러스들은 페니실린이 공격할 수 있는 세포벽을 가지고 있지 않으며, 다른 항생제들이 방해할 만한 소화 과정이나 호흡 과정이 없다. 바이러스들은 단지 유전물질(DNA나 RNA)과 이를 둘러싼 단백질막으로 이루어져 있다. 바이러스들은 생존을 위해 세균이나 다른 미생물들, 또는 우리들과 같은 고등 생물의 살아 있는 세포에 의존한다. 우선 그들은 살아 있는 세포에 침투한다. 일단 세포 속에 들어가면 바이러스의 유전물질은 그 세포 자신의 유전물질로부터 세포 공장의 지휘권을 빼앗는다. 바이러스의 유전물질은 세포가 더 많은 바이러스를 생성하도록 명령한다. 세포 내에 더 많은 바이러스가 생성되는 과정에서 마침내 세포는 죽고 바이러스들은 세포를 뚫고 나온다. 짧은 기간 바이러스들은 세포 밖의 세계(즉 체내의 혈류라든지 심지어는 지구의 차가운 대기)에 노출되게 된다. 이때 바이러스들이 새로운 숙주를 찾아 들어가게 되면 전 과정이 다시 되풀이되지만, 그러지 못한 경우에는 대개 불활성화된다. 이러한 바이러스의 생활 주기 어디에서도 항생제나 다른 약들이 공격할 수 있는 시점을 찾는 것은 좀처럼 쉬운 일이 아니다. 활성을 가진 바이러스들은 대부분의 시간 동안 우리가 보호하고 싶은 세포 속에 안전하게 숨어 있기 때문이다.

금세기 전반부에 바이러스 학자나 면역학자들에게 확실했던 것은, 적어도 체내에서 바이러스의 증식을 억제할 무언가가 필요하다는 것이었다. 우리 몸이 바이러스에 대해 자신을 방어하는 주요 메커니즘이 혈류와 림프계를 순환하는 항체를 생산하는 것임은 잘 알려져 있다. 이 항체들은 바이러스들이 죽은 세포에서 새로운 목표 세포를 향해 이동하는 그 짧은 취약 기간에 이들을 중화하고 파괴한다. 바이러스에 대한 항체의 생산은 병을 치유할 뿐만 아니라, 같은 바이러스에 의한 재감염을 막을 수 있는 면역을 획득하게 해 주기도 한다. 이것이 면역의 전체 개요이다.

그러나 진화라는 단어로 생각해 볼 때, 동물의 몸은 항체가 대량으로 생기기까지의 기간을 버티기 위해 다른 방어 메커니즘을 개발했을 듯하다. 그렇지 않다면 왜 악성 바이러스의 첫 공격을 받은 사람들이 곧바로 죽지 않는가? 왜 어떤 사람들은 바이러스에 대한 항체가 전혀 없는데도 바이러스 질환에 걸리지 않는가? 왜 실험 목적으로 주사한 아주 소량의 바이러스는 병을 일으킬 수 없는가?

1957년 바이러스에 대한 '천부의' 최전선 방어 메커니즘이 발견되었다. 사실 이것은 면역계와 같은 신체 전반에 대한 방어가 아니라, 공격을 받고 있는 각 세포들에 의한 방어였다.

이 발견을 한 사람은 앨릭 아이작스(Alick Isaacs) 박사로 젊은 스위스 동료인 린드만(J. Lindemann) 박사와 함께 런던에서 일하고 있었다. 그들은 바이러스 간섭 현상, 즉 페니실린 이야기의 큰 부분을 차지했던 미생물 길항 현상과 매우 유사한 분야를 연구하고 있었다. 배양액에 한 바이러스가 존재할 경우 두 번째 바이러스의 성장이 방해를 받는다는 것은 오래전에 알려진 사실이었다. 바이러스 연구에 있어 배양이란 세균학에서의 그것과는 다르다. 바이러스들은 오직 살아 있는 세포에서만 자라므로 바이러스의 배양은 살아 있는 세포들과 함께 이루어져야 한다. 아이작스는 인플루엔자 바이러스를 연구하고 있었으며, '계태아 배양법'이라는 방법으로 암탉 배 속의 알에서 바이러스를 키우고 있었다.

아이작스의 중대한 발견에서 핵심을 이루는 것은 다음과 같다. 그는 대량의 인플루엔자 바이러스를 취해 열 또는 자외선을 이용해서 불활성화시켰다. 이러한 불활성화된 바이러스들을 암탉의 알에 주사하였고, 알들은 이 처치에 반응하여 미지의 어떤 물질을 만들어 내었다. 이 새로운 물질을 또 다른 알들에 주사했을 때, 이 알들은 인플루엔자 바이러스가 알 내부에서 자라는 것을 허용하지 않았다. 따라서 이 새로운 물질은 항바이러스 제제였다. 이것은 바이러스에 대항하여 살아 있는 세포에서 만들어졌고 다른 세포에서도 바이러스가 자라는 것을 방해했다.

아이작스의 발견은 사람들을 흥분의 도가니로 몰아넣었다. 그는 이 새로운 물질이 바이러스의 성장을 방해하기 때문에 '인터페론'이란 이름을 붙였다. 이것은 중요한 발견이었다. 인터페론은 세포들이 바이러스에 대항하는 천부의 방어 메커니즘을 가지고 있다는 것을 보여 주었을 뿐만 아니라, 이것이 의학적으로 사용되었을 경우 막대한 가치를 지닐 것이기 때문이었다. 우리는 단지 인공적으로 세포를 자극하여 인터페론을 생산하게 해서 바이러스 질환으로 고생하는 사람에게 대량으로 주사하기만 하면 될 것이고, 바이러스들은 죽을 것이었다.

한동안 인터페론의 연구 계획은 매우 잘 진행되어 갔다. 그것은 우연하게도 N. R. D. C.에 의해 지원을 받았고, 영국은 또 하나의 위대한 발견에서 생겨나는 이익들을 다시 잃어버리지 않을 것임이 확실하게 되었다. 세포내에 감염물질이 주입된 후 수 시간 안에 인터페론이 생산되기 시작한다는 것이 곧 밝혀졌다. 그러고 나서 감염된 세포 내에 바이러스들이 증식해 감에 따라 인터페론의 양 또한 꾸준히 증가된다는 것도 밝혀졌다. 오래지 않아 바이러스의 증식은 멈춰졌고, 이것은 인터페론이 작용해서 생긴 결과라는 것이 명백했다. 세포 내의 바이러스 수가 감소하기 시작해야 인터페론의 생산도 줄어들기 시작했다. 그리고 이 전 과정은 수일 정도 걸렸는데, 이 시간은 신체가 대량의 항체를 생산하기 시작하는 데 필요한 시간에 해당하는 것이었다.

연구가 계속됨에 따라 다양한 종류의 바이러스가 세포에게 인터페론 생산을 자극하는 것으로 알려졌다. 더 나아가 바이러스의 종류에 관계없이 생산된 인터페론은 같은 물질이라는 것도 밝혀졌다. 다음 실험에서는 동물들을 X-선으로 처리하여, 그들의 면역계와 항체 생성 메커니즘을 말소시켜 같은 실험을 반복했다. 이것은 인터페론 단독으로도 바이러스의 공격을 막아 낼 수 있음을 보여 주었다.

그러나 이 단계에서 연구의 흐름은 느려지기 시작했다. 페니실린이 그랬듯이 인터페론은 실험실에서 다루기가 매우 어려웠다. 또 인터페론은 세포에서 매우 소량밖에 생기지 않았다. 강산에 잘 버티기 때문에 인터페론을 바이러스로부터 분리하기는 쉬웠지만 실험실에서 분쇄된 세포 잔여물로부터 인터페론을 분리하는 것은 보통 일이 아니었다. 게다가 아이작스의 실험 결과는 문제를 더 혼란스럽게 만들었다. 왜냐하면 실험 자료는 인터페론이 두 가지 종류가 있거나 또는 같은 인터페론의 두 가지 형태가 있음을 암시하고 있었기 때문이었다.

인터페론을 치료제로 개발하려는 시도가 한창 이루어지고 있을 때 더 큰 난관이 나타났다. 그것은 '종 특이성'이었다. 쥐의 세포에서 생산된 인터페론은 토끼에게 주입될 경우 위험한 면역 반응을 일으키기 때문에 사용할 수 없었다. 또한 토끼에서 생산된 인터페론도 쥐에게 사용할 수 없었다. 그러므로 인간에게 사용될 인터페론을 동물이나 동물 세포에서 생산하려 했던 모든 희망은 포기해야만 했다. 이런 실망스런 결과 속에서 아이작스는 비극적으로 젊은 나이에 사망했다.

인터페론이 발견된 지 수십 년이 흐른 지금은 인터페론이 직접 바이러스를 공격하는 것이 아니라 다른 물질의 생산을 유도하고, 이 물질이 바이러스가 리보좀에 접근하는 것을 방해하여 바이러스의 증식을 방해하는 것으로 추정된다. 그러나 인터페론이 어떤 방식으로 바이러스의 공격을 막든지 그것은 세포 내에서 일어나는 반응이기에, 신선한 여분의 인터페론을 세포 내에 어떻게 주입할 것인지도 문제였다.

뉴저지의 로웨이에 있는 머크 연구소의 모리스 힐만(Maurice Hilleman) 팀은 인터페론 유도물질을 치료 목적으로 사용하고자 시도했다. 그들의 아이디어는 더 많은 양의 인터페론을 얻기 위해 바이러스 공격을 받고 있는 세포뿐만 아니라 모든 세포에서 인터페론을 생산하도록 자극하자는 것이었다. 그러면 바이러스들이 이미 공격했던 세포들을 깨고 나왔을 경우, 자극받은 세포들은 이들 바이러스들에 저항력이 커져 있을 것이기 때문이다.

이 새로운 접근의 핵심은, 세포가 인터페론을 생산하도록 자극하는 것은 바이러스의 일부분, 바로 바이러스의 유전물질이라는 발견에 있다. 이중나선의 RNA는 매우 효과적인 인터페론 유도물질임이 발견되었다. 그러나 이중나선의 RNA는 사실 많은 바이러스의 유전물질이고, 단백질 외투가 없는 바이러스라고 할 수도 있다. 아이작스는 열이나 자외선으로 손상시킨 불활성화된 인플루엔자 바이러스를 사용했는데, 여기서 손상이란 아마도(비록 증명된 것은 아니지만) 단백질 껍질에 가해진 손상일

테고 이때 내부의 유전물질이 드러났을 것이다. 따라서 이것은 세포가 자유로이 인터페론을 생산해 내도록 자극했을 것이다.

힐만의 접근 방식은 이중나선 RNA와 매우 유사한 화합물을 이용해서 인터페론의 유도물질로 사용하려는 것이었다. 그는 가정용 플라스틱을 이루는 분자가 긴 사슬과 같은 인공 중합체임을 발견해 냈는데, RNA와 유사하게 서로 꼬인 두 사슬로 되어 있었다. 그것은 poly-IC라고 불리며 RNA의 감염 위험 없이 인터페론 유도물질 역할을 성공적으로 수행할 수 있었다.

신시내티에 있는 메릴 회사의 과학자들은 약간 다른 방향으로 일을 추진하고 있었다. 그들 또한 틸로론 하이드로클로라이드라고 불리는 성공적인 인터페론 유도물질을 발견해 냈다. 이것은 외관상 poly-IC나 RNA와는 다른 아주 작은 분자였다. 이것은 더 넓은 범위에서 인터페론 유도물질을 찾을 수 있다는 가능성을 열어 주었다.

현재까지도 실험 동물에 인터페론 유도물질을 사용한 결과를 보고하는 논문들이 계속해서 발표되고 있다. 비록 이것이 인터페론 유도물질의 작용에 의한 것인지 확실하지는 않지만, 동물의 암에도 좋은 결과를 보여 주고 있다는 점은 매우 고무적이다. 미국에서는 인간에게도 인터페론 유도물질들을 투여하는 시도가 진행 중이다.

이것은 페니실린 이야기의 마지막 난제가 발생한 곳이기도 하다. 그리고 우리에게 매우 익숙한 체인 교수를 제외하고는 그 이야기에 더 이상 새로운 인물이 발견되지는 않는다.

1960년 중반기에 체인은 영국으로 돌아왔다. 마침내 그는 그가 원하던 거대한 규모의 발효 공장을 갖춘 대학에 자리를 얻었다. 런던 서부 켄싱턴에 있는 임페리얼 과학기술대학의 생화학과였다. 그리고 여기서 그는 이제 교수이자 언스트 보리스 체인 경으로서 그 학과를 지휘하게 되었다. 페니실륨 곰팡이에 대한 30년간의 계속적인 연구 후에도 여전히 한 가지 놀라운 사실이 그를 위해 남아 있었다.

페니실륨 곰팡이들은 바이러스에 의해서 감염될 수도 있으며, 또 실제로 자주 감염된다는 것이 밝혀졌다. 사실 이 페니실린 이야기를 해 오는 동안 그 바이러스는 내내 페니실륨 곰팡이 속에 있었음에 틀림없다. 다만 인지되지 않았을 뿐이다. 이 발견은 전적으로 예상 밖의 것이었다. 왜냐하면 어떤 곰팡이도 바이러스에 감염되지 않을 것으로 생각되었기 때문이다. 곰팡이는 그 내부에 바이러스에 적합하다고 생각되는 조건을 가지고 있지 않아 보였던 것이다. 더 고등한 진균들이 바이러스에 감염될 수 있다는 것은 알려져 있었지만 말이다. 첫 단계로 체인은 글래스하우스 수확연구소에 도움을 요청했다. 이곳은 서해안 도시인 리틀햄프턴에 자체 실험실과 실험 온실을 갖추고 있는 농업연구심의회였다. 그들은 식용 버섯을 키우는 사업 전문가들이었고, 고등한 진균에 영향을 미치는 바이러스에 대해 상당한 지식을 가지고 있었다.

페니실륨 곰팡이 내에서 발견된 바이러스의 가치는 이 새로운 바이러스가 인터페론 생산에 놀라울 만큼 훌륭한 유도물질이라는 사실에 있다. 근본적으로 이것은 거의 이중나선 RNA와 다를 바 없는 매우 단순한 바이러스였다. 연구가 진행되어 페니실륨 중에서 대량 생산에 가장 적합한 바이러스 운반체가 페니실륨 스톨로니페룸(Penicillium Stoloniferum)이라는 것이 알려졌다. 인터페론 유도 바이러스의 발견은 다시 N. R. D. C.에 의해 채택되었고, 그 가능성들에 대한 산업적 연구를 위한 첫 계약이 비첨 연구 실험실과 체결되어 체인 교수와 공동 협력을 계속해 나가게 되었다.

마지막 조망

페니실린이 세균을 공격하는 것을 본 최초의 과학자가 플레밍이었을 리는 없다. 배양접시가 오염되는 것은 세균 실험실에서 늘상 일어나는 일이기 때문이다. 그가 탁월했던 점은 거기에 잠재적인 중요성을 가진 무언가가 일어나고 있다고 인식한 최초의 사람이었다는 데 있다. 그리고 그는 그가 본 것을 행동에 옮겼다.

마찬가지로, 과학과 의학 잡지에 최초로 페니실린으로 치료받고 완치되었다고 기록된 그 환자들이 사실상 페니실린으로 치료받고 완치된 최초의 사람들이었을 리가 없다. 왜냐하면 곰팡이와 곰팡이 물질을 감염과 상처의 치료에 이용한 사실이 고대 중국 문명과 지중해의 고전 문화에 기록되어 있고, 서유럽 민간요법에도 나타나 있기 때문이다. 그리고 한 저명한 오스트레일리아 과학자가 원주민으로부터 역겨운 곰팡이 물질을 치료제로 연구해 달라고 제안받은 역사적인 기록도 있다.

페니실린의 중요성은 그것이 인간의 편의를 위해 의식적으로 미생물을 사용한 최초의 예라는 데 있다. 페니실륨 곰팡이는 인간에 의해 계획적으로 길들여진 첫 번째 곰팡이다. 수천 년 동안 인간들은 포도주와 맥주, 그리고 비슷한 알코올성 음료를 제조하는 데 발효를 일으키는 이스트를 사용해 왔고, 길들여

왔다고도 말할 수 있다. 그러나 발효 과정의 본질, 이것이 살아 있으나 보이지 않는 생물에 의한 것이라는 바로 그 사실은 1860년대 파스퇴르가 그 신비의 베일을 벗길 때까지 아무도 몰랐다. 예를 들어 음식과 음료 산업에서는 주석산을 생산하기 위해 발효 미생물을 계획적으로 배양하고 재배했는데, 이것은 살아 있는 생물의 대사 과정 산물이 인간에게 유용한 것임을 알아낸 양조 산업 기술에서 발전한 것이다.

페니실린을 생산하기 위해 페니실륨 곰팡이의 계획적인 배양이 계속되어 감에 따라 점차 발전이 이루어졌다. 페니실린의 경우에는 새로운 형태의 미생물에 의한 산물이 알려지자, 이전에 인간들이 사용한 적이 없었던 미생물의 균주를 인공적인 조건에서 배양하고 재배할 수 있도록 선택해 낸 것이다. 이것이 미생물을 계획적으로 길들인다는 정의에 합당한 페니실린의 생산 과정이었다.

식물과 동물을 길들이는 것이 아마도 인류 역사상 단독으로는 가장 중요한 도약이었다고 고고학자나 역사가들은 말한다. 고고학이나 역사에서는 이 도약을 신석기 혁명이라고 부른다. 허먼 칸(Herman Kahn)은 이것을 다른 큰 변혁, 즉 산업 혁명과 구별하기 위해 '농업 혁명'이라고도 불렀다.

농업 혁명이 제대로 자리 잡기까지는 수천 년의 세월이 걸렸다. 이것은 전 세계에, 그것도 한 번이 아니라 여러 번에 걸쳐 일어났다. 이런 각각의 혁명 때마다 식물과 동물들이 인간을 위해 길들여졌다. 고고학은 아직 이런 혁명들 중 어떤 것 하나도 어떻게 일어났는지 그 상세하고 정확한 역사를 제공해 주지는 못하고 있다. 그러나 식물과 동물을 길들이는 첫 단계가 의식적인 과정은 아니었던 듯하다. 길들이기 과정은 함께 사는 동물(또는 식물)과 인간이 서로 이득이 되는 것을 우연히 발견하면서 시작되었을 것이다. 그 이후에야 비로소 그 과정을 인간을 위한 쪽으로 가속시키는, 인간의 의식적인 행동이 생기게 되는 것이다.

이 길들이기의 후기 과정에 있어 한 가지 중요한 특징은 관련된 동물과 식물들이 인간의 손에 의존하도록 만들어진다는 점이다. 예를 들어 현대의 밀은 인간이 제공하는 들판의 조건 없이는 생존하지 못한다. 이와 비슷한 과정이 인간과 미생물 간의 관계에도 일어나는 듯하다. 인간과 이스트 간에 서로 이득이 되는 발효라는 과정이 먼저 발견되었다. 다음으로는 페니실륨 노타툼이라는 곰팡이가 선택되어 인간이 제공하는 깊은 발효 탱크가 없이는 생존할 수 없는 곰팡이로 길들여지게 된 것이다.

페니실륨 곰팡이는 여러 분야에서 본보기가 되어 왔다. 이제 미생물들은 광석 더미에서 구리와 같은 금속들을 걸러 내는 데도 사용되고 있다. 많은 미생물들이 또 다른 항생 약품을 생산하도록 길들여지고 있다. 아마도 이런 작업들 중 가장 중요한 하나는 원유로부터 음식을 얻어 내기 위해 미생물들을 기르는 일일 것이다. 영국 석유회사는 미생물들이 기름으로부터 단백질을 생산해 내도록 개발하는 분야를 개척하였다. 먹이로는 가장 쓸모가 적은 파라핀 왁스를 사용하는 상당히 세련된 시스템이 개발되었다. 이 개발은 이미 시험적 공장 단계를 통과했고, 동물의 사료에 첨가될 만큼 충분한 단백질을 거대한 규모로 생산해 내고 있다. I. C. I.는 다른 미생물들을 이용하여 원유의 다른 부분을 이용하는 시스템도 개발하였다. 셸(Shell)과 아모코(Amoco)도 그들이 개발한 비슷한 시스템을 산업적으로 적용하기 위한 일을 추진하고 있다.

어떠한 자연의 미생물보다도 빠른 속도로 대기에서 질소를 고정하여, 식물이 이용할 수 있도록 토양에 고정시키는 새로운 미생물을 유전 공학으로 만들어 내는 연구도 진행 중이다. 서섹스대학에서 질소 고정 유전물질을 세균 속에 옮기는 실험을 성공시켰다고도 한다. 최종적으로는, 이런 능력을 식물 자체에게 옮겨 주어 자신의 비료를 직접 제조하게끔 하는 것이 가능해질지도 모른다.

인간의 긴 역사를 조망해 볼 때, 페니실린의 개발은 시대 여건상 하나의 '기적'이었던 약을 생산했다는 것보다, 미생물을 의식적으로 길들인 최초의 사례였다는 면에서 더욱 중요해 보인다.

도서목록

현대과학신서

A1 일반상대론의 물리적 기초
A2 아인슈타인 I
A3 아인슈타인 II
A4 미지의 세계로의 여행
A5 천재의 정신병리
A6 자석 이야기
A7 러더퍼드와 원자의 본질
A9 중력
A10 중국과학의 사상
A11 재미있는 물리실험
A12 물리학이란 무엇인가
A13 불교와 자연과학
A14 대륙은 움직인다
A15 대륙은 살아있다
A16 창조 공학
A17 분자생물학 입문 I
A18 물
A19 재미있는 물리학 I
A20 재미있는 물리학 II
A21 우리가 처음은 아니다
A22 바이러스의 세계
A23 탐구학습 과학실험
A24 과학사의 뒷얘기 I
A25 과학사의 뒷얘기 II
A26 과학사의 뒷얘기 III
A27 과학사의 뒷얘기 IV
A28 공간의 역사
A29 물리학을 뒤흔든 30년
A30 별의 물리
A31 신소재 혁명
A32 현대과학의 기독교적 이해
A33 서양과학사
A34 생명의 뿌리
A35 물리학사
A36 자기개발법
A37 양자전자공학
A38 과학 재능의 교육
A39 마찰 이야기
A40 지질학, 지구사 그리고 인류
A41 레이저 이야기
A42 생명의 기원
A43 공기의 탐구
A44 바이오 센서
A45 동물의 사회행동
A46 아이작 뉴턴
A47 생물학사
A48 레이저와 홀러그러피
A49 처음 3분간
A50 종교와 과학
A51 물리철학
A52 화학과 범죄
A53 수학의 약점
A54 생명이란 무엇인가
A55 양자역학의 세계상
A56 일본인과 근대과학
A57 호르몬
A58 생활 속의 화학
A59 셈과 사람과 컴퓨터
A60 우리가 먹는 화학물질
A61 물리법칙의 특성
A62 진화
A63 아시모프의 천문학 입문
A64 잃어버린 장
A65 별· 은하 우주

도서목록

BLUE BACKS

1. 광합성의 세계
2. 원자핵의 세계
3. 맥스웰의 도깨비
4. 원소란 무엇인가
5. 4차원의 세계
6. 우주란 무엇인가
7. 지구란 무엇인가
8. 새로운 생물학(품절)
9. 마이컴의 제작법(절판)
10. 과학사의 새로운 관점
11. 생명의 물리학(품절)
12. 인류가 나타난 날 I(품절)
13. 인류가 나타난 날II(품절)
14. 잠이란 무엇인가
15. 양자역학의 세계
16. 생명합성에의 길(품절)
17. 상대론적 우주론
18. 신체의 소사전
19. 생명의 탄생(품절)
20. 인간 영양학(절판)
21. 식물의 병(절판)
22. 물성물리학의 세계
23. 물리학의 재발견〈상〉
24. 생명을 만드는 물질
25. 물이란 무엇인가(품절)
26. 촉매란 무엇인가(품절)
27. 기계의 재발견
28. 공간학에의 초대(품절)
29. 행성과 생명(품절)
30. 구급의학 입문(절판)
31. 물리학의 재발견〈하〉(품절)
32. 열 번째 행성
33. 수의 장난감상자
34. 전파기술에의 초대
35. 유전독물
36. 인터페론이란 무엇인가
37. 쿼크
38. 전파기술입문
39. 유전자에 관한 50가지 기초지식
40. 4차원 문답
41. 과학적 트레이닝(절판)
42. 소립자론의 세계
43. 쉬운 역학 교실(품절)
44. 전자기파란 무엇인가
45. 초광속입자 타키온
46. 파인 세라믹스
47. 아인슈타인의 생애
48. 식물의 섹스
49. 바이오 테크놀러지
50. 새로운 화학
51. 나는 전자이다
52. 분자생물학 입문
53. 유전자가 말하는 생명의 모습
54. 분체의 과학(품절)
55. 섹스 사이언스
56. 교실에서 못 배우는 식물이야기(품절)
57. 화학이 좋아지는 책
58. 유기화학이 좋아지는 책
59. 노화는 왜 일어나는가
60. 리더십의 과학(절판)
61. DNA학 입문
62. 아몰퍼스
63. 안테나의 과학
64. 방정식의 이해와 해법
65. 단백질이란 무엇인가
66. 자석의 ABC
67. 물리학의 ABC
68. 천체관측 가이드(품절)
69. 노벨상으로 말하는 20세기 물리학
70. 지능이란 무엇인가
71. 과학자와 기독교(품절)
72. 알기 쉬운 양자론
73. 전자기학의 ABC
74. 세포의 사회(품절)
75. 산수 100가지 난문·기문
76. 반물질의 세계(품절)
77. 생체막이란 무엇인가(품절)
78. 빛으로 말하는 현대물리학
79. 소사전·미생물의 수첩(품절)
80. 새로운 유기화학(품절)
81. 중성자 물리의 세계
82. 초고진공이 여는 세계
83. 프랑스 혁명과 수학자들
84. 초전도란 무엇인가
85. 괴담의 과학(품절)
86. 전파란 위험하지 않은가(품절)
87. 과학자는 왜 선취권을 노리는가?
88. 플라스마의 세계
89. 머리가 좋아지는 영양학
90. 수학 질문 상자

91. 컴퓨터 그래픽의 세계
92. 퍼스컴 통계학 입문
93. OS/2로의 초대
94. 분리의 과학
95. 바다 야채
96. 잃어버린 세계·과학의 여행
97. 식물 바이오 테크놀러지
98. 새로운 양자생물학(품절)
99. 꿈의 신소재·기능성 고분자
100. 바이오 테크놀러지 용어사전
101. Quick C 첫걸음
102. 지식공학 입문
103. 퍼스컴으로 즐기는 수학
104. PC통신 입문
105. RNA 이야기
106. 인공지능의 ABC
107. 진화론이 변하고 있다
108. 지구의 수호신·성층권 오존
109. MS-Window란 무엇인가
110. 오답으로부터 배운다
111. PC C언어 입문
112. 시간의 불가사의
113. 뇌사란 무엇인가?
114. 세라믹 센서
115. PC LAN은 무엇인가?
116. 생물물리의 최전선
117. 사람은 방사선에 왜 약한가?
118. 신기한 화학매직
119. 모터를 알기 쉽게 배운다
120. 상대론의 ABC
121. 수학기피증의 진찰실
122. 방사능을 생각한다
123. 조리요령의 과학
124. 앞을 내다보는 통계학
125. 원주율 π의 불가사의
126. 마취의 과학
127. 양자우주를 엿보다
128. 카오스와 프랙털
129. 뇌 100가지 새로운 지식
130. 만화수학 소사전
131. 화학사 상식을 다시보다
132. 17억 년 전의 원자로
133. 다리의 모든 것
134. 식물의 생명상
135. 수학 아직 이러한 것을 모른다
136. 우리 주변의 화학물질
137. 교실에서 가르쳐주지 않는 지구이야기
138. 죽음을 초월하는 마음의 과학
139. 화학 재치문답
140. 공룡은 어떤 생물이었나
141. 시세를 연구한다
142. 스트레스와 면역
143. 나는 효소이다
144. 이기적인 유전자란 무엇인가
145. 인재는 불량사원에서 찾아라
146. 기능성 식품의 경이
147. 바이오 식품의 경이
148. 몸 속의 원소 여행
149. 궁극의 가속기 SSC와 21세기 물리학
150. 지구환경의 참과 거짓
151. 중성미자 천문학
152. 제2의 지구란 있는가
153. 아이는 이처럼 지쳐 있다
154. 중국의학에서 본 병 아닌 병
155. 화학이 만든 놀라운 기능재료
156. 수학 퍼즐 랜드
157. PC로 도전하는 원주율
158. 대인 관계의 심리학
159. PC로 즐기는 물리 시뮬레이션
160. 대인관계의 심리학
161. 화학반응은 왜 일어나는가
162. 한방의 과학
163. 초능력과 기의 수수께끼에 도전한다
164. 과학·재미있는 질문 상자
165. 컴퓨터 바이러스
166. 산수 100가지 난문·기문 3
167. 속산 100의 테크닉
168. 에너지로 말하는 현대물리학
169. 전철 안에서도 할 수 있는 정보처리
170. 슈퍼파워 효소의 경이
171. 화학 오답집
172. 태양전지를 익숙하게 다룬다
173. 무리수의 불가사의
174. 과일의 박물학
175. 응용초전도
176. 무한의 불가사의
177. 전기란 무엇인가
178. 0의 불가사의
179. 솔리톤이란 무엇인가?
180. 여자의 뇌·남자의 뇌
181. 심장병을 예방하자